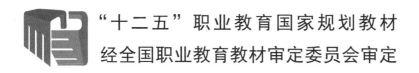

"十二五"职业教育国家规划教材

经全国职业教育教材审定委员会审定

高等院校技能应用型教材·软件技术系列

数据结构与实训

（第4版）（微课版）

U0129789

张新颜　李明照　主　编

孙泽宇　王国勇　副主编

电子工业出版社

Publishing House of Electronics Industry

北京·BEIJING

内 容 简 介

全书共 8 章及 1 个附录：第 1 章介绍了数据结构和算法的基本概念；第 2～4 章介绍了线性表、堆栈、队列、串、数组；第 5、6 章介绍了非线性结构，即树形结构和图状结构；第 7、8 章介绍了两种基本技术，即查找和排序；附录 A 介绍了实训的相关知识，包括实训步骤、实训报告规范和实训的上机环境等内容。本书详细阐述了数据结构的基本概念、各种不同的存储结构，以及在不同存储结构上的主要算法的实现，并给出了丰富的典型例题，以帮助读者理解。

本书可作为高等院校、高等职业院校计算机及相关专业数据结构课程的教材。

图书在版编目（CIP）数据

数据结构与实训：微课版 / 张新颜，李明照主编. —4 版. —北京：电子工业出版社，2021.11

ISBN 978-7-121-42269-0

Ⅰ. ①数… Ⅱ. ①张… ②李… Ⅲ. ①数据结构－高等学校－教材 Ⅳ. ①TP311.12

中国版本图书馆 CIP 数据核字（2021）第 225916 号

责任编辑：薛华强　　　　　　特约编辑：田学清
印　　刷：天津千鹤文化传播有限公司
装　　订：天津千鹤文化传播有限公司
出版发行：电子工业出版社
　　　　　北京市海淀区万寿路 173 信箱　　　邮编：100036
开　　本：787×1 092　　1/16　　印张：17　　字数：479.8 千字
版　　次：2008 年 4 月第 1 版
　　　　　2021 年 11 月第 4 版
印　　次：2021 年 11 月第 1 次印刷
定　　价：49.80 元

凡所购买电子工业出版社图书有缺损问题，请向购买书店调换。若书店售缺，请与本社发行部联系，联系及邮购电话：(010) 88254888，88258888。

质量投诉请发邮件至 zlts@phei.com.cn，盗版侵权举报请发邮件至 dbqq@phei.com.cn。

本书咨询联系方式：(010) 88254569，QQ 1140210769，xuehq@phei.com.cn。

前　言

《数据结构与实训》（第 3 版）于 2015 年 1 月出版，该书内容组织合理、例题丰富、实践性强，受到了广大读者的欢迎。为适应高等教育、高等职业教育发展的需要，根据广大读者和出版社的要求，现对第 3 版进行修订。具体修订内容如下。

（1）对一些章节重新编写，以更简明、浅显的语言讲述各知识点，使教学内容更通俗易懂，易于学生接受。

（2）每章均增加了思维导图，用于对该章知识点进行梳理，便于学生把握各章知识脉络。

（3）在个别章节中适当增加了习题，并对部分习题进行了修订，使习题难度更合理，提高了实用性。

（4）增加了算法描述规范、二叉树的性质 4 的证明及哈夫曼树的应用等相关内容。

（5）修订了电子教案和习题答案，方便教师教学和学生学习。

（6）配备了相关微课视频，读者可以使用手机等移动设备扫描书中的二维码进行观看。

本书讲授学时约为 60 学时，实训学时在 20 学时以上。教师可根据课程学时和学生的实际情况选讲本书的例题。

本书由张新颜、李明照担任主编，孙泽宇、王国勇担任副主编。其中，第 1、2 章由李明照编写，第 3～5 章由张新颜编写，第 6 章由王国勇编写，第 7 章由于素萍编写，第 8 章和附录 A 由孙泽宇编写。全书由张新颜统稿。

在本书的修订过程中，电子工业出版社的编辑提出了许多宝贵意见和建议，给予了大力支持和帮助，在此表示衷心的感谢。

本书有大量的算法语句、程序语句及计算公式（包括数学表达式和正文中相应的表述），对于程序语句中的变量，为了方便读者阅读，避免出现歧义，不再区分正体和斜体，统一采用正体，特此说明。

由于编者水平有限，虽然在编写过程中不遗余力，但书中疏漏之处在所难免，恳请广大读者不吝指正。

编　者

目　录

第1章

概 论

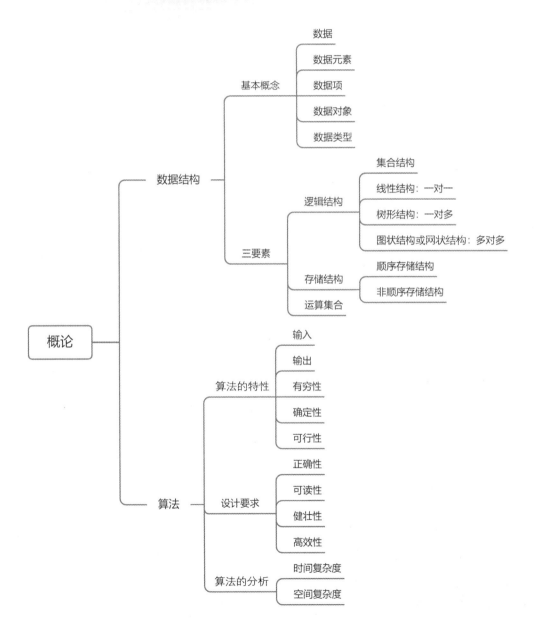

本章思维导图

"数据结构"是计算机专业的核心课程，本章主要介绍其研究的内容、使用的术语，以及算法的度量标准。

1.1　引言

1.1.1　什么是数据结构

数据结构包含两方面的内容：一是构成集合的元素，二是元素之间存在的关系。数据结构也就是带有结构的元素的集合，结构指的是元素之间的相互关系，即数据的组织形式。由此可见，计算机处理的数据并不是杂乱堆积的数据，而是具有内在联系的数据集合。例如，表 1-1 所示的成绩表就是一个数据结构（线性表），其中每一行表示一个元素，表中的所有行构成了一个元素集合，元素之间具有线性结构关系（详见第 2 章）；图 1-1 是一软件公司员工职务组织结构图，其中每一个方框表示一位员工的信息（如职工号、姓名、性别、年龄和电话等），即一个元素，全部员工的信息构成了一个元素集合，元素之间具有树形结构关系（详见第 5 章）；图 1-2 是城市交通示意图，其中每一个顶点表示一座城市，即一个元素，全部顶点构成了一个元素集合，每一条边表示两座城市间的交通线路，各城市之间的距离用边上的值表示，元素之间具有图状结构关系（详见第 6 章）。

表 1-1　成绩表

学　号	姓　名	性　别	数　学	数据结构	英　语	计算机组成原理
0504028	秦占军	男	88	76	78	86
0504029	武晓云	女	90	82	84	79
0504030	关国江	男	92	90	86	88
...						

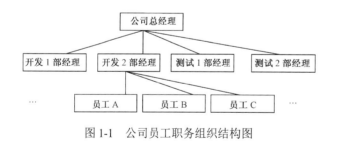

图 1-1　公司员工职务组织结构图

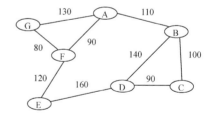

图 1-2　城市交通示意图

1.1.2　数据结构研究什么

微课视频

数据结构可定义为一个二元组：Data_Structure=(D,R)。

其中，D 是元素的有限集合，R 是 D 上关系的有限集合。

数据结构具体应包括 3 方面：数据的逻辑结构、数据的存储结构和数据的运算集合。

1.逻辑结构

数据的逻辑结构是指元素之间逻辑关系的描述。

根据元素之间关系的不同特性，有下列 4 种基本的逻辑结构，如图 1-3 所示。

（1）集合结构。该结构中的元素之间除同属于一个集合的关系外，无任何其他关系。

（2）线性结构。该结构中的元素之间存在着一对一的线性关系。

（3）树形结构。该结构中的元素之间存在着一对多的层次关系。

（4）图状结构或网状结构。该结构中的元素之间存在着多对多的任意关系。

由于集合的关系非常松散，因此可以用其他的结构代替。本书所讨论数据的逻辑结构如图 1-4 所示。

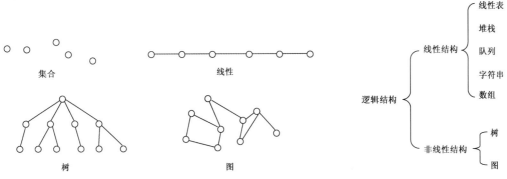

图 1-3　4 种基本的逻辑结构　　　　图 1-4　本书所讨论数据的逻辑结构

2．存储结构

存储结构（又称物理结构）是逻辑结构在计算机中的存储映像和实现（或存储表示），包括元素的表示和关系的表示。例如，有数据结构 Data_Structure=(D,R)，对于 D 中的每个元素，都对应有存储空间中的一个单元，D 中的全部元素对应的存储空间必须明显或隐含地体现关系 R。逻辑结构与存储结构的关系是：存储结构是逻辑结构的映像与元素本身的映像；逻辑结构是抽象，存储结构是实现，两者综合起来建立了元素之间的结构关系。

元素之间的结构关系在计算机中有两种不同的表示方法，即顺序映像（顺序存储结构）与非顺序映像（非顺序存储结构）。数据结构在计算机中的映像包括元素映像和关系映像。关系映像在计算机中可用顺序存储结构或非顺序存储结构两种不同的表示方法来表示。

3．运算集合

讨论数据结构的目的是在计算机中实现所需的操作，施加于元素之上的一组操作构成了数据的运算集合，因此，在结构上的运算集合是数据结构很重要的组成部分。

以表 1-1 所示的成绩表为例，该表的元素之间是一种简单的线性关系，因此，逻辑结构采用线性表；存储结构既可采用顺序存储结构，又可采用非顺序存储结构。对于成绩表，当学生退学或转出时，要删除相应的元素；当转入学生时，要增加元素；当发现成绩输入错误时，要修改。这里的增加、删除和修改就构成了数据的运算集合。

综上所述，数据结构的内容可归纳为 3 部分：逻辑结构、存储结构和运算集合。按某种逻辑关系组织起来的一批数据，依一定的映像方式把它存放在计算机存储器中，并在这些数据上定义一个运算集合，就构成了一个数据结构。

数据结构是一门主要研究怎样合理地组织数据，建立合适的数据结构，提高计算机执行程序所用的时间/空间效率的学科。"数据结构"课程不仅讲授数据信息在计算机中的组织和表示方法，还训练用高效的设计算法解决复杂问题的能力。"数据结构"属于计算机专业的核心专业基础课程，对于程序设计者来说，掌握该课程的知识是非常必要的，因为数据结构贯穿程序设计的始末，缺乏数据结构功底的人，在一定程度上很难设计出高水平的应用程序。

1.2 数据结构的基本概念

1．数据

数据是描述客观事物的数值、字符，以及所有其他能输入计算机且能被计算机处理的各种符号的集合。简言之，数据就是计算机化的信息（或存储在计算机中的信息）。

2．元素与数据项

元素是组成数据的基本单位，是数据集合的个体，在计算机中，通常将它作为一个整体进行考虑和处理。元素可由一个或多个数据项组成，数据项是具有独立含义的数据的最小单位（不可再分割）。在表 1-1 所示的成绩表中，每位学生的信息（每一行）是一个元素，每个元素包含学号、姓名等数据项。

3．数据对象

数据对象是性质相同的元素的集合，是数据的一个子集。例如，整数数据对象是集合 $N=\{0,\pm1,\pm2,\cdots\}$，字母字符数据对象是集合 $C=\{'A','B',\cdots,'Z'\}$，表 1-1 所示的成绩表也可以被视为一个数据对象。由此可以看出，不论元素集合是无限集（如整数集）、有限集（如字符集），还是由多个数据项组成的复合元素（如成绩表），只要性质相同，就都是一个数据对象。

4．数据类型

数据类型是一组性质相同的值集合，以及定义在这个值集合上的一组操作的总称。数据类型中定义了两个集合，即值集合和操作集合。其中，值集合确定了该数据类型的取值范围，操作集合确定了该数据类型中允许使用的一组运算。在高级语言中，有很多数据类型，数据类型是高级语言中允许的变量种类，是程序语言中已经实现的数据结构（程序中允许出现的数据形式）。例如，高级语言中的整型类型，它可能的取值为−32768～+32767，可进行的运算为加、减、乘、除、乘方和取模。

按"值"的不同特性，高级程序语言中的数据类型可分为两大类：第一类是非结构的原子类型，它的值是不可分解的，如 C 语言中的标准类型（整型、实型和字符型）及指针；第二类是结构类型，它的值是由若干成分按某种结构组成的，是可以分解的，并且它的成分可以是非结构的，也可以是结构的。例如，数组的值由若干分量组成，每个分量可以是整数，也可以是数组等。

1.3 算法和算法的分析

1.3.1 算法及算法的描述

算法是对特定问题的求解步骤的一种描述，是指令的有限序列，其中每条指令表示一项或多项操作。算法具有下列 5 个重要特性。

（1）有穷性。一个算法必须总是（对任何合法的输入值）在执行有穷步之后结束，且每一步都可在有穷时间内完成。

（2）确定性。算法中的每条指令都必须有确切的含义，不能有二义性。在任何条件下，算法只有唯一的一条执行路径，即对于相同的输入，只能得出相同的输出。

（3）可行性。一个算法必须是可行的，即算法中描述的操作可通过已经实现的基本运算执行有限次来实现。

（4）输入。一个算法有零个或多个输入，这些输入取自某个特定对象的集合。

（5）输出。一个算法有一个或多个输出，这些输出是与输入有着一定关系的量。

数据结构中讨论的算法可用不同的方式进行描述，常用的有类 Pascal、类 C、类 C++、类 Java 程序设计语言，本书以类 C 程序设计语言为描述工具。每个算法都可用一个或多个简化了的 C 语言（类 C）函数进行描述，简化是针对高级语言的语法细节所做的。例如，对于函数内部的局部变量，可不进行声明而直接使用，交换两个变量 x、y 的值，不使用 3 条赋值语句，而仅简记为一条语句 x←→y；对结构体变量可以整体赋值等。需要注意的是，对于数据结构中的算法，因为用类 C 描述，所以不等同于 C 语言程序。也就是说，若要上机运行某一算法，则必须将其完善为 C 语言程序，即增加 main 函数，在 main 函数中增添实现算法的函数调用语句，并在实现算法的函数中补充、完善语法细节。

1.3.2 算法设计的要求

微课视频

1．正确性

正确性的含义是算法对于一切合法的输入数据都能够得出满足规格说明要求的结果。事实上，要验证算法的正确性是极为困难的，因为通常情况下合法的输入数据量太大，用穷举法逐一验证是不现实的。所谓的算法正确性，就是指算法达到了测试要求。

2．可读性

可读性是指人对算法阅读理解的难易程度，可读性高的算法便于人与人之间的交流，有利于算法的调试与修改。

3．健壮性

对于非法的输入数据，算法能给出相应的响应，而不是产生不可预料的后果。

4．高效率与低存储量需求

效率指的是算法的执行时间，对于解决同一问题的多个算法，执行时间短的算法的效率高。存储量需求指算法执行过程中所需的最大存储空间。效率与存储量需求都与问题的规模有关，如求 100 个人的平均分与求 1000 个人的平均分显然不同。对于同样问题规模的多个算法，满足高效率和低存储量需求的算法好。

1.3.3 算法的分析

1．算法效率的度量

算法执行时间是其对应的程序在计算机上运行所消耗的时间。程序在计算机上运行所消耗的时间与下列因素有关。

（1）算法本身选用的策略。

（2）书写程序的语言。

（3）编译产生的机器代码质量。

（4）机器执行指令的速度。

（5）问题的规模。

度量一个算法的效率应抛开具体机器的软/硬件环境，而书写程序的语言、编译产生的机器代码质量、机器执行指令的速度都属于软/硬件环境。对于一个特定算法，只考虑算法本身的执行效率，而算法本身的执行效率是问题规模的函数。对同一个问题选用不同的策略就对应不同的算法，不同的算法对应有各自的问题规模函数，根据这些函数，就可以比较（解决同一个问题）不同算法的优势和劣势了。

2．算法的时间复杂度

一个算法的执行时间大致上等于其所有语句执行时间的总和，语句的执行时间是指该条语句的执行次数和执行一次所需时间的乘积。语句执行一次实际所需的具体时间是与机器的软/硬件环境（机器执行指令的速度、编译产生的机器代码质量和书写程序的语言）密切相关的，而与算法设计的好坏无关。因此，可以用算法中语句的执行次数来度量一个算法的效率。

首先定义算法中一条语句的语句频度。语句频度是指语句在一个算法中重复执行的次数。以下给出了两个 $n \times n$ 阶矩阵相乘算法中的各条语句，以及每条语句的语句频度：

```
for (i=0; i<n; i++)                    // n+1
    for (j=0; j<n; j++)                // n(n+1)
    {    c[i][j]=0;                     // n²
        for (k=0;k<n; k++)             // n²(n+1)
            c[i][j]=c[i][j]+a[i][k]*b[k][j];    // n³
    }
```

算法中所有语句的总执行次数为 $T_n=2n^3+3n^2+2n+1$，从中可以看出，语句总的执行次数是问题规模（矩阵的阶）n 的函数 $f(n)$，即 $T_n=f(n)$。进一步简化，可用 T_n 表达式中 n 的最高次幂，即用最高次幂项（忽略其系数）来度量算法执行时间的数量级，称为算法的时间复杂度，记为

$$T(n)=O(f(n))$$

以上算法的时间复杂度为 $T(n)=O(n^3)$。

算法中所有语句的总执行次数 T_n 是问题规模 n 的函数，即 $T_n=f(n)$，其中 n 的最高次幂项与算法中称为原操作的语句频度对应，原操作是实现算法基本运算的操作，上面算法中的原操作是 c[i][j]=c[i][j]+a[i][k]*b[k][j]。一般情况下，原操作由最深层循环内的语句实现。

$T(n)$随 n 的增大而增大，它增长得越慢，算法的时间复杂度越低。下列 3 个程序段中分别给出了原操作 count++的 3 个不同数量级的时间复杂度。

（1）count++;

其时间复杂度为 $O(1)$，称为常数阶时间复杂度。

（2）for (i=1; i<= n; i++)

        count++;

其时间复杂度为 $O(n)$，是线性阶时间复杂度。

（3）for (i=1; i<= n; i++)

        for (j=1;j<= n; j++)

            count++;

其时间复杂度为 $O(n^2)$，是平方阶时间复杂度。

又如，有以下两个算法，它们呈现的时间复杂度分别是 $O(\log_2 n)$ 和 $O(n \times m)$。

（1）i=1;

    while (i<n)

        i=2*i;

（2）for (i=0; i<n; i++)

    for (j=0; j<m; j++)

        a[i][j]=0;

3．最坏时间复杂度

算法中基本操作重复执行的次数还随问题的输入数据集的不同而不同。例如，下面的冒泡排序算法：

```
void Bubble(int a[], int n)
/*对整数数组 a 中的 n 个元素从小到大排序*/
{    int i=0, j;
     int change;
     do
     {   change=0;
         for (j=0; j<n-i-1; j++)
         if( a[j]>a[j+1])
             {
                 a[j] ←→ a[j+1]; /*交换序列中相邻的两个整数*/
                 change=1;
             }
         i=i+1;
     }while (i<n-1 && change )
}
```

在这个算法中，交换序列中相邻的两个整数，即 a[j]←→a[j+1]为原操作。当 a 中初始序列为自小到大有序时，原操作的执行次数为 0；当初始序列为自大到小有序时，原操作的执行次数为 $n(n-1)/2$。对于这类算法的时间复杂度的分析，一种解决的方法是计算它的平均值，即考虑它对所有可能输入数据集的期望值，此时相应的时间复杂度为算法的平均时间复杂度。然而在很多情况下，算法的平均时间复杂度是难以确定的，通常的做法是讨论算法在最坏情况下的时间复杂度。例如，冒泡排序在最坏情况下（初始序列为自大到小有序时）的时间复杂度就为 $T(n)=O(n^2)$。在本书中，如果不进行特殊说明，则讨论的各算法的时间复杂度均指最坏情况下的时间复杂度。

4．常见的时间复杂度

常见的时间复杂度有 $O(1)$常数阶、$O(n)$线性阶、$O(n^2)$平方阶、$O(n^3)$立方阶、$O(2^n)$指数阶、$O(\log_2 n)$对数阶和线性对数阶 $O(n\log_2 n)$。常用的时间复杂度（从小到大排列）的比较如表 1-2 所示。

表 1-2　常用的时间复杂度的比较

$\log_2 n$	n	$n\log_2 n$	n^2	n^3	2^n
0	1	0	1	1	2
1	2	2	4	8	4
2	4	8	16	64	16
3	8	24	64	512	256
4	16	64	256	5096	65536
5	32	160	1024	32768	2147483648

5．算法的空间复杂度

算法的存储空间需求类似于算法的时间复杂度，采用空间复杂度作为算法所需存储空间的量度，记为

$$S(n)=O(f(n))$$

其中，n 为问题的规模。一般情况下，当一个程序在机器上执行时，除需要寄存程序本身所用的指令、常数、变量和输入数据外，还需要一些对数据进行操作的辅助存储空间。其中对于输入数据所占的具体存储空间只取决于问题本身，与算法无关，这样，只需分析该算法在实现时所需的辅助空间单元数就可以了。若算法执行时所需的辅助空间相对于输入数据量而言是个常数，则称这个算法为原地工作，空间复杂度为 $O(1)$。如果所占辅助空间依赖于特定的输入，则除特别指明外，均按最坏情况来分析。

算法的执行时间和存储空间的耗费是一对矛盾体，即算法执行的高效通常是以增加存储空间为代价的，反之亦然。不过，就一般情况而言，常常以算法执行时间作为算法优/劣的主要衡量指标。本书对算法的空间复杂度不做进一步讨论。

1.4　算法知识准备

1.4.1　算法描述规范

1．算法表示形式

本书中所有的算法都以如下所示的 C 函数形式表示：

[函数返回值类型]　函数名([形式参数表列])

```
    {
        变量声明部分;
        执行语句部分;
    }
```

函数由函数名和函数体组成,其中函数体是用花括号括起来的部分。函数中用方括号括起来的部分可以省略。

2.函数模块化

结构化的程序设计思想是将问题分解为若干子问题,故程序通常由一个主函数和若干子函数构成。一个完整的、可执行的 C 程序的一般结构如下:

```
    [包含文件语句]
    [宏定义语句]
    [自定义类型语句]
    [所有子函数原型说明]
    [子函数 1 定义]
    ......
    [子函数 n 定义]
    [主函数定义]
```

本书中的算法用类 C 语言以函数的形式描述,如果上机试验,则需要转换成上述形式的完整程序,只有将抽象的类型转换为具体 C 语言类型,程序才能正常运行。

1.4.2　C 语言核心知识

为了更好地理解本书后面章节的算法,现将书中算法涉及的 C 语言核心知识进行简要介绍。

1.变量作用域

程序的编译单位是源程序文件,一个源程序文件可以包含一个或若干子函数,在函数内定义的变量是内部变量,又称局部变量;在函数外定义的变量是外部变量,又称全局变量或全程变量。

全局变量:程序中所有函数都可以访问的量。它可以为本文件中其他函数所公用,其作用域从定义该变量的位置开始直到文件结束。全局变量可以实现参数传递的某些功能,在其作用域范围内,全局变量可以将子函数中的值带出并进入其他函数,但如果在一个子函数中改变它,则会影响其值。

局部变量:只能在本函数中访问的量。它只在本函数范围内有效,即只有在本函数内才能使用它们,本函数以外不能使用。需要注意的是,不同函数中可以使用相同名字的变量,由于其作用域的范围不同,所以尽管有相同的名字,但它们也代表不同的对象,作用域不同,互不干扰。在一个函数内部,可以在复合语句中定义变量,但这种变量只在该复合语句中有效。变量作用域就是指包含该变量定义的最小范围。例如,在子函数中定义的变量的作用域就在该子函数体内有效,在复合语句中定义的变量的作用域就在该复合语句中有效,在文件开始处定义的变量在整个文件内有效。

2.参数传递方式

参数传递是函数之间进行信息通信的重要渠道。参数传递的主要方式有传值

微课视频

和传地址两类。在 C 语言中调用函数时，实参代替形参的过程是一个单向的传值过程，在编译技术中称为值传递方式。在 C 语言中，指针类型的参数传递可以看作传地址方式。传值方式参数只为函数提供待处理数据；传地址方式参数既能为函数提供待处理数据，又能返回函数结果。

参数传递示例：

```
#include < stdio.h >
void swapl(int a,int b)
{
    int t;
    t=a;a=b;b=t;
    printf("swapl 中的 a=%d,b=%d" ,a,b);
}
void swap2(int *a,int *b)
{
    int t;
    t=*a;*a=*b;*b=t;
}
void main( )
{
    int x= 3,y = 5;
    swapl(x,y);                              /*调用函数 swapl*/
    printf("\n 调用 swapl 后 x=%d,y=%d" ,x,y);   / *输出调用 swapl 后的数据*/
    x=3;y = 5;
    swap2(&x,&y);                            /*调用函数 swap2*/
    prinf(\n 调用 swap2 后 x=%d,y=%d",x,y);   /*输出调用 swap2 后的数据*/
}
```

程序的输出结果为：

```
swapl 中的 a = 5,b=3
调用 swapl 后 x=3, y=5
调用 swap2 后 x= 5, y =3
```

在调用函数 swapl 时，采用的是单向值传递方式，虽然在 swap1 函数体中实现了两个变量互换内容的操作，但是当函数 swapl 调用结束后，由于变量 a、b 是局部变量，所以 a、b 值的变化结果无法带出。

在调用函数 swap2 时，采用的是地址传递方式，实参传递的是变量 x 和 y 的地址，在 swap2 的函数体中，通过访问指针变量 a 和 b 指向的实参单元，实现了主函数中变量 x 和 y 中值的交换，x 和 y 变量相对于函数 swap2 而言是全程有效的。

3．函数结果的带出方式

在 C 语言中，信息传递的方式主要有函数返回值、全局变量、传地址参数。

函数返回值方式即使用 return 返回方式带出一个函数结果值。它的优点是简单明了，缺点是只能传递一个数据信息。

全局变量方式可以在函数间传递多个不同类型的数据信息，但全局变量是一种隐式参数传递，即全局变量为多个函数所公用，在一个函数中对全局变量的改变会影响其他函数的调用，使用全局变量必须注意这个问题，因此，全局变量不宜过多。

传地址参数方式也可以传递多个数据信息，常见的形式有数组名作为参数、指针作为参数。

数组名作为参数就是将数组的首地址或指针作为实参和形参。这种方式可以将被调函数中形参数组的所有元素值一次性传递回主调函数。这种方式传递的多个值的类型相同。

指针作为参数是指将指针作为形参，将某类型变量的地址作为实参。例如，参数传递示例中的 swap2 函数，以整型指针作为参数，接收实参传递的两个整型变量 x、y 的地址，使得形参指针可以间接访问主函数中的变量 x、y，通过传地址方式实现了信息的传递。简单来说，当要用一个形参直接改变对应的某类型实参的值时，应将该形参说明为此类型的指针，将实参设计为该类型变量的地址。例如，要使用结构体类型实参的值，就应该将形参设计为结构体类型的指针，将实参设计为结构体变量的地址。要特别说明的是，如果要改变指针类型实参的值，则应将形参设计为指针类型的指针（二级指针），将实参设计为指针的地址。总之，指针作为参数这种方式可以一次传递多个不同类型的值，需要传递几个值，就对应设计几个形参指针即可。

1.5 总结与提高

1．数据的逻辑结构与存储结构

数据结构包括数据的逻辑结构、存储结构及对数据施加的一组操作（运算集合）。数据的逻辑结构定义了数据间的逻辑关系，数据的存储结构（物理结构）是这种关系在计算机内部的表示（实现）。同一种逻辑关系可以有不同的存储表示，如一个班的成绩表既可以用数组（顺序结构）存放，又可以用链表（非顺序结构）存放。对于不同的存储结构，自然对应不同的算法实现。例如，在班级成绩表中查找"关国江"的"数据结构"课程的成绩，就有数组结构上的查找算法与链表结构上的查找算法。

2．算法的时间复杂度

对于一个特定算法，只考虑算法本身的时间效率，可用算法中所有语句总的执行次数来度量，进一步，可用其中一条执行次数最多的语句的执行次数（语句频度）来度量，它是问题规模（如矩阵的阶）n 的函数。例如，输入一维数组 a[n]，其对应的时间复杂度是问题规模 n 的线性阶 $O(n)$；输入二维数组 a[m][n]的时间复杂度是 $O(m \times n)$，求矩阵 a[m][n]与矩阵 b[n][k]的积的时间复杂度是 $O(m \times n \times k)$。

如果同一个算法对不同的输入数据集有不同的时间复杂度，则在此种情况下，常用算法的平均时间复杂度与最坏时间复杂度来度量。

习题

1．填空题

（1）数据结构研究的内容包括数据的逻辑结构、数据的存储结构和数据的运算集合。

存储结构（又称物理结构）是逻辑结构在_____，包括_____和_____的表示。施加于_____之上的一组操作构成了数据的运算集合。

（2）在线性结构、树形结构和图状结构中，元素之间分别存在着_____、_____、和_____的联系。

（3）算法设计的要求包括正确性、可读性、健壮性和_____，可读性的含义是_____，健壮性是指_____。

（4）算法效率的度量应抛开具体机器的_____，对于一个特定算法，只考虑算法本身的执行效率，而算法本身的执行效率是_____函数。

（5）一个算法的时间复杂度随问题的输入数据集的不同而不同，通常讨论_____情况下的时间复杂度。

（6）一个算法的语句频度表达式是 $5n^2\log_2 n+2n^3\log_2 n+1000n^4$，这个算法的时间复杂度是_____；另一个算法的语句频度表达式是 $40n^2+2\log_2 n+1000$，这个算法的时间复杂度是_____。

（7）算法的时间复杂度与空间复杂度相比，通常以_____作为主要度量指标。

（8）在下面的程序段中，s-s+p 语句的语句频度为_____，p*=j 语句的语句频度为_____，该程序段的时间复杂度为_____。

```
i=0,
s=0;
while (++i<=n)
{    p=1;
    for(j=1; j<=i; j++)
       p*=j;
    s= s+p;
}
```

（9）当需要用一个形参直接改变对应实参的值时，应将该形参说明为_____。

2．判断题

（1）元素是数据的最小单位。

（2）算法可以用不同的语言描述，如果用类 C 语言或类 Pascal 语言等高级语言来描述，那么算法实际上就是程序了。

（3）存储结构既要存储元素本身，又要表示元素之间的逻辑关系。

（4）数据结构是带有结构的元素的集合。

（5）数据的逻辑结构是指各元素之间的逻辑关系，是用户根据需要建立的。

（6）数据结构在计算机中的映像（或表示）称为存储结构。

（7）算法的可读性的含义是：对于非法的输入数据，算法能给出相应的响应，而不是产生不可预料的后果。

（8）数据的物理结构是指数据在计算机内实际的存储形式。

（9）算法的时间复杂度是算法执行时间的绝对度量。

（10）算法的正确性是指算法不存在错误。

（11）线性结构只能用顺序结构来存放，非线性结构只能用非顺序结构来存放。

3．简答题

（1）简述下列概念：数据、元素、数据类型、数据结构、逻辑结构、存储结构。

（2）设 n 为正整数，给出下列算法中原操作语句的语句频度及程序段的时间复杂度。

```
a.    i=1;
      k=0;
      while (i<=n−1)
      {
           k=k+2*i;
           i++;
      }
b.    i=1; k=0;
      do
      {
           k=k+2*i;
           i++;
      }
      while (i!=n)
c.    x=91;
      n=100;
      while (n>0)
           if   (x>100 )
           {
                x=x−10;
                n=n−1;
           }
           else
                x++;
d.    x=n;   /* n>1 */
      y=0;
      while (x>=(y+1)*( y+1))
           y++;
e.    for(i=1;i<=n;i++)
           for(j=i;j<=i;j++)
                for(k=j;k<=j;k++)
                     x++;
```

第2章

线 性 表

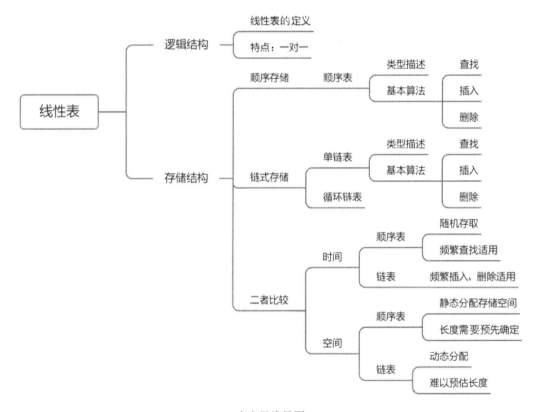

本章思维导图

从第 2 章到第 5 章，每章都将讨论一种数据结构。线性表是一种最简单、常用的结构，是后续章节的基础。本章将介绍线性表的定义及其对应的两种存储结构——顺序表和链表。

2.1　线性表的定义及基本运算

2.1.1　线性表的定义

一个线性表是由 n（$n \geq 0$）个相同类型的元素构成的有限序列（$a_1, a_2, \cdots, a_n$）。其中，元素的个数 n 定义为线性表的长度，当 $n=0$ 时，称为空表，空表中没有任何元素。线性表中元素的含义在不同情况下可以不同，既可以是原子类型，又可以是结构类型，但同一线性表中的元素必须属于同一数据对象。例如，由 26 个英文字母构成的表（a,b,c,$\cdots$,z）是一个线性表，由全体职工的基本工资构成的表（1236.60,1669.80,900.00,890.00,$\cdots$,1842.00）也是一个线性表。这两个线性表中的每个元素都只由一个数据项构成，是简单的原子类型。而表 2-1 所示的电话号码表也是一个线性表，其元素是由姓名、职务、所在部门和联系电话 4 个数据项构成的，是复杂的结构类型。

表 2-1　电话号码表

姓　名	职　务	所在部门	联系电话
彭燕	系主任	机械系	65620177
刘文辉	系书记	机械系	65620189
赵庚利	系主任	经济系	65623008
宋四全	系书记	经济系	65623009
…			

对于线性表 $a_1, a_2, \cdots, a_{i-1}, a_i, a_{i+1}, \cdots, a_n$，元素 a_{i-1} 领先于元素 a_i，称 a_{i-1} 是 a_i 的直接前驱，而称 a_i 是 a_{i-1} 的直接后继。除第一个元素 a_1 外，每个元素 a_i 有且仅有一个直接前驱 a_{i-1}；除最后一个元素 a_n 外，每个元素 a_i 有且仅有一个直接后继 a_{i+1}。由此可见，线性表中元素之间的（相对位置）关系是线性的，即一维的。若元素间满足 $a_1 \leq a_2 \leq \cdots \leq a_{i-1} \leq a_i \leq a_{i+1} \leq \cdots \leq a_n$，则这种线性表称为非递减有序表；若元素间满足 $a_1 \geq a_2 \geq \cdots \geq a_{i-1} \geq a_i \geq a_{i+1} \geq \cdots \geq a_n$，则这种线性表称为非递增有序表。

2.1.2　线性表的基本运算

（1）InitList(l)，初始化线性表 l。

（2）EmptyList(l)，判断线性表 l 是否为空表，如果 l 为空表，则返回 1；否则返回 0。

（3）ListLength(l)，求线性表 l 的长度。

（4）Locate(l,e)，求线性表 l 中元素 e 的位置。

（5）GetData(l,i)，返回线性表 l 中第 i 个元素的值。

（6）InsList(l,i,e)，在线性表 l 的第 i 个元素（或位置）之前插入元素 e。

（7）DelList(l,i)，删除线性表 l 中的第 i 个元素。

在实际使用中，线性表可能还有其他运算，如将两个或两个以上的线性表合并成一个线性表，把一个线性表拆分成两个或两个以上的线性表，多种条件的合并、拆分、复制和排序等运算。这通常都可借助这些基本运算的组合来实现。

2.2 线性表的顺序存储结构

2.2.1 顺序表

顺序表是线性表的顺序存储表示的简称，指的是用一组地址连续的存储单元依次存放线性表中的元素，即以存储位置的相邻表示相继的两个元素之间的前驱和后继（线性）关系（逻辑关系），并以表中第一个元素的存储位置作为线性表的起始地址，称为线性表的基地址。顺序表的特点是逻辑上相邻的元素的物理（存储）位置也是相邻的，如图 2-1 所示。

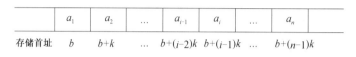

图 2-1　线性表的顺序存储结构

假设每个元素占用 k 个存储单元，b 为第一个元素的存储地址，则顺序表中任意相邻的两个元素 a_{i-1} 与 a_i 的存储地址之间满足下面的关系：

$$\text{LOC}(a_i) = \text{LOC}(a_{i-1}) + k$$

顺序表中的任意一个元素 a_i 的存储地址与第一个元素的存储地址之间满足：

$$\text{LOC}(a_i) = b + (i-1)k$$

顺序存储结构可以借助高级程序设计语言中的数组来表示，一维数组的下标（从 0 开始）与元素在线性表中的序号（从 1 开始）一一对应，其类型描述如下：

```
#define MaxSize  线性表可能达到的最大长度
typedef   struct
{  ElementType   elem[MaxSize];          /* 线性表占用的数组空间*/
    int   listlength;                     /* 线性表的实际长度*/
}SeqList;
```

【注意】此处 ElementType elem[MaxSize]的含义是数组 elem 可以是任何类型（如 int、float、char 等），包括用户自定义的任何其他结构类型。

若将线性表 a 定义为：

```
    SeqList   a;
```

则线性表 a 中序号为 i 的元素对应的数组元素的下标是 $i-1$，即 a_i 用 a.elem[i-1]表示，a 的长度由 a.listlength 表示。

2.2.2 顺序表上基本运算的实现

在 2.1.2 节中，列出了线性表的 7 种基本运算。其中，初始化线性表 l（InitList(l)）、判断线性表 l 是否为空表（EmptyList(l)）、求线性表 l 的长度（ListLength(l)）、返回线性表 l 中第 i 个元素的值（GetData(l,i)）都很简单，这里不再讨论。在此仅对求线性表 l 中元素 e 的位置（Locate(l,e)）、在线性表 l 的第 i 个元素（或位置）之前插入元素 e（InsList(l,i,e)）、删除线性表 l 中的第 i 个元素（DelList(l,i)）这些运算进行讨论。

1．查找运算

求线性表 l 中元素 e 的位置（Locate(l,e)），即在线性表 l 中查找元素 e。考虑到算法的简洁性，本书在讨论这些运算的实现时，一律以数组的下标值代替线性表中元素的位置（序号），即序号与下标一致。若在线性表 l 中找到与 e 相等的元素，则返回该元素在表中的序号；若找不到，则返回一个"空序号"，如−1。查找过程从第一个元素开始，依次将表中元素与 e 相比较，若相等，则查找成功，返回该元素在数组中的下标；若 e 与表中的所有元素都不相等，则查找失败，返回−1。算法如下：

```
int   Locate(SeqList l, ElemType e)
/*在顺序表 l 中查找元素 e，若 l.elem[i]=e，则找到该元素，并返回 i；若找不到，则返回−1*/
{  i=0;
    while ((i<=l.listlength−1)&&(l.elem[i]!=e) )
    /*顺序扫描表，直到找到值为 e 的元素或扫描到表尾而没找到*/
        i++;
    if (i<= l.listlength−1)
        return(i);
    else
        return(−1);
}  /* Locate */
```

下面分析算法的时间复杂度（查找成功时）。算法中的基本操作是 i++，它出现在 while 循环中，该操作的执行次数取决于要查找的元素在线性表中的位置，设 P_i 为查找第 i 个元素的概率，并假设对任何位置上元素的查找都是等概率的，即 $P_i=1/n$，$i=0,1,\cdots,n-1$。设 E_{loc} 为在长度为 n 的表中查找一元素时 i++ 操作的平均执行次数，则

$$E_{loc}=\sum_{i=0}^{n-1} P_i \times i=\frac{1}{n}\sum_{i=0}^{n-1} i=\frac{n-1}{2}$$

因此，算法的平均时间复杂度为 $O(n)$。

微课视频

2．插入运算

在线性表 l 的第 i 个元素（或位置）之前插入元素 e（InsList(l,i,e)），使得线性表 $(a_1,\cdots,a_{i-1}, a_i,\cdots,a_n)$ 变为 $(a_1,\cdots,a_{i-1},e,a_i,\cdots,a_n)$，即改变了表中元素之间的关系，使 $<a_{i-1},a_i>$ 变为 $<a_{i-1},e>$ 和 $<e,a_i>$，同时表长增加 1。

由于顺序表是以存储位置相邻表示元素之间的前驱和后继关系的，所以在插入 e 之前，必须将元素 $a_n,a_{n-1},\cdots,a_i$ 依次向后移动一个单元，在原（移动之前）a_i 的位置处插入 e，以保证元素之间的逻辑关系，如图 2-2 所示。

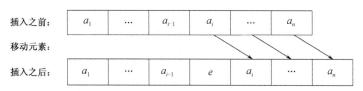

图 2-2　在第 i 个元素之前插入 e

相应的算法描述如下：

```
void  InsList(SeqList *l,int i,ElemType e)
/*在顺序表1的第 i（i 应视为数组的下标）个元素之前插入元素 e*/
{   if((i<0) || (i>l-> listlength)) /*判断插入位置是否合法*/
    {    printf（"Error"）;
         return;
    }
    if(l-> listlength >= MaxSize-1) /*判断表是否已满*/
    {    printf（"Overflow"）;
         return;
    }
    for(k=l-> listlength-1; k>=i; k--)
    /*将元素 elem[listlength-1..i]依次向后移动一个单元（位置）*/
        l->elem[k+1]=l->elem[k];
    l->elem[i]=e;
    l-> listlength++;
}  /*InsList*/
```

插入算法的基本操作是 l->elem[k+1]=l->elem[k]，即元素的后移，它出现在 for 循环中。与查找算法类似，该操作的执行次数取决于插入元素在线性表中的位置。同样，设 P_i 为等概率插入时在第 i（$0 \leq i \leq$ l->listlength）个位置上插入元素的概率，即 $P_i=\dfrac{1}{n+1}$，$i=0,1,\cdots,n$（长度为 n 的线性表具有 $n+1$ 个插入位置）。设 E_{ins} 为在长度为 n 的线性表中插入一个元素时所需的元素平均移动次数，则

$$E_{ins}=\sum_{i=0}^{n} P_i(n-i)=\frac{1}{n+1}\sum_{i=0}^{n}(n-i)=\frac{n}{2}$$

因此，算法的平均时间复杂度为 $O(n)$。

微课视频

3. 删除运算

删除线性表 l 中的第 i 个元素（DelList(l,i)），使得线性表$(a_1,\cdots,a_{i-1},a_i,\cdots,a_n)$变为$(a_1,\cdots,a_{i-1},a_{i+1},\cdots,a_n)$，即改变了线性表中元素之间的关系，使$<a_{i-1},a_i>$和$<a_i,a_{i+1}>$变为$<a_{i-1},a_{i+1}>$，同时表长减 1。同样，为了反映元素之间逻辑关系的变化，需要将元素 $a_i,a_{i+1},\cdots,a_n$ 依次向前移动一个单元，如图 2-3 所示。

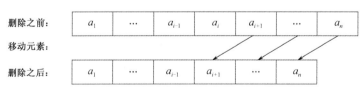

图 2-3　删除第 i 个元素

相应的算法描述如下：

```
void  DelList(SeqList *l,int i)
/*在顺序表1中删除第 i（i 应视为数组的下标）个元素*/
{
```

```
    if((i<0) || (i>l->listlength-1)) /*判断删除位置是否合法*/
    {    printf("Error");
         return;
    }
    for(k=i+1; i<=l->listlength-1; k++)
         l->elem[k-1]= l->elem[k];
         /*将第 i 个元素后面的元素依次前移*/
    l->listlength--;
} /* DelList */
```

与插入算法类似，设 E_{del} 为在长度为 n 的线性表中删除一个元素时所需的元素平均移动次数，则

$$E_{del} = \sum_{i=0}^{n-1} P_i(n-i-1) = \frac{1}{n}\sum_{i=0}^{n-1}(n-i-1) = \frac{n-1}{2}$$

其中，P_i 为等概率情况下删除第 i 个元素的概率。因此，算法的平均时间复杂度为 $O(n)$。

【例 2-1】已知 la 与 lb 是两个递增有序表，要求写一算法，构造递增有序表 lc，表中的元素是由 la 与 lb 合并后得到的。

递增有序表 lc 中的元素是通过复制 la 与 lb 中的元素得到的。当 la 与 lb 中都有元素时，从第一个元素起，逐对进行比较，将小的复制到 lc 中，直到将其中一个表的全部元素都复制到 lc 中；再将另一个表中剩余的元素也复制到 lc 中。

```
void Merge(SeqList la,SeqList lb,SeqList *lc,)
/*合并递增有序表 la 与 lb，合并后的递增序列存放在 lc 中*/
{    i=j=k=0;
     while (i<=la.listlength-1 && j<=lb.listlength-1)
     /*la 与 lb 中都有元素，合并两表中的元素*/
     {    if (la.elem[i]<=lb.elem[j])
          {    lc->elem[k]=la.elem[i];
               ++k; ++i;
          }
          else
          {    lc->elem[k]=lb.elem[j];
               ++k; ++j;
          }
     }
     while (i<=la.listlength-1) /*将 la 中的剩余元素复制到 lc 中*/
     {    lc->elem[k]=la.elem[i];
          ++k; ++i;
     }
     while (j<=lb.listlength) /*将 lb 中的剩余元素复制到 lc 中*/
     {    lc->elem[k]=lb.elem[j];
          ++k; ++j;
     }
     lc->listlength=la.listlength+lb.listlength;
}
```

2.3　线性表的链式存储结构

线性表的另一种存储形式是链式存储结构，链式存储结构中又有单（向）链表与双（向）链表。

2.3.1　单链表及其基本运算

1．单链表

线性表的链式存储结构简称链表，是指用一组任意的存储单元（这组存储单元可以是连续的，也可以是不连续的）存储线性表中的元素。因此，为了表示每个元素 a_i 与其直接后继元素 a_{i+1} 之间的逻辑关系，对元素 a_i 来说，除存储其本身的信息外，还需要存储一个指示其直接后继元素的信息（直接后继元素的存储位置），由这两部分信息组成一个"结点"，如图 2-4 所示，表示线性表中一个元素 a_i。其中，存储元素信息的域称为数据域；存储直接后继存储元素位置的域称为指针域，指针域中存储的信息又称为指针或链。

图 2-4　结点结构

由分别表示 $a_1, a_2, \cdots, a_n$ 的 n 个结点依次相连构成的链表称为线性表的链式存储表示，由于此类链表的每个结点中只包含一个指针域，故称为单链表或线性链表，如图 2-5 所示。

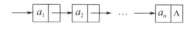

图 2-5　单链表结构

与顺序表类似，在链式存储结构中，仍以第一个元素的存储地址作为单链表的基地址，并用一个指针指向它，该指针通常称为头指针，线性表中所有元素都可以从头指针出发找到。因为单链表的最后一个元素没有后继，所以最后一个结点中的指针为空指针（图中用 Λ 表示）。

出于对操作上方便性的考虑，在第一个结点之前附加一个"头结点"，令该结点中指针域的指针指向第一个表元素结点，并令头指针指向头结点，如图 2-6（a）所示。

值得注意的是，若单链表为空，则在不带头结点的情况下，头指针为空；但在带头结点的情况下，链表的头指针不为空，而是其头结点中指针域的指针为空，如图 2-6（b）所示。

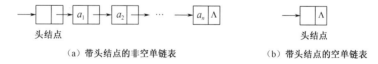

（a）带头结点的非空单链表　　　　　　　　（b）带头结点的空单链表

图 2-6　带头结点的单链表

由上可见，单链表可以由头指针唯一确定，其存储结构描述如下：

```
typedef  struct  Lnode          /*结点类型定义*/
{ ElementType   data;
    struct  Lnode  *next;
}ListNode;
```

typedef　ListNode　*LinkList; / *LinkList 为指向 ListNode 的指针类型*/

若 head 是指向某一单链表的头指针，则可用下列语句声明：

LinkList　head;

head 指向表中的第一个结点（对于带头结点的单链表，指向单链表的头结点），若 head = NULL（对于带头结点的单链表，head->next=NULL），则表示单链表为一个空表，其长度为 0。若不是空表，则可以通过头指针访问表中的任意结点，获得相应结点数据域的值。对于带头结点的单链表 head，p=head->next 指向表中的第一个结点 a_1，即 p->data 表示 a_1，而 p->next 指向 a_2，p->next->data 表示 a_2，依次类推。

2．单链表上基本运算的实现

（1）查找运算。在带头结点的单链表中查找（数据域的）值为 x 的结点，若找到，则返回指向该结点的指针；否则返回 NULL。查找过程从单链表的头指针指向的头结点出发，顺着链逐个将结点的值与给定值 x 进行比较。

具体算法描述如下：

```
LinkList Locate( LinkList head,ElemType x)
/ *  在带头结点的单链表 head 中查找值为 x 的结点*/
{    p=head->next;        /*从表中的第一个结点查起*/
     while (p!=NULL && p->data!=x)
        p=p->next;        /*指针后移*/
     return p;
}/*Locate*/
```

该算法的平均时间复杂度为 $O(n)$，n 为单链表的结点数。

（2）插入运算。在带头结点的单链表 head 的第 i 个元素之前插入一个元素 x，需要首先在单链表中找到第 $i-1$ 个结点（由 pre 指向该结点）；然后申请一个新的结点（由 p 指向该结点），其数据域的值为 x，并修改第 $i-1$ 个结点的指针，使其指向 p；最后使 p 结点的指针域指向第 i 个结点，如图 2-7 所示。

单链表插入

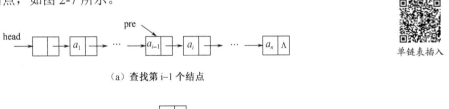

（a）查找第 i-1 个结点

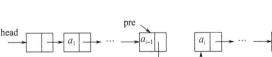

（b）申请新的结点

（c）插入结点

图 2-7　单链表的插入运算

具体算法描述如下：

```
void InsList(LinkList head,int i,ElemType x)
/*在带头结点的单链表 head 的第 i 个元素前插入值为 x 的新结点*/
{
        pre= head;    k=0;
        while (pre!=NULL && k<i−1)
        /*查找第 i−1 个结点，并由 pre 指向该结点*/
        {    pre=pre->next;
             k=k+1;
        }
        if (k!=i−1 || pre==NULL)    /*没有第 i−1 个结点*/
             printf("Error");
        else
        {    p=(LinkList)malloc(sizeof(ListNode));
             p->data=x;
             p->next=pre->next;
             pro->next=p
        }
}/* InsList */
```

当单链表中有 n 个结点时，插入（前）操作的插入位置有 $n+1$ 个，即 $1 \leqslant i \leqslant n+1$。当 $i=n+1$ 时，认为是在表尾插入一个结点。该算法的平均时间复杂度为 $O(n)$。

（3）删除。在带头结点的单链表 head 中删除第 i 个结点，首先要找到第 $i−1$ 个结点并使 pre 指向该结点，而后删除第 i 个结点并释放结点所占空间，如图 2-8 所示。

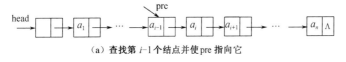

（a）查找第 $i−1$ 个结点并使 pre 指向它

单链表删除

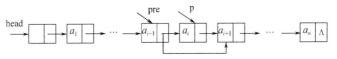

（b）删除第 i 个结点并释放结点所占空间

图 2-8　单链表的删除运算

具体算法描述如下：

```
void DelList(LinkList head,int i)
/*在带头结点的单链表 head 中删除第 i 个结点*/
{
        pre=head; k=0;
        while(pre->next!=NULL && k<i−1)
        {    pre=pre->next;
             k=k+1;
        }
        if(!(pre->next) && k<=i−1)                    /*没有第 i 个结点*/
```

```
            printf("Error");
        else
        {   p=pre->next;
            pre->next=pre->next->next;              /*删除结点 p*/
            free(p);                                /*释放结点所占空间*/
        }
    }   /* DelList */
```

如果单链表中有 n 个结点，则删除操作的删除位置有 n 个，即 $1 \leqslant i \leqslant n$。该算法的平均时间复杂度为 $O(n)$。

以上 3 个基本运算均是在带头结点的单链表上实现的。下面仅以删除操作为例，给出其在不带头结点的单链表上的实现。希望读者能够比较出单链表带头结点后算法的简捷之处。

```
LinkList    DelList(LinkList head,int i)
/*在不带头结点的单链表 head 中删除第 i 个结点*/
{   if (head == NULL)
    {   printf("Empty link");
        return(NULL);
    }
    if (i==1)
    {   p=head;
        head=head->next;
        free(p);
        return(head);
    }
    pre=head; k=0;
    while(pre->next!=NULL && k<i-1)
    {   pre=pre->next;
        k=k+1;
    }
    if(!(p->next) && k<=i-1)              /*没有第 i 个结点*/
        printf("Inexistent node");
    else
    {   p=pre->next;
        pre->next=pre->next->next;        /*删除结点 p*/
        free(p);                          /*释放结点所占空间*/
    }
    return(head);
}   /* DelList */
```

【例 2-2】输入一批值作为单链表中结点数据域的值，写一算法，建立相应的带头结点的单链表。

微课视频

要建立一带头结点的单链表，可考虑使用如下两种方法：一是先建一带头结点的空单链表，然后逐一将元素插入第一个结点之前；二是先建一不带头结点的单链表（每次将元素作为第一个结点插入），然后建立头结点，并链接前面所建的单链表。实际上，在用前一种方法建立了头结点之后，就是反复地调用插入算法。下面的描述用的是后一种方法：

```
LinkList Create()
/*建一带头结点的单链表*/
{   p=q=NULL;
    /*使 p 指向新结点，用于存放输入的数据；使 q 指向构造过程中的单链表的链首*/
    scanf(&x);
    while (x!=FLAG)
    /* FLAG 为一与 x 类型相同的特殊值（作为输入数据的结束标志）*/
    {
        p=(LinkList)malloc(sizeof(ListNode));
        p->data=x;
        p->next=q;
        q=p;
        scanf(&x);
    }
    head=(LinkList)malloc(sizeof(ListNode))
    head->next=p;
    return (head);
}/* Create */
```

2.3.2　循环链表

　　循环链表是单链表的另一种形式，其特点是表中最后一个结点的指针不再为空，而是指向头结点（带头结点的单链表）或第一个结点（不带头结点的单链表），整个链表形成一个环，这样，从表中任意结点出发都可找到其他结点。考虑到各种操作实现的方便性，循环链表一般均指带头结点的循环链表。图 2-9（a）为带头结点的循环链表的空表表示，图 2.9（b）为带头结点的循环链表的非空表表示。循环链表的存储结构描述（类型定义）与单链表的存储结构描述完全相同。

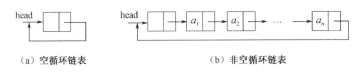

（a）空循环链表　　　　　　　　（b）非空循环链表

图 2-9　带头结点的循环链表

　　循环链表的基本操作的实现和单链表的基本操作的实现基本一致，差别仅在于判别链表中最后一个结点的条件不再是"后继是否为空"（p!=NULL 或 p->next!=NULL），而是"后继是否为头结点"（p!=head 或 p->next!=head）。

　　【例 2-3】对于如图 2-10（a）所示的两个循环链表，写一算法，实现两个链表的合并。合并后，ra 链表在前，rb 链表在后，如图 2-10（b）所示。

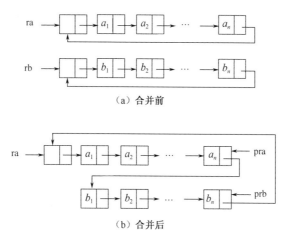

（a）合并前

（b）合并后

图 2-10　循环合并

要合并 ra 链表与 rb 链表，并使得 rb 链接在 ra 的尾部，即 ra 链表的尾结点的指针指向 rb 链表的第一个结点，rb 链表的尾结点的指针指向 ra 链表的头结点，需要引入两个指针 pra 与 prb，分别用来指向 ra 与 rb 的尾结点。合并算法描述如下：

```
void Merge(LinkList ra,LinkList rb)
/*将循环链表 ra、rb 合并，合并后，ra 在前，rb 在后*/
{
    pra=ra->next;
    while (pra->next!=ra) /*移动 pra，使其指向 ra 的尾结点*/
        pra= pra->next;
    prb=rb->next;
    while (prb->next!=rb) /*移动 prb，使其指向 rb 的尾结点*/
        prb=prb--next;
    prb->next=ra;
    pra->next=rb--next;
    free(rb);
}/* Merge */
```

如果 ra 链表与 rb 链表中元素的个数分别是 m 与 n，则算法的时间复杂度是 $O(m+n)$。

2.4　顺序表与链表的比较

本章前面部分介绍了线性表的两种存储结构：顺序表（顺序存储结构）和链表（链式存储结构）。顺序存储结构有如下优点。

（1）方法简单，高级语言都提供数组，实现容易。

（2）无须为表示线性表中元素的逻辑关系而额外增加存储开销。

（3）具有按元素序号随机访问的特点。

顺序存储结构的缺点如下。

（1）在顺序表中进行插入、删除操作时，需要顺序移动元素（平均移动次数是线性表长度的一半），因此，对长度较长的线性表的操作效率较低。

（2）要预先分配足够大的存储空间，空间分配过大会造成浪费，过小又有可能导致一些操作（如插入）失败。

顺序表的优点就是链表的缺点，而其缺点则是链表的优点。那么，在实际使用中，应采用哪种存储结构呢？通常有如下3点需要考虑。

1．基于空间的考虑

顺序表的存储空间是静态分配的，在程序执行之前，必须明确规定它的存储规模，即对 MaxSize 要有合适的设定。因此，当线性表的长度变化较大而难以估计其存储规模时，不宜采用顺序表。链表无须事先估计存储规模，但链表的存储密度较低。存储密度是指结点数据本身所占的存储单元数和整个结点所占的存储单元数之比。显然，存储密度越大，存储空间的利用率就越高。顺序表的存储密度为 1，而链表的存储密度小于 1。在链式存储中，双链表的存储密度又低于单链表的存储密度。

因此，当线性表的长度变化不大而易于事先确定其大小时，为了节约存储空间，应采用顺序存储结构。当线性表的长度变化较大而事先难以确定其大小时，应采用链式存储结构。

2．基于时间的考虑

顺序表可实现元素的随机存取，对表中任意结点都可以在 $O(1)$时间内直接存取；而链表中的结点则需要从头指针起，顺着链逐个结点地移动才能存取。因此，若线性表的操作主要是进行查找操作，很少进行插入和删除操作，则应采用顺序表作为存储结构。

在顺序表中进行插入和删除操作，元素的平均移动次数是线性表长度的一半。当每个结点的信息量较大时，移动结点的时间开销就相当可观。而在链表中进行插入和删除操作，虽然也要查找插入位置，但所做的是比较操作，插入过程只需修改指针即可。因此，对于频繁进行插入和删除操作的线性表，应采用链表作为存储结构。

3．基于语言的考虑

各种高级语言都提供数组，但不一定提供指针，由于链表是基于指针的，所以链表的使用有时会受到高级语言的限制。

总之，两种存储结构各有利弊，究竟选择哪种存储结构要根据实际问题的主要因素来考虑。

2.5 典型例题

【例 2-4】若长度为 n 的线性表采用顺序存储结构，则在它的第 i 个位置插入元素之前，首先要移动多少个表元素？如果要删除第 i 个位置的元素，则所需移动元素的个数又是多少？

【分析与解答】长度为 n 的线性表的元素序号为 $1,2,3,\cdots,i-1,i,\cdots,n$，采用的是顺序存储结构，若要在第 i 个位置插入元素，那么表中序号为 $i,\cdots,n$ 的元素就需要向后移动，移动后，对应的序号为 $i+1,\cdots,n+1$，移动元素的个数为$(n+1)-i$，即 $n-i+1$。如果要删除第 i 个位置的元素，则表中序号为 $i+1,\cdots,n$ 的元素就需要向前移动，移动后，对应的序号为 $i,\cdots,n-1$，移动元素的个数为$(n-1)-(i-1)$，即 $n-i$。

【例 2-5】对于长度为 n 的线性表，在以下操作中，哪些在顺序表上实现比在链表上实现的时间效率高？

（1）输出第 i（$1 \leqslant i \leqslant n$）个元素的值。

（2）交换第一个元素和第二个元素的值。

（3）顺序输出这 n 个元素的值。

（4）输出与给定值 x 相等的元素在线性表中的序号。

【分析与解答】根据顺序表和链表的存储特性，可得出以下结论。

（1）输出第 i（$1 \leqslant i \leqslant n$）个元素的值，顺序表的时间复杂度为 $O(1)$，链表对应的时间复杂度为 $O(n)$。

（2）交换第一个元素和第二个元素的值，顺序表的时间复杂度为 $O(1)$，链表对应的时间复杂度也为 $O(1)$。

（3）顺序输出这 n 个元素的值，顺序表的时间复杂度为 $O(n)$，链表对应的时间复杂度也为 $O(n)$。

（4）输出与给定值 x 相等的元素在线性表中的序号，顺序表的时间复杂度为 $O(n)$，链表对应的时间复杂度也为 $O(n)$。

因此，只有操作（1）在顺序表上实现比在链表上实现的时间效率高。

【例 2-6】假设某航班有 n 个座位，座位号依次为 $1,2,3,\cdots,n$，航班订票系统能够实现订票、退票，乘客登记表按照乘客姓名的字母顺序排列。图 2-11 是航班订票系统中用到的链表结构，其中，图 2-11（a）是链表结点结构，图 2-11（b）是已订座位链表，图 2-11（c）是未订座位链表。

（1）试给出该系统中链表的数据类型定义。

（2）已订座位链表、未订座位链表在初始状态下各有多少个结点？

（3）订票、退票算法对已订座位链表与未订座位链表如何操作？

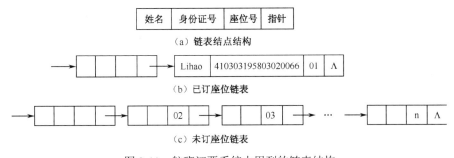

图 2-11 航班订票系统中用到的链表结构

【分析与解答】由图 2-11 可知，已订座位链表与未订座位链表都是带头结点的单链表，已订座位链表的结点包括旅客姓名、身份证号、座位号与指向下一结点的指针，未订座位链表结点中的旅客姓名、身份证号为空，座位号（从小到大排列）与指向下一结点的指针不为空。

（1）数据类型（旅客信息）DataType 定义如下：

```
#define MAXNAME 旅客姓名最大长度
#define MAXID18 /*身份证号的长度*/
typedef struct
{    char name[MAXNAME]; /*旅客姓名*/
     char id[MAXID]; /*身份证号*/
} DataType;
```

单链表结点类型定义如下：

```
typedef struct node
{       DataType passenger;
        int number;                    /*座位号*/
        struct node *next;
} DataNode;
```

指向单链表结点的指针类型定义如下：

```
typedef   DataNode *Slink;
```

（2）未订座位链表与已订座位链表的初始状态是，已订座位链表是一个只有头结点的空链表，未订座位链表带头结点，且共有 $n+1$ 个结点，每个结点只存放座位信息。

（3）订票、退票的实现就是对已订座位链表和未订座位链表的插入与删除操作。订票算法删除未订座位链表中的第一个元素结点，输入的乘客信息存放在该结点中，并将其插入按乘客姓名升序排列的已订座位链表中。退票算法根据输入的乘客身份证号，先在已订座位链表中查找，若找到相应结点，则将其删除，并插入按座位号升序排列的未订座位链表中。

2.6 实训例题

2.6.1 实训例题 1：有序顺序表的建立及查找

【问题描述】

编写算法，以输入的整数序列(34,66,−21,73,84,−3,6,16)作为线性表各元素的值，创建一按元素值升序排列的顺序表，并能对用户的输入值 x 给出是否在表中的判断，若表中有此值，则将其删除。

【基本要求】

对于输入序列构造相应的顺序表（升序排列），该过程涉及元素（在有序表中）的插入；对于用户的输入值 x 给出是否在表中的判断，此过程涉及表的查找；若表中有此值，则将其删除，涉及顺序表的删除操作。

- 功能。

（1）初始化顺序表。

（2）有序表的插入。

（3）在有序表中查找元素。

（4）删除有序表的某一元素。

（5）输出顺序表各元素的值。

- 输入：给定的整数序列(34,66,−21,73,84,−3,6,16)及要删除的值。
- 输出：顺序表中（删除指定值后）各元素的值。

【测试数据】

输入（第一组）：(34,66,−21,73,84,−3,6,16)。

要删除的值：6。

预期的输出结果是：

　　-21　-3　6　16　34　66　73　84

　　及

　　-21　-3　16　34　66　73　84

输入（第二组）：(34,66,-21,73,84,-3,6,16)。

要删除的值：18。

预期的输出结果是：

　　-21　-3　6　16　34　66　73　84

　　及

18 does not exit in the list.

　　-21　-3　6　16　34　66　73　84

【数据结构】

顺序表的定义如下：

```
#define MaxSize 20
typedef struct seqlist
{   int elem[MAXSIZE];
    int listlength;
}SeqList;
```

【算法思想】

初始化顺序表，循环输入整数，并将其插入有序表中，输出顺序表各元素的值。输入要删除的值，在有序表中查找该值，如果存在，则将其删除，再次输出顺序表各元素的值。

【模块划分】

（1）初始化顺序表：InitList。

（2）将元素插入有序表：InsList。

（3）在有序表中查找元素：InList。

（4）删除有序表的某一元素：DelList。

（5）输出顺序表各元素的值：Print。

（6）主函数：main。

【源程序】

```
#define MaxSize 20
typedef struct seqlist
{   int     elem[MaxSize];
    int     listlength;
}SeqList;
void InitList(SeqList *l)   /*初始化顺序表*/
{   l->listlength=0;
}/*InitList */
void Print(SeqList l)   /*输出顺序表各元素的值*/
{   int i;
    for(i=0;i<l.listlength;++i)
        printf("%d    ",l.elem[i]);
} /*Print*/
```

```
int InList(SeqList l,int x)    /*在有序表中查找元素 x */
{    int i=0;
     while (i<l.listlength && l.elem[i]<x)
          ++i;
     if (i<l.listlength)
          if(x==l.elem[i])    return (i);
     return (-1);
}    /*InList*/
void InsList(SeqList *l,int x)    /*将元素 x 插入有序表中*/
{    int i=0,j;
     while (i<l->listlength && x>l->elem[i])
       i++;
     for(j=l->listlength-1; j>=i; - j)
        l->elem[j+1]=l->elem[j];
     l->elem[i]=x;
     (l->listlength)++;
}/*InsList*/
void DelList(SeqList *l,int i)    /*删除有序表的第 i 个元素*/
{    int j;
     if (i<0 || i>l->listlength-1)
     {    printf("\nIndex error ");
          return;
     }
     for(j=i+1;j<=l->listlength-1;++j)
          l->elem[j-1]=l->elem[j];
     l->listlength--;
}/*DelList */
main()
{    SeqList list;
     int index,element,x;
     InitList(&list);
     printf("Enter the first value in the list: ");
     scanf("%d",&element);
     printf("Enter the others in the list:");
     while(element!=0)
     {    InsList(&list,element);
          scanf("%d,",&element);
     }
     Print(list);
     printf("Enter the value to be deleted: ");
     scanf("%d",&x);
     index=InList(list,x);
     if(index==-1)
       printf("%d does not exit in the list. \n ",x);
```

```
        else
            DelList(&list,index);
        Print(list);
    }/*main*/
```

【测试情况】

第一组数据：

Enter the first value in the list: 34

Enter the others in the list: 66,−21,73,84,−3,6,16,0

−21　−3　6　16　34　66　73　84

Enter the value to be deleted: 6

−21　−3　16　34　66　73　84

第二组数据：

Enter the first value in the list: 34

Enter the others in the list: 66,−21,73,84,−3,6,16,0

−21　−3　6　16　34　66　73　84

Enter the value to be deleted: 18

18 does not exit in the list.

−21　−3　6　16　34　66　73　84

【心得】

学生可以根据程序在计算机上调试运行，并结合自己在上机过程中遇到的问题和解决方法的体会，写出调试分析过程、程序使用方法和测试结果，提交实训报告。

2.6.2　实训例题 2：多项式的表示和相加

【问题描述】

在数学上，一个一元多项式 $P_n(x)$ 可按升幂的形式写为

$$P_n(x)=p_0+p_1x+p_2x^2+p_3x^3+\ \cdots\ +p_nx^n$$

此多项式可以由 $n+1$ 个系数唯一确定。因此，可以对应地用一个线性表 P 来表示，即

$$P=(p_0,p_1,p_2,\cdots,p_n)$$

即多项式中每项的指数就是相应系数的序号。

假设 $Q_m(x)$ 是一个一元多项式，则它也可以用一个线性表 Q 来表示，即

$$Q=(q_0,q_1,q_2,\cdots,q_m)$$

若 $m<n$，则两个多项式相加的结果 $R_n(x)=P_n(x)+Q_m(x)$，也可以用线性表 R 来表示，即

$$R=(p_0+q_0,p_1+q_1,p_2+q_2,\cdots,p_m+q_m,p_{m+1},\cdots,p_n)$$

问：当多项式中存在大量的零系数时，应该选择顺序存储结构还是链式存储结构呢？写一算法以实现一元多项式的相加。

【基本要求】

对于线性表 P、Q 和 R，可以采用顺序存储结构，也可以采用链式存储结构。使用顺序存储结构可以使多项式相加的算法十分简单，即 p[0]（q[0]）存储系数 p_0（q_0），p[1]（q[1]）存储系数 p_1（q_1），p[n]（q[n]）存储系数 p_n（q_n），只需将 p、q 对应单元的内容相加即可。但是，当多项式中存在大量的零系数时，这种表示方式就会浪费大量的存储空间。因此，应采用链式存储结构表示多项式，多项式中的每个非零系数项构成链表中的一个结

点（系数项和指数项），而对于系数为零的项则无须表示。

图 2-12 为两个多项式的单链表，分别表示多项式 $A_{14}(X)=9+6X+8X^9+3X^{14}$ 与多项式 $B_9(X)=7X+21X^7-8X^9$。

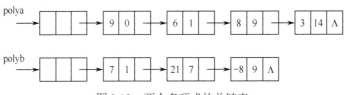

图 2-12　两个多项式的单链表

- 功能：求两个单链表表示的多项式的和。
- 输入：两个多项式每项的系数与指数。
- 输出："和多项式"的系数与指数。

【测试数据】

输入是 (3,14　8,9　6,1　9,0) 与 (-8,9　21,7　7,1)，预期的输出是 (9,0　13,1　21,7　3,14)。

【数据结构】

单链表的结点、指针类型定义如下：

```
typedef struct PNode
{    int exp;        /*指数为整数*/
     float coef;     /*系数为实数*/
     struct PNode *next;
}PolyNode, *PolyList;
```

【算法思想】

多项式相加的原则是，两个多项式中所有指数相同的项的对应系数相加，若和不为零，则构成和多项式中的一项，将所有指数不相同的项均复制到和多项式中。以单链表作为存储结构，和多项式中的结点无须另外生成，可由多项式 A、多项式 B 对应的单链表 polya、polyb 中的结点构成（和多项式链表可由 polya 指向）。

设 pa、pb 分别指向多项式 A、B 中的一项（单链表 polya、polyb 中的一个结点），比较 pa、pb 所指结点的指数项，有如下 3 种情况。

（1）若 pa->exp<pb->exp，则结点 pa 所指的结点应是和多项式中的一项，令指针 pa 后移。

（2）若 pa->exp>pb->exp，则结点 pb 所指结点应是和多项式中的一项，将 pb 所指结点插入 pa 所指结点之前，并令指针 pb 在原来的链表上后移。

（3）若 pa->exp=pb->exp，则将两个结点中的系数相加，当和不为零时，修改 pa 所指结点的系数域，释放 pb 结点；若和为零，则和多项式中无此项，从 A 中删去 pa 所指结点，同时释放 pa 和 pb 所指结点。

按以上运算规则对如图 2-12 所示的两个多项式进行运算，得到的和多项式链表如图 2-13 所示，其中孤立结点代表被释放的结点。

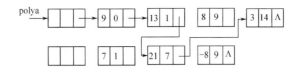

图 2-13 运算后的和多项式链表

【模块划分】

（1）建立带头结点的单链表：Create，单链表是依指数升序排列的有序表，输入数据（系数、指数）是依指数降序排列的序列。

（2）求单链表 polya 与单链表 polyb 对应多项式的和：PolyAdd。

（3）输出单链表每个结点的两个数据域的值（多项式每项的系数与指数）：Print。

（4）主函数 main。调用 Create 建立单链表 polya 和 polyb，调用 PolyAdd 求 polya 与 polyb 对应多项式的和，调用 Print 输出和多项式每项的系数与指数（依指数升序排列）。

【源程序】

```
typedef struct PNode
{    int exp;                      /*指数为整数*/
     float coef;                   /*系数为实数*/
     struct PNode *next;
} PolyNode, *PolyList;
PolyList Create()                  /*建立带头结点的单链表*/
{
    PolyList h,p;
    float c;
    int e;
    h=(PolyList)malloc(sizeof(PolyNode));
    h->next= NULL;
    printf("\nEnter coef and exp:");
    scanf("%f,%d",&c,&e);          /*输入系数、指数*/
    while (e != −1)
    {
        p=(PolyList)malloc(sizeof(PolyNode));
        p->coef=c; p->exp=e;
        p->next=h->next;
        h->next=p;
        printf("Enter coef and exp:");
        scanf("%f,%d",&c,&e);
    }
    return(h);
}    /*Create*/
void Print(PolyList h)             /*输出单链表每个结点的两个数据域的值*/
{
    PolyList p;
    p=h->next;
    printf("\n");
```

```
    while(p!= NULL)
    {
        printf("%g,%d    ",p->coef,p->exp);
        p=p->next;
    }
}/*Print*/
void PolyAdd(PolyList polya,PolyList polyb)          /*求单链表 polya 与 polyb 对应多项式的和*/
{
    PolyList    pa,pb,pre,temp;                  /* pre 指向和多项式链表的尾结点，temp 为临时指针*/
    float sum;
    pa=polya->next;
    pb=polyb->next;
    pre=polya;
    while (pa!=NULL && pb!= NULL)  /*当两个多项式均未扫描结束时*/
    {
        if(pa->exp<pb->exp)             /*将 pa 结点加入和多项式中*/
        {
            pre->next=pa;
            epr=pre->next;
            pa=pa->next;
        }
        else if (pa->exp==pb->exp)        /*如果指数相同，则相应的系数相加*/
        {
            sum=pa->coef+pb->coef;
            if(sum!=0)
            {
                pa->coef=sum;
                pre->next=pa;pre=pre->next;
                pa=pa->next;
                temp=pb;pb=pb->next;free(temp);
            }
            else                    /*若系数和为零，则释放 pa 和 pb 所指结点*/
            {
                temp=pa->next;free(pa);pa=temp;
                temp=pb->next;free(pb);pb=temp;
            }
        }
        else                    /*将 pb 所指结点加入和多项式中*/
        {
            pre->next=pb;pre=pre->next;
            pb=pb->next;
        }
    }
    if(pa!= NULL)               /*polya 中还有剩余的结点*/
```

```
                pre->next=pa;
            else                      /* polyb 中还有剩余的结点*/
                pre->next=pb;
            free(polyb);
        } /*PolyAdd */
        main()
        {
            PolyList pa,pb;
            pa=Create();
            pb=Create();
            PolyAdd(pa,pb);
            Print(pa);
        }_/*main*/
```

【测试情况】

Enter coef and exp: 3,14

Enter coef and exp: 8,9

Enter coef and exp: 6,1

Enter coef and exp: 9,0

Enter coef and exp: −1,−1

Enter coef and exp:−8,9

Enter coef and exp: 21,7

Enter coef and exp: 7,1

Enter coef and exp: −1,−1

9,0　13,1　21,7　3,14

【心得】

学生可以根据程序在计算机上调试运行，并结合自己在上机过程中遇到的问题和解决方法的体会，写出调试分析过程、程序使用方法和测试结果，提交实训报告。

2.7　总结与提高

2.7.1　主要知识点

1．线性表的存储

线性表的存储有两种方式：顺序存储（顺序表）与链式存储（链表）。顺序表的存储空间是静态分配的，而链表的存储空间是动态分配的。选择顺序表还是链表，要根据实际问题的需求决定。例如，某嵌入式系统的内存划分为若干个固定数目、固定大小、互不相等的分区，内存的分配与回收均以分区为单位，对此种内存的管理宜采用顺序表，表中的一项就是一个分区的描述（起始地址、大小、状态等）。如果系统使用的是可变分区管理，即分区的个数、大小均可变，根据应用程序的大小分配空间，则此种内存管理应使用链表，表中的一个结点对应内存的一个分区，在系统初始状态，该链表仅有一个包含整个内存大小的结点。

2．顺序表的操作

顺序表具有按元素序号随机访问的特点，即对指定位置（下标）元素进行读取与修改，所需的时间复杂度是 $O(1)$；对于长度为 n 的顺序表，按序查找某一特定值的元素、删除第 i 个元素或在第 i 个元素之前插入一元素，所需的平均时间复杂度是 $O(n)$。

现存在两个有序（升序或降序）顺序表（la 与 lb），其长度分别是 m 与 n，如果将它们合并为一个有序顺序表 lc，则所需的时间复杂度是 $O(m+n)$；如果 la 与 lb 合并后仍然存放在 la 中，则算法的时间复杂度是 $O(m×n)$。

3．链表的操作

链表不具有随机访问的特点，对于长度为 n 的链表，对指定位置（第几个）元素的读/写所需的时间复杂度是 $O(n)$；查找某一特定值的元素所需的时间复杂度是 $O(n)$；删除第 i 个元素或在第 i 个元素之前插入一元素所需的时间复杂度是 $O(1)$。

现有两个有序（升序或降序）链表（ha 与 hb），其长度分别是 m 与 n，如果将它们合并为一个有序链表 ha，则所需的时间复杂度是 $O(m+n)$。

2.7.2　提高例题

【例 2-7】已知长度为 n 的线性表 l 采用顺序存储结构，写一算法，找出线性表中值最小的元素。

【分析与解答】先假设顺序表的第 0 个元素的值最小，并将其保存在一临时变量 min 中，然后从线性表的第 1 个元素开始，依次将第 $1,2,\cdots,n-1$ 个元素的值与 min 的值进行比较。若某元素的值小于 min 的值，则将该元素的值存放在 min 中；若不小于 min 的值，则 min 的值保持不变。比较结束后，min 中存放的就是线性表中值最小的元素。

```
ElementType   Minelem(SeqList l)
{
    min=l.elem[0];
    for(i=1;i<l. listlength;i++)
        {
            if (min>l.elem[i])     min=l.elem[i];
        }
    return(min);
}   /* minelem */
```

【例 2-8】已知一带头结点的线性表，其头指针为 head，写一算法，将该链表中值为 value1 的所有结点的值改为 value2。

【分析与解答】从链表的第一个结点开始，依次判断当前的链结点是否满足条件（其数据域的值是否为 value1），若满足，则对链结点数据域的值进行修改（改为 value2）；若不满足，则不修改。对当前链结点进行判断并处理后，判断、处理其后继结点（新的当前链结点），直到链尾结点处理结束。

```
void v1tov2(LinkList h,ElementType value1,ElementType value2)
```

```
    {
        p=h->next;
        while(p!=NULL)
        {
            if(p->data==value1)   p->data=value2;
            p=p->next;
        }
    }   /* v1tov2 */
```

习题

1. 填空题

（1）已知一个顺序存储的线性表，设每个结点需要占 m 个存储单元，若第 0 个元素的地址为 address，则第 i 个结点的地址为_____。

（2）线性表有两种存储结构：顺序存储结构和链式存储结构。就两种存储结构完成下列填空：_____存储密度较大，_____存储利用率较高，_____可以随机存取，_____不可以随机存取，_____插入和删除操作比较方便。

（3）在顺序表中，逻辑上相邻的元素在物理位置上_____；在链表中，逻辑上相邻的元素的物理位置_____相邻。

（4）有一个长度为 n 的顺序表，在第 i 个元素（$0 \leqslant i \leqslant n$）之前插入一个新元素，具有最坏时间复杂度，对应的 i 值是_____；具有最好时间复杂度，对应的 i 值是_____。

（5）若在顺序表 la 的第 i 个元素前插入一个新元素，则 i 的有效范围是_____；若在顺序表 lb 的第 j 个元素之后插入一个新元素，则 j 的有效范围是_____；若要删除顺序表 lc 的第 k 个元素，则 k 的有效范围是_____。

（6）在具有 n 个结点的顺序表中插入一个结点，平均需要移动_____个结点，具体的移动次数取决于_____和_____。

（7）在具有 n 个结点的单链表中，要删除已知结点*p，需要找到_____，其时间复杂度为_____。

（8）在单链表中，要在已知结点*p 之前插入一个新结点，需要找到_____，其时间复杂度为_____。

（9）在单链表中，删除指针 p 所指结点的后继结点的语句是_____。

（10）对于带头结点的单链表（头结点由 head 指向），对其判空的条件是_____；对于不带头结点的单链表（第一个结点由 head 指向），对其判空的条件是_____；对于带头结点的循环链表（头结点由 head 指向），对其判空的条件是_____；对于不带头结点的循环链表（第一个结点由 head 指向），对其判空的条件是_____。

（11）删除带头结点的单链表（头结点由 head 指向）的第一个结点的语句是_____，删除不带头结点的单链表（第一个结点由 head 指向）的第一个结点的语句是_____。

2. 判断题

（1）链表的每个结点中都恰好包含一个指针。

（2）链表中指向第一个结点的指针称为头指针。

（3）链表的删除算法很简单，因为当删除链表中的某个结点后，计算机会自动将后续各个单元向前移动。

（4）线性表的每个结点只能是一个简单类型，而链表的每个结点则可以是一个复杂类型。

（5）顺序表结构适合进行顺序存取，而链表结构则适合进行随机存取。

（6）顺序存储方式的优点是存储密度大，且插入、删除运算效率高。

（7）对于单链表的插入运算，带头结点的单链表与不带头结点的单链表相比，前者对应的算法更简单。

（8）线性表在进行顺序存储时，逻辑上相邻的元素未必在存储的物理位置次序上相邻。

（9）顺序存储方式只能用于存储线性结构。

（10）线性表的逻辑顺序与存储顺序总是一致的。

3．选择题

（1）在线性表中，最常用的操作是存取第 i 个元素及其前驱元素的值，采用_____存储方式最省时间。

  A．顺序表   B．带头结点的单链表

  C．带头指针的循环链表   D．带尾指针的循环链表

（2）已知单链表的头指针为 head 且该链表不带头结点，则该单链表判空的条件是_____。

  A．head==NULL   B．head->next===NULL

  C．head->next===head   D．head!=NULL

（3）假设顺序表 L 中有 n 个元素，则删除该表中第 i 个元素需要移动_____个元素。

  A．$n-i$ B．$n+1-i$

  C．$n-1-i$ D．i

（4）下列选项中，_____是链表不具有的特点。

  A．插入和删除运算不需要移动元素

  B．所需的存储空间与线性表的长度成正比

  C．不必事先估计存储空间的大小

  D．可以随机访问表中的任意元素

4．简答题

（1）试将单链表和循环链表的插入与删除运算进行比较。

（2）描述下列算法的功能：

```
ListNode* Demo1(LinkList head,ListNode *p)
{    /* head 是指向单链表的头指针*/
    q=head->next;
    while(q&&q->next!=p)
        q=q->next;
    return(q);
}
```

（3）描述下列算法的功能：

```
void Demo2(ListNode *p,ListNode *q)
{    temp=p->data;
     p->data=q->data;
     q->data=temp;
}
```

5．算法设计题

（1）试用顺序表作为存储结构编写算法以实现线性表就地逆置的操作，即在原表的存储空间中将线性表$(a_1,a_2,\cdots,a_n)$逆置为$(a_n,a_{n-1},\cdots,a_1)$。

（2）写一算法，从顺序表中删除自第 i 个元素开始的 k 个元素。

（3）假设已建立了一个带有头结点的单链表，h 为指向头结点的指针，且链表中存放的数据按由小到大的顺序排列。编写函数实现算法，把 x 值插入链表中，插入后，链表中的结点数据仍保持有序。

（4）假设在长度大于 1 的循环链表中，既无头结点又无头指针，p 为指向该链表某个结点的指针，编写算法实现删除该结点的前驱结点。

（5）设 h 为一指向单链表头结点的指针，该链表中的结点的值按非降序排列，设计算法以删除链表中值相同的结点，使之只保留一个。

（6）对于给定的带头结点的单链表，h 为指向头结点的指针，编写一个删除表中值为 x 的结点的直接前驱结点的算法。

（7）如果以单链表表示集合，则假设集合 A 用单链表 la 表示，集合 B 用单链表 lb 表示，设计算法以求两个集合的差，即 $A-B$。

（8）假设线性表 a、b 表示两个集合，即同一个线性表中的元素各不相同，且均以元素值递增有序排列，现要求构成一个新的线性表 c，c 表示集合 a 与 b 的交，且 c 中元素也递增有序。试分别以顺序表和单链表为存储结构，编写实现上述运算的算法。

（9）已知线性表的元素是无序的，且以带头结点的单链表作为存储结构，试编写算法以实现删除表中所有值大于 min 且小于 max 的元素。

（10）已知在单链表表示的线性表中含有两类字符的元素，如字母字符和数字字符，试编写算法以构造两个以循环链表表示的线性表，使每个表中只含有同一类的字符，且利用原表中的结点空间作为这两个表的结点空间，头结点可另辟空间。

（11）设计一个高效算法，从顺序表 L 中删除所有值介于 x 和 y 之间的所有元素，要求时间复杂度为 $O(n)$、空间复杂度 $O(1)$。

（12）已知元素值非递减有序的单链表 L，设计一高效算法以删除值重复的结点。

实训习题

（1）试以单链表作为存储结构，实现将线性表$(a_0,a_1,\cdots,a_{n-1})$就地逆置的操作。

（2）设 ha 和 hb 是两个单链表，且表中元素递增有序。现需要将 ha 和 hb 合并成一个按元素值递减有序排列的单链表 hc，并要求空间复杂度为 $O(1)$。

（3）有两个顺序表 la 和 lb，其元素均为非递减有序排列，编写一个算法，将它们合并成一个顺序表 lc，要求 lc 中的元素也是非递减有序排列的。也就是说，如果 la=(2,2,3)，lb=(1,3,3,4)，则 lc=(1,2,2,3,3,3,4)。

（4）将若干城市的信息存入一个带头结点的单链表中，结点中的城市信息包括城市名和城市的位置坐标。要求：

① 给定一个城市名，返回其位置坐标。

② 给定一个位置坐标 p 和一个距离 d，返回所有与 p 的距离小于 d 的城市。

（5）约瑟夫环问题的描述是，给定正整数 n 与 k，按下述方法可得排列 1,2,…,n 的一个置换：将数字 1,2,…,n 环形排列，按顺时针方向从 1 开始计数，当计满 k 时，输出该位置上的数字（并从环中删去该数字）；然后从下一个数字开始，继续从 1 开始计数，直到环中所有数字均被输出。例如，当 $n=10$，$k=3$ 时，输出的置换是(3,6,9,2,7,18,5,10,4)。试设计一个程序，对输入的给定正整数 n 与 k，输出相应的置换（分别用顺序表和链表实现）。

（6）将若干型号的电视机库存信息存入一个带头结点的单链表中，电视机信息包括电视机的型号、数量和价格。要求：

① 电视机的按型号查找。

② 电视机的入库：入库分两种情况，一种是一批新型号电视机的入库；另一种是已有型号电视机的入库，将库存量增加。

③ 电视机的出库：分情况处理，如果不存在该型号的电视机，则给出相应提示信息；如果存在该型号的电视机，则需要进一步判断库存量是否充足。如果库存量不足，则给出当前库存量并提示不能出库；如果库存充足，则按电视机出库量减少库存量即可。

第 3 章

堆栈和队列

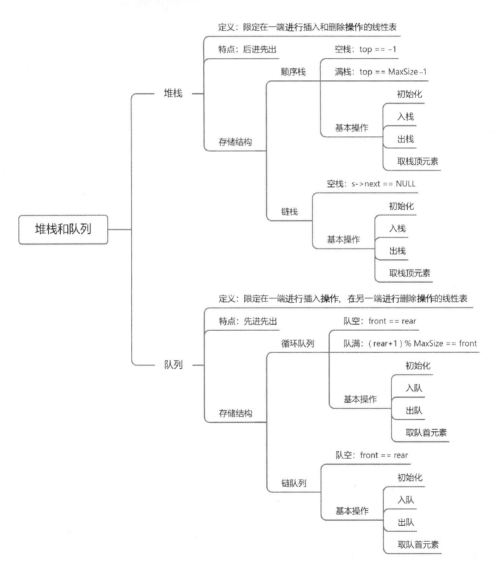

本章思维导图

堆栈和队列是程序设计中被广泛使用的两种线性数据结构，它们是特殊的线性表，特殊之处在于对插入和删除操作的"限定"。线性表允许在表内任意位置进行插入和删除操作；堆栈只允许在表尾一端进行插入和删除操作；而队列则只允许在表尾一端进行插入操作，在表头一端进行删除操作。

3.1 堆栈

3.1.1 堆栈的定义及基本运算

堆栈简称为栈，是限定只能在表尾一端进行插入和删除操作的线性表。在表中，允许插入和删除的一端称为"栈顶"，另一端称为"栈底"。通常将元素插入栈顶的操作称为"入栈"（进栈或压栈），将删除栈顶元素的操作称为"出栈"，如图 3-1 所示。因为在出栈时，后入栈的元素先出，所以堆栈又被称为"后进先出"表或 LIFO（Last In First Out）表。

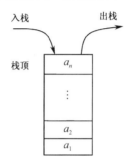

图 3-1　堆栈

堆栈的基本运算如下。

（1）StackInit()，初始化堆栈。

（2）StackEmpty(s)，判定堆栈 s 是否为空。

（3）StackLength(s)，求堆栈 s 的长度。

（4）GetTop(s)，获取栈顶元素的值。

（5）Push(s,e)，将元素 e 进栈。

（6）Pop(s)，出栈（删除栈顶元素）。

3.1.2 堆栈的顺序存储结构

与线性表类似，堆栈也有两种存储表示，其顺序存储结构简称为顺序栈。与顺序表类似，对于顺序栈，也需要事先为它分配一个可以容纳最多元素的存储空间，即一维数组，以及表示栈顶元素在栈中位置（栈顶位置）的值。

顺序栈的类型描述如下：

```
#define MaxSize  堆栈可能达到的最大长度
typedef struct
{  ElementType elem[MaxSize];
    int top;              /*栈顶位置*/
} SeqStack;
```

顺序栈的基本运算的算法如下。

（1）初始化堆栈，StackInit()：

```
SeqStack StackInit(SeqStack *s)
{
        s->top=-1;
        return(s);
}/* StackInit */
```

（2）判定堆栈 s 是否为空，StackEmpty(s)：

```
int StackEmpty(SeqStack s)
{
        return(s.top==-1);
}/* StackEmpty */
```

（3）求堆栈 s 的长度，StackLength(s)：

```
int StackLength(SeqStack s)
{
        return(s.top+1);
}/* StackLength*/
```

（4）获取栈顶元素的值，GetTop(s)：

```
ElementType GetTop(SeqStack s)
{   if (StackEmpty(s))              /*栈空*/
        return(nil);               /* nil 表示与 ElementType 类型对应的空值*/
      return(s.elem[s.top]);
}/* GetTop */
```

（5）将元素 *e* 进栈，Push(s,e)：

```
void Push(SeqStack *s,ElementType e)
{   if (s->top== MaxSize-1)         /*栈满*/
        printf("Full");
    else
    {   s->top++;
        s->elem[s->top]=e ;
    }
} /* Push */
```

（6）出栈，Pop(s)：

```
ElementType Pop(SeqStack *s)
{   if (S->top== -1)               /*栈空*/
        return(nil);               /*返回空值*/
    else
      {   e=s->elem[s->top];
          s->top--;
    return (e);
      }
}/* Pop */
```

【例 3-1】假设有两个堆栈共享一个一维数组空间[0,MaxSize−1]，其中一个堆栈用数组的第 0 号单元（元素）作为栈底，另一个堆栈用数组的第 MaxSize−1 号单元（元素）作为栈底（两个堆栈从两端向中间延伸），如图 3-2 所示，对应的类型描述如下：

```
#define MaxSize  堆栈可能达到的最大长度
typedef struct
{ ElementType elem[MaxSize];
    int top1,top2;          /*栈顶位置*/
} ShareStack;
```

试写出共享堆栈的进栈、出栈算法。

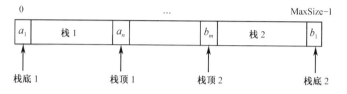

图 3-2　两堆栈共享空间的示意图

若有声明：

```
ShareStack *s;
```

则堆栈 1 的栈顶表示为 s->top1，堆栈 2 的栈顶表示为 s->top2；堆栈 1 的进栈操作使得栈顶 1 右（后）移，即 s->top1++，堆栈 2 的进栈操作使得栈顶 2 左（前）移，即 s->top2−−；栈满时，两个栈顶相邻，即 s->top1+1==s->top2。

```
void Push(ShareStack *s,ElementType e,int i)
/*将元素 e 压入堆栈 i（i=1,2）*/
{    if (s->top1+1==s->top2)    /*栈满*/
         printf("Full");
     else
       {    if (i==1)
          {    s->top1++;
               s->elem[s->top1]=e;
          }
          else
          {    s->top2−−;
               s->elem[s->top2]=e;
          }
       }
} /* Push */
```

堆栈 1 的出栈使得栈顶 1 左（前）移，即 s->top1−−，堆栈 2 的出栈使得栈顶 2 右（后）移，即 s->top2++，堆栈 1 空时满足 s->top1==−1，栈 2 空时满足 s->top2==MaxSize。

```
ElementType Pop(ShareStack *s,int i)
/*堆栈 i（i=1,2）出栈*/
{    if (i==1)
```

```
        if (s->top1==-1)     /*堆栈 1 空*/
            return(nil);
        else
        {    e=s->elem[s->top1];
             s->top1--;
             return(e);
        }
    if (i==2)
        if (s->top2== MaxSize)   /*堆栈 2 空*/
            return(nil);
        else
        {    e=s->elem[s->top2];
             s->top2++;
             return(e);
        }
} /*Pop*/
```

3.1.3　堆栈的链式存储结构

与线性表的链式存储结构相对应，堆栈也有链式存储，简称为链栈。出于对算法简单性的考虑，正如在链表的头部增加头结点一样，在栈顶也增加一头结点，如图 3-3 所示。链栈的类型描述如下：

```
typedef   struct   snode
{   ElementType    data;
    struct    snode    *next;
}StackNode;
typedef   StackNode    *LinkStack;
 / * LinkStack 为指向 StackNode 的指针类型* /
```

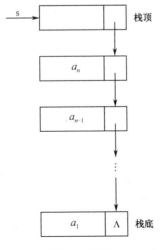

图 3-3　链栈

下面给出的是链栈基本运算的算法实现。

（1）初始化堆栈，StackInit()：

```
LinkStack StackInit()
{
        s=(LinkStack)malloc(sizeof(StackNode));
        s->next=NULL;
        return (s);
}/* StackInit */
```

（2）判定堆栈 s 是否为空，StackEmpty(s)：

```
int StackEmpty(LinkStack s)
{
        return(!(s->ncxt));
}/* StackEmpty */
```

（3）求堆栈 s 的长度，StackLength(s)：

```
int StackLength(LinkStack s)
{   p=s->next;
    length=0;
    while (p)
        {   length++;
            p=p->next;
        }
    return(length);
}/* StackLength */
```

（4）获取栈顶元素的值，GetTop(s)：

```
ElementType GetTop(LinkStack s)
{
        if (StackEmpty(s))      /*栈空*/
            return(nil);        /* nil 表示与 ElementType 类型对应的空值*/
        return(s->next->data);
}/* GetTop*/
```

（5）将元素 e 进栈，Push(s,e)：

```
void Push(LinkStack s,ElementType e)
{   p=( StackNode *)malloc(sizeof(StackNode));
    /*生成新结点，并由 p 指向它*/
    p->data=e;
    p->next=s->next;
    s->next =p;
} /* Push*/
```

（6）出栈，Pop(s)：

```
ElementType Pop(LinkStack s)
{    if (StackEmpty(s))        /*栈空*/
         return(nil);          /*返回空值*/
     else
     {   p=s->next;
         s->next= p->next;
         e=p->data;
         free(p);
         return(e);
     }
} /* Pop*/
```

【例 3-2】阅读下面的算法，给出算法的返回值与参数 *n*（自然数）的关系。

```
int Fact(int n)
{    x=n;
     result=1;
     s=( StackNode *)malloc(sizeof(StackNode));        /*生成链栈的头结点*/
     s->next=NULL;
     while(x)
     {   p=( StackNode *)malloc(sizeof(StackNode));
         p->data=x;
         p->next=s->next;
         s->next=p;
         x--;
     }
     while(!s->next)
     {   p=s->next;
         s->next=p->next;
         x=p->data;
         free(p);
         result= result*x;
     }
     return(result);
} /* Fact*/
```

在以上算法中，第一个 while 循环首先使 x 的值（初值为 *n*）进栈 s，再使 x 的值减 1，继续进栈，直到 x 的值减为 0（0 不进栈）。图 3-4 是 x 的值全部进栈后的示意图。第二个 while 实现 s 的循环出栈操作，并将原栈顶元素的值赋给 x，直到栈空，result 中存放的是从第一个 x 到最后一个 x 的累乘结果，因此，最后返回的 result 应该是 x 的阶乘，即算法的返回值是参数 *n* 的阶乘。

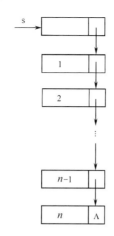

图 3-4   x 的值全部进栈后的示意图

事实上，以上算法完全可以调用链栈的基本运算实现，下面就是调用链栈的基本运算后的算法实现：

```
int Fact(int n)
{   x=n;
    result=1;
    s=StackInit();
    while(x)
    {   Push(s,x);
        x--;
    }
    while(!s)
    {   x=Pop(s);
        result= result*x;
    }
    return(result);
} /* Fact*/
```

请读者思考：上述改写后的算法是否适合顺序栈？

3.2   堆栈典型例题

【例 3-3】若某堆栈的输入序列为$(1,2,3,\cdots,n-1,n)$，输出序列的第 1 个元素为 n，那么第 i 个输出元素是什么？

【分析与解答】堆栈的输入序列为$(1,2,3,\cdots,n-1,n)$，堆栈的特性是后进先出，如果输出序列的第 1 个元素为 n，那么第 2 个元素为 $n-1$，第 3 个元素为 $n-2$，依次类推，第 i 个输出元素为 $n-i+1$。

【例 3-4】简述以下算法的功能。

```
void Reverse (SeqStack s)
{
    n=0;
```

```
    while (!StackEmpty (s))
    {
        a[n]= Pop(s);
        n++;
    }
    for(i=0;i<n;i++)
        Push(s,a[i]);
} /*Reverse*/
void Remove (LinkStack s,ElementType e)
{
    while (!StackEmpty (s))
    {
        d= Pop(s);
        if (d!=e)    Push(t,d);
    }
    while (!StackEmpty (t))
    {
        d= Pop(t);
        Push(s,d);
    }
} /* Remove */
```

【分析与解答】在算法 Reverse 中，将堆栈 s 中的元素从栈底到栈顶的序列设为 $(e_1,e_2,\cdots,e_n)$，while 循环将 s 中的元素出栈，并存入 a 数组中，a 数组中各元素的值如表 3-1 所示；for 循环将 a 数组中的元素以 a[0],a[1],$\cdots$,a[$n-1$]（$e_n,e_{n-1},\cdots,e_1$）的顺序入栈，从栈底到栈顶的序列为$(e_n,e_{n-1},\cdots,e_1)$。因此，该算法借助 a 数组实现了堆栈 s 的逆置。

表 3-1　a 数组中各元素的值

a[0]	a[1]	$\cdots$	a[$n-1$]
e_n	e_{n-1}	$\cdots$	e_1

在算法 Remove 中，第 1 个 while 循环将 s 中的元素（除元素 e 外）出栈并进入堆栈 t，堆栈 t 是堆栈 s 不包括 e 元素的逆置；第 2 个 while 循环将 t 中的元素出栈后又进入 s，s 是 t 的逆置，最终 s 经过两次逆置又恢复成原来的元素序列（不包括元素 e）。因此，该算法借助堆栈 t 将堆栈 s 中的元素 e 删除了。

3.3　队列

3.3.1　队列的定义及运算

队列简称队，是限定只能在表的一端进行插入运算（操作），在另一端进行删除运算的线性表。在表中，允许插入的一端称为"队尾"，允许删除的另一端称为"队首"（或"队头"）。通常将元素插入队尾的操作称为入队列（或入队），称删除队首元素的操作为出队列（或出队），如图 3-5 所示。因为出队时先入队的元素先出，故队列又被称为"先进先出"

表，或者称为 FIFO（First In First Out）表。

图 3-5　队列

队列的基本运算如下。

（1）InitQueue()，初始化队列。

（2）QueueEmpty(q)，判定队列 q 是否为空。

（3）QueueLength(q)，求队列 q 的长度。

（4）GetHead(q)，获取队列 q 队首元素的值。

（5）AddQueue (q,e)，将元素 e 入队列。

（6）DeleteQueue (q)，删除队首元素（队首元素出队列）。

微课视频

3.3.2　队列的顺序存储结构

与线性表类似，队列也有两种存储表示，其顺序存储结构称为顺序队列。对于顺序队列，也需要事先为其分配一个可以容纳最多元素的存储空间，即一维数组，以及队首指示器和队尾指示器，它们分别表示队首元素、队尾元素在队列中的位置值（序号）。

图 3-6 是 MaxSize=5 的队列的动态变化示意图，其中，图 3-6（a）表示初始的空队列；图 3-6（b）表示入队列 5 个元素后队列的状态；图 3-6（c）表示队首元素出队列 1 次后队列的状态；图 3-6（d）表示队首元素出队列 4 次后队列的状态。

从图 3-6 中可以看出，图 3-6（a）表示队列的初始空状态，有 front==rear 成立，该条件可以作为队列为空的条件。那么能不能用 rear==MaxSize 作为队列为满的条件呢？显然不能，如图 3-6（d）表示队列为空，但满足该条件。如果对图 3-6（d）继续执行入队列操作，则会出现"上溢出"现象，这种溢出并不是真正的溢出，因为在 elem 数组中存在可存放元素的空位置（实际上 elem 为空数组），所以这是一种假溢出。为了能充分地利用数组空间，可以将数组的首尾相接，形成一个环状结构，即把存储队列元素的表从逻辑上看成一个环，称其为循环队列。

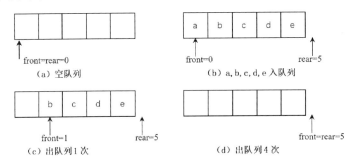

图 3-6　MaxSize=5 的队列的动态变化示意图

循环队列首尾相连，在初始化队列时，令 front=rear=0；在入队列时，直接将新元素送入尾指针 rear 所指的单元中，然后尾指针加 1；在出队列时，直接取出队头指针 front 所指的元素，然后头指针加 1。当 rear=MaxSize−1 时，若再对该队列进行入队列操作，则 rear 的值应为 0，这种变化规律可以用除法取余运算（%）来实现。

对于入队列操作，队尾指示器指向下一位置：rear=(rear+1) % MaxSize。

对于出队列操作，队首指示器指向下一位置：front=(front+1) % MaxSize。

循环队列的类型描述如下：

```
#define MaxSize  队列可能达到的最大长度
typedef struct
{   ElementType elem[MaxSize];
    int front,rear;              /*队首/队尾指示器*/
} CirQueue;
```

有如下循环队列：

```
CirQueue q;
```

在初始化时，q.front=q.rear=0，此时队列 q 为空和为满的条件是什么呢？显然，循环队列为空的条件是 q.front==q.rear。如果入队列的速度快于出队列的速度，那么队尾指示器的值就会赶上队首指示器的值，即 q.front==q.rear，此时循环队列为满队列，这样就无法区分循环队列是空的还是满的了。为了对循环队列的空、满加以区分，常采用的方法之一是损失一个存储单元，即当 rear 指示队尾元素的下一个位置（rear 所指位置不存放队尾元素）是队首元素所在的单元时，停止入队列。循环队列操作如图 3-7 所示。

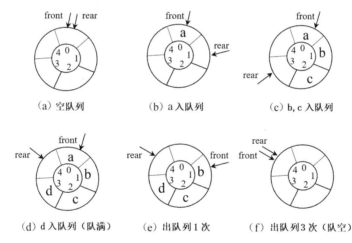

（a）空队列 　　　　（b）a 入队列 　　　　（c）b, c 入队列

（d）d 入队列（队满） 　　（e）出队列 1 次 　　（f）出队列 3 次（队空）

图 3-7　循环队列操作

如此约定后就有以下结论。

初始化时，q.front=q.rear=0。

循环队列为空的条件是 q.front==q.rear。

循环队列为满的条件是 q.front==(q.rear+1) % MaxSize。

循环队列基本运算的实现算法如下。

（1）初始化队列，InitQueue(q)：

```
CirQueue InitQueue()
{   CirQueue q;
    q.front=q.rear=0;
```

```
            return(q);
        }/* InitQueue */
```

（2）判定队列 q 是否为空，QueueEmpty(q)：

```
        int QueueEmpty(CirQueue q)
        {
            return(q.front==q.rear);
        }/* QueueEmpty */
```

（3）求队列 q 的长度，QueueLength(q)：

```
        int QueueLength(CirQueue q)
        {
            return((q.rear + MaxSize – q.front) % MaxSize);
        }/* QueueLength */
```

（4）获取队列 q 队首元素的值，GetHead(q)：

```
        ElementType GetHead(CirQueue q)
        {   if (QueueEmpty(q))              /*空队列*/
                return(nil);               /* nil 表示与 ElementType 类型对应的空值*/
            return(q.elem[q.front]);
        }/* GetHead */
```

（5）将元素 *e* 入队列，AddQueue (q,e)：

```
        void AddQueue(CirQueue *q,ElementType e)
        {   if (q–>front == (q–>rear+1) % MaxSize)     /*队列满*/
                printf( “\nFull” );
            else
            {   q–>elem[q–>rear]=e ;
                q–>rear = (q–>rear+1) % MaxSize;
            }
        } /* AddQueue */
```

（6）删除队首元素，DeleteQueue (q)：

```
        ElementType DeleteQueue(CirQueue *q)
        {   if (q–>front==q–>rear)                     /*队列空*/
                return(nil);                          /* 返回空值*/
            else
            {   e = q–>elem[q–>front];
                q–> front = (q–> front +1) % MaxSize;
                return (e);
            }
        }/* DeleteQueue */
```

3.3.3　队列的链式存储结构

与线性表的链式存储结构相对应，队列的链式存储称为链队列。它是插入和删除受限的单链表，即插入运算只能在表尾进行，删除运算只能在表头进行，相应地，需要设置两个指针：队首指针与队尾指针。基于算法实现的方便性，再附加一头结点，队首指针指向头结点，队尾指针指向尾结点，如图 3-8 所示。对链队列的类型描述如下：

```
typedef  struct Qnode
{  ElementType  data;
    struct  Qnode  *next;
}QueueNode;
typedef  struct
{  QueueNode  *front,*rear;
}LinkQueue;
```

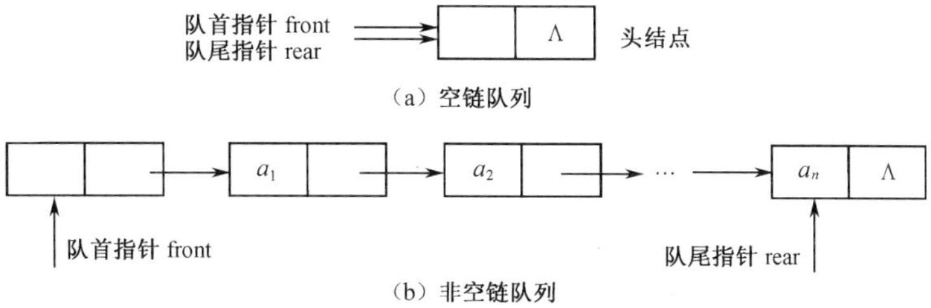

（a）空链队列

（b）非空链队列

图 3-8　链队列

以下是链队列基本运算的算法实现。

（1）初始化队列，InitQueue()：

```
LinkQueue InitQueue()
{
        p=(QueueNode *)malloc(sizeof(QueueNode));
        p->next=NULL;
        q.front=q.rear=p;
        return(q);
}/* InitQueue */
```

（2）判定队列 q 是否为空，QueueEmpty(q)：

```
int QueueEmpty(LinkQueue q)
{
        return(q.front==q.rear);
}/* QueueEmpty */
```

（3）获取队列 q 队首元素的值，GetHead(q)：

```
ElementType GetHead(LinkQueue q)
{
        if (QueueEmpty(q))                     /*队列空*/
            return(nil);                        /* nil 表示与 ElementType 类型对应的空值*/
        return(q.front->next->data);
}/* GetHead*/
```

（4）将元素 e 入队列，AddQueue (q,e)：

```
void AddQueue(LinkQueue *q,ElementType e)
{
        p=(QueueNode *)malloc(sizeof(QueueNode)); /*生成新结点，并由 p 指向它*/
```

```
        p->data=e;
        p->next= NULL;
        q->rear->next =p;
        q->rear=p;
    } /* AddQueue */
```

（5）出队列，DeleteQueue (q)：

```
ElementType DeleteQueue(LinkQueue *q)
{   if (QueueEmpty(q))   /*队列空*/
        return(nil);   /*返回空值*/
    else
    {   p=q->front->next;
        q->front->next =p->next;
        e=p->data;
        if (p==q->rear)   q->rear=q->front;
        free(p)
        return(e);
    }
} /* DeleteQueue */
```

3.4 队列典型例题

【例 3-5】链队列 q 中存放有一批整数，写一算法，试将该队列中的正整数、零及负整数分别存放在两条不同的链队列 q1、q2 中，并且 q1、q2 中的值要求保持原来的相对顺序。

链队列 q1、q2 中的值来源于链队列 q，并且其中的值要保持原来的相对顺序，此时就需要对 q 连续地执行出队列操作，并每次对 q 中出队列的元素 x 进行判断：若 $x>0$，则进链队列 q1；若 $x \leqslant 0$，则进链队列 q2，直到 q 为空。

算法具体描述如下：

```
int Splitting(LinkQueue q,LinkQueue *q1,LinkQueue *q2 )
/*将存放整数的链队列 q 拆分为两条不同的链队列 q1（存放正整数）与 q2（存放零及负整数），
且 q1、q2 中的值要保持原来的相对顺序*/
{   while (!QueueEmpty(q))
    {   x= DeleteQueue (&q);
        if (x>0)
            AddQueue(q1,x);
        else
            AddQueue(q2,x);
    }
} /* Splitting */
```

【例 3-6】已知循环队列存储空间为数组 a[21]，且当前队列的头指针和尾指针的值分别为 8 和 3，则该队列的当前长度是多少？

【分析与解答】循环队列长度=(q.rear + MaxSize – q.front) % MaxSize=3+21−8=16，即当前队列元素为：

a[9],a[10],a[11],…,a[19],a[20],a[0],a[1],a[2],a[3]

【例 3-7】简述下列算法的功能。

```
void Inverse(CirQueue *q )
{   SeqStack s;
    while (!QueueEmpty(*q))
        Push(s,DeleteQueue (q));
    while(!StackEmpty(s))
        AddQueue(q,Pop(s));
} /* Inverse */
```

【分析与解答】第 1 个 while 循环将队列 q 的全部元素出队列，出队列后进入堆栈 s；第 2 个 while 循环将 s 中的全部元素出栈后又进入队列 q，q 中存放的是原来元素的逆序。因此，该算法借用堆栈 s 实现了队列 q 的逆置。

【例 3-8】假设以带头结点的循环链表表示队列，并且只设一个指针指向队尾元素结点，试编写入队列算法。

【分析与解答】图 3-9 是仅有队尾指针的循环链队列，入队列算法如下：

```
void AddQueue(LinkQueue *q,ElementType e)
{
    p=(QueueNode *)malloc(sizeof(QueueNode));  /*生成新结点，并由 p 指向它*/
    p->data=e;
    p->next= q->rear->next;  /*p->next 指向头结点*/
    q->rear->next =p;  /*成为新的队尾元素*/
    q->rear=p;  /*改变队尾指针*/
} /* AddQueue */
```

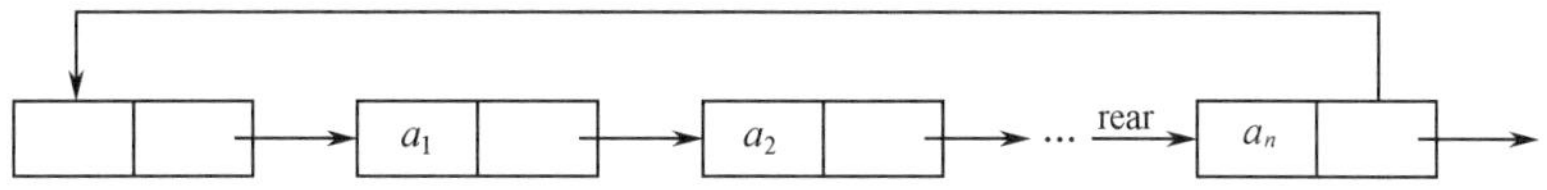

图 3-9　仅有队尾指针的循环链队列

【例 3-9】如果用一个数组 q[0..m−1]表示循环队列，则该队列只有一个队列头指针 front，不设队列尾指针 rear，而改设计数器 count，用以记录队列中元素的个数。

（1）编写入队列算法。

（2）此种队列能容纳元素的最大个数是多少？

【分析与解答】当用此种方法表示队列时，队列为空的条件是 count=0，为满的条件是 count=m，入队列算法如下：

```
void AddQueue(CirQueue *q,ElementType e)
{   if (count == m)   /*队满*/
        printf("Full");
    else
    {
        q->elem[(q->front+count)% m]=e ;
        count++;
```

```
        }
    } /* AddQueue */
```

由以上可知，此种队列能容纳元素的最大个数是 m。

3.5 实训例题

3.5.1 实训例题 1：循环队列的操作

【问题描述】

对于循环队列，将自然数按序入队（入队列）、出队。具体的操作是：当队列未满时，入队、入队、出队，输出出队元素的值；当队列满时，执行连续出队操作，输出出队元素的值（应与队列未满时输出的标识不同），直至队列为空。编写算法实现以上操作。

【基本要求】

当队列采用顺序存储结构时，涉及的操作有队列的初始化、判断队列是否为空、入队和出队。

- 功能。
（1）初始化队列。
（2）判断队列是否为空。
（3）入队。
（4）出队。
- 输入：自动生成入队值（自然数）。
- 输出：出队值与入队值相同。

【测试数据】

若将 MaxSize 定义为 20，则预期的输出结果是：

1*2*3*4*5*6*7*8*9*10*11*12*13*14*15*16*17*18*19#20#21#22#23#24#25#26#27#28#
29#30#31#32#33#34#35#36#37#

当队列未满时，出队值后跟一个星号（*），具体是从 1 到 18（队列中的值从 19 到 37 共 19 个元素）；队列满后，执行连续出队操作，出队值后跟一个井号（#），具体是从 19 到 37。

【数据结构】

循环队列的定义如下：

```
#define MaxSize 20
typedef struct
{   int elem[MaxSize];
    int front,rear;
} CirQueue;
```

【算法思想】初始化队列，当队列未满时，自然数按序入队、入队、出队，并输出出队元素的值，后跟一个星号；当队列满时，连续出队，并输出出队元素的值，后跟一个井号，直到队列为空。

【模块划分】

（1）初始化队列，InitQueue。

（2）判断队列是否为空，QueueEmpty。

（3）入队，AddQueue。

（4）出队，DeleteQueue。

（5）主函数，main。

【源程序】

```
#include <stdio.h>
#define MaxSize 20
typedef struct
{   int elem[MaxSize];
    int front,rear;
} CirQueue;
CirQueue InitQueue()                    /*初始化队列*/
{
    CirQueue q;
    q.front=q.rear=0;
    return(q);
}/* InitQueue */
int QueueEmpty(CirQueue q)              /*判断队列是否为空*/
{
    return(q.front==q.rear);
}/* QueueEmpty */
void AddQueue(CirQueue *q,int e)        /*入队*/
{
    if (q->front == (q->rear+1) % MaxSize)  /*队满*/
        printf("\nFull");
    else
    {
        q->elem[q->rear]=e ;
q->rear = (q->rear+1) % MaxSize;
    }
} /* AddQueue */
int DeleteQueue(CirQueue *q)            /*出队*/
{
    int e;
    if (QueueEmpty(*q))
        return(0);                      /*返回空值*/
    else
    {
        e = q->elem[q->front];
        q->front = (q->front +1) % MaxSize;
        return (e);
```

```
        }
    }/* DeleteQueue */
    main()
    {
            CirQueue *q;
            int e,i=1;
            q=(CirQueue *)malloc(sizeof(CirQueue));
            *q=InitQueue();
            printf("\n");
            while (q->front != (q->rear+1) % MaxSize)          /*当队列未满时*/
            {
                AddQueue(q,i);
                i++;
                if (q->front != (q->rear+1) % MaxSize)
                {
                    AddQueue(q,i);
                    i++;
                    e=DeleteQueue(q);
                    printf("%d*",e);
                }
            }
            while (!QueueEmpty(*q))                             /*为队列不空时*/
            {
                e=DeleteQueue(q);
                printf("%d#",e);
            }
    }/*main*/
```

【测试情况】

运行程序，得到的实际输出如下：

1*2*3*4*5*6*7*8*9*10*11*12*13*14*15*16*17*18*19#20#21#22#23#24#25#26#27#28#
29#30#31#32#33#34#35#36#37#

【心得】

学生可以根据程序在计算机上调试运行，并结合自己在上机过程中遇到的问题和解决方法的体会，写出调试分析过程、程序使用方法和测试结果，提交实训报告。

3.5.2　实训例题 2：括号配对

【问题描述】

输入任一表达式，"#"为表达式的结束符，试写一判断表达式中圆括号是否配对的算法。

【基本要求】

- 功能：将表达式串存入字符数组中，借助堆栈判断字符数组中的圆括号是否配对。
- 输入：表达式字符串。
- 输出：判断结果（Matched 或 Unmatched）。

【测试数据】

输入(a+((a+b)*c)−d/c)*e#，预期的输出是 Matched。

输入(a+((a+b)*c)−d/c))*e#，预期的输出是 Unmatched。

输入((a+((a+b)*c)−d/c)*e#，预期的输出是 Unmatched。

【数据结构】

所有链栈 LinkStack 类型定义如下：

```
typedef  struct  snode
{  char  data;
    struct  snode  *next;
}StackNode;
typedef  StackNode  *LinkStack;
```

【算法思想】

输入表达式字符串，将其存入字符数组中，借助堆栈判断字符数组中的圆括号是否配对。

- 逐一处理字符数组中的字符。
- 对除圆括号外的其他字符不做处理。
- 遇左括号，左括号进栈。
- 若遇右括号，则出栈，并判断出栈字符是否为左括号。
- 不是，说明括号不配对。
- 是，继续处理剩余的字符，直到表达式结束（遇"#"字符），此时若堆栈为空，则圆括号配对；否则圆括号不配对。

【模块划分】

（1）接收输入字符串，EnterStr。

（2）判断字符串中的圆括号是否配对，Judge。

（3）主函数 main，循环调用函数 EnterStr 和函数 Judge，若用户要求继续判断，则继续循环执行；否则结束。

【源程序】

```
#include "string.h"
#include "stdio.h"
typedef  struct  snode
{  char  data;
    struct  snode  *next;
}StackNode;
typedef  StackNode  *LinkStack;
LinkStack StackInit()                /*初始化堆栈*/
{
        LinkStack s;
        s=(LinkStack)malloc(sizeof(StackNode));
        s->next=0;
        return (s);
}/* StackInit */
int StackEmpty(LinkStack s)        /*判断堆栈 s 是否为空*/
```

```
{
        if (s->next)
            return (0);
        else
            return(1);
}/* StackEmpty */
void Push(LinkStack s,char e)                    /*进栈*/
{
        LinkStack p;
        p=( StackNode *)malloc(sizeof(StackNode));    /*生成新结点，并由 p 指向它*/
        p->data=e;
        p->next=s->next;
        s->next =p;
} /* Push*/
char Pop(LinkStack s) /*出栈*/
{
        char e;
        LinkStack p;
        if (StackEmpty(s))     /*栈空*/
            return('\0');         /*返回空值*/
        else
        {
            p=s->next;
            s->next= p->next;
            e=p->data;
            free(p);
            return(e);
        }
} /* Pop*/
void EnterStr(char str[])
{
        printf("Input the expression string ended with '#' (length≤80):\n");
        scanf("%s",str);
}/*EnterStr*/
int Judge(char st[])
{
        int i;
        LinkStack s;
        s= StackInit();
        i=0;                /*字符数组 st 的工作指针*/
        while(st[i] != '#')    /*逐字符处理字符表达式的数组*/
            switch(st[i])
            {
                case '( :   {Push(s,'(');   i++ ;   break ;}
```

```
                case ')' :    if (Pop(s) == '(')
                                        { i++; break;}
                        else
                                return (0);
                default :    i++;        /*对其他字符不做处理*/
            }
        if (StackEmpty(s))
            return (1);
        else
            return (0);
} /*Judge*/
main()
{
        char ch,str[80];
        int flag=1;
        while (flag)
        {
            EnterStr(str);
            if (Judge(str))
                printf("Matched\n ");
            else
                printf("Unmatched\n ");
            printf("\nDo you want to continue?(y/n):\n");
            scanf("%c",&ch); scanf("%c",&ch);
            if (ch=='n'||ch=='N') flag=0;
        }
}/*main*/
```

【测试情况】

Input the expression string ended with '#' (length≤80):

(a+((a+b)*c)−d/c)*e#

Matched

Do you want to continue?(y/n):

y

Input the expression string ended with '#' (length≤80):

(a+((a+b)*c)−d/c))*e#

Unmatched

Do you want to continue?(y/n):

y

Input the expression string ended with '#' (length≤80):

((a+((a+b)*c)−d/c)*e#

Unmatched

Do you want to continue?(y/n):

n

【心得】

学生可以根据程序在计算机上调试运行，并结合自己在上机过程中遇到的问题和解决方法的体会，写出调试分析过程、程序使用方法和测试结果，提交实训报告。

3.6 总结与提高

3.6.1 主要知识点

1．基本概念

堆栈与队列都是操作受限的线性表，插入与删除运算只允许在表的一端进行的线性表是堆栈；允许插入运算在一端进行而删除运算在另一端进行的线性表是队列，删除端为队首、插入端为队尾。这两种特殊的线性表在计算机的内部被广泛应用。

2．堆栈的应用

堆栈的典型应用之一是子程序的调用和返回，一个程序可以由多个子程序（C 语言为函数）构成，其中的一个子程序可以调用另一个子程序，这种调用者和被调用者之间的联系（衔接）就是通过堆栈实现的。例如，main 函数调用了 fun1，fun1 又调用了 fun2，main 函数调用 fun1 时，要将调用指令的下一条指令的地址等信息压入堆栈（保存断点），fun1 在调用 fun2 时，又要将 fun1 中调用指令的下一条指令的地址等信息压入堆栈，fun2 运行结束，执行出栈操作，获得 fun1 的断点地址（恢复断点），fun1 继续运行；fun1 运行结束后，继续出栈，获得 main 函数的断点地址，main 函数继续运行直到结束。

3．队列的应用

队列的典型应用之一是设备缓存区的设置，如磁盘缓存区可以对应 3 条缓冲队列，分别是输入缓冲队列、输出缓冲队列及空闲缓冲队列。当用户程序有数据输出时，操作系统先使空闲缓冲队列的队首元素出队，将数据写入该结点后，该结点入输出缓冲队列，当输出缓冲队列的长度达到某一值时，再将全部结点中的数据写到磁盘中，这些结点重新进入空闲缓冲队列，输出缓冲队列的设置能够有效减少磁盘的写操作次数。与磁盘的输出类似，磁盘输入时，操作的是空闲缓冲队列与输入缓冲队列。

3.6.2 提高例题

【例 3-10】一个简单的行编辑程序的功能是接收用户的终端输入，并允许用户对输入的错误及时修改。约定"#"为退格符，表示前一个输入的字符无效；"@"为退行符，表示当前行的输入无效。若用户的终端输入为 whike##le（s1#!=0），则对应的有效输入为while(s!=0)。试写一模拟行编辑程序的算法。

【分析与解答】可借用两个堆栈 s、t 来模拟行编辑程序的工作过程。

（1）堆栈 s 用来接收用户输入的普通字符，如果输入的是特殊字符"#"或"@"，则对 s 做一次出栈或清空操作。

（2）当一行字符输入结束后，将 s 中的字符依次出栈并压入 t 中，t 中存放有 s 中字符的逆序列。

（3）将 t 中的字符依次出栈存放在数组 str 中，数组 str 中存放有 t 中字符的逆序列，即 s 中字符的正序列，并且每行字符都存入 str 中。

（4）当输入结束后，输出字符数组 str 的值，也就输出了用户输入、编辑后的有效字符。

```
void LineEdit()
/*模拟行编辑程序的算法*/
{   s=StackInit ();
    t=StackInit ();
    strlen=0;
    ch=getchar();
    while(ch!=EOF)                          /*EOF 表示输入结束符*/
        {   while(ch!=EOF && ch!='\n')      /*接收一行字符*/
            {   switch(ch)
            {   case '#' : ch=Pop(s); break;
                case '@' : StackClear (s); break;   /*将 s 置空*/
                default : Push(s,ch); break;        /*将输入字符存入 s 中*/
            }
            ch=getchar();
        }
        if (ch=='\n') Push(s,ch);           /*换行符进栈*/
        while(!StackEmpty(s))
        {   x=Pop(s);
            Push(t,x);                       /* t 中存放有 s 中字符序列的逆序*/
        }
        while(!Empty(t))
        {   x=Pop(t);
            str[strlen++]=x;
        }
        if (ch!=EOF) ch=getchar();
    }
    str[strlen]= '\0';
    printf(str);
} /* LineEdit */
```

【例 3-11】n 条循环队列构成一队列组，用一个数组存放该队列组中每条队列的头指针与尾指针，试给出该队列组的数据类型定义，若队列编号分别为 $0,1,2,\cdots,n-1$，试写出完成以下操作的算法。

（1）求 i 队列的长度。

（2）i 队列的队首元素出队。

【分析与解答】一条循环队列中的元素是用一个一维数组存放的，一组（n 条）循环队列中的元素可用一个二维数组存放；一条队列对应头、尾两个指针，一组（n 条）队列的 n 个头指针与 n 个尾指针也应用一个二维数组表示，其数据类型定义如下：

```
#define MaxSize  队列可能达到的最大长度
typedef struct
{
        ElementType Queue[n][MaxSize];        /*n 条循环队列*/
```

```
            int Position[n][2];                          /* n 条循环队列的队首/队尾位置指示器*/
    } GroQueue                                          /*队列组*/
    int QueueLength(GroQueue gq,int i)                  /*求 i 队列的长度*/
    {
            if (i<0 || i>=n)
            {
                printf("Error");
                return(-1);
            }
            return((gq. Position[i][1] + MaxSize –gq. Position[i][0]) % MaxSize);
    }/* QueueLength */
    ElementType DeleteQueue(GroQueue *gq,int i)          /* i 队列的队首元素出队*/
    {
            if (i<0 || i>=n)
            {
                printf("Error");
                return(nil);                            /*  返回空值*/
            }
            if (gq–> Position[i][0]==gq–> Position[i][1])    /*队空*/
                return(nil);
            else
            {   e =gq–> Queue[(gq. Position[i][0]+1) % MaxSize];
                gq. Position[i][0]= (gq. Position[i][0] +1) % MaxSize;
                return (e);
            }
    }/* DeleteQueue */
```

习题

1．填空题

（1）设有一个空栈，现有输入序列为(1,2,3,4,5)，经过操作序列 push、pop、push、push、pop、push、push、pop 后，现在已出栈的序列是_____，栈顶指针的值是_____。

（2）设有堆栈 s，若线性表元素入栈顺序为 1,2,3,4，得到的出栈序列为 1,3,4,2，则用堆栈的基本运算 push、pop 描述的操作序列为_____。

（3）在顺序栈中，当栈顶指针 top=-1 时，表示_____；当 top=MaxSize-1 时，表示_____。

（4）在有 n 个元素的堆栈中，进栈和出栈操作的时间复杂度分别为_____和_____。

（5）在顺序栈 s 中，在进行出栈操作时，要执行的语句序列中有 s.top_____；在进行进栈操作时，要执行的语句序列中有 s.top_____。

（6）对于链栈 s，指向栈顶元素的指针是_____。

（7）若以链表为堆栈的存储结构，则在进行退栈操作时，必须判别堆栈是否为_____。

（8）为了提升内存空间的利用率和降低发生上溢的可能性，通常由两个堆栈共享一片连续的内存空间，这时应将两个堆栈的_____分别设在这片内存空间的两端，从而只有当两个堆栈的_____在栈空间的某一位置相遇时，才发生上溢。

（9）在队列结构中，允许插入的一端称为_____，允许删除的一端称为_____。

（10）队列在进行出队操作时，首先要判断_____；入队时首先要判断_____。

（11）假设队列空间 n=40，队尾指针 rear=6，队头指针 front=25，则此循环队列中当前元素的数目是_____。

（12）在一个链队列中，若队头指针为 front，队尾指针为 rear，则判断该队列只有一个结点的条件为_____。

（13）假设循环队列的头指针 front 指向队头元素，尾指针 rear 指向队尾元素后的一个空闲元素，队列的最大空间为 max，则队空的标志为_____，队满的标志为_____。当 rear<front 时，队列长度是_____。

2．判断题

（1）堆栈和队列都是限制存取点的线性结构。

（2）用单链表表示的链式队列的队头在链表的链尾位置。

（3）对于带头结点的链队列 q（LinkQueue *q），如果 q->front=q->rear，则队列为空。

（4）设堆栈的输入序列是$(1,2,\cdots,n)$，若输出的第 1 个元素是 1，则第 2 个输出元素是 2。

（5）在一个顺序循环队列中，队首指针指向队首元素的当前位置。

（6）若一个堆栈的输入序列是$(1,2,3,\cdots,n)$，输出序列的第 1 个元素是 i，则第 i 个输出元素不确定。

（7）当利用大小为 n 的数组存储顺序循环队列时，该队列的最大长度为 $n-1$。

（8）循环队列不会发生溢出。

（9）链队列与循环队列相比，前者不会发生溢出。

（10）对于共享堆栈 s（ShareStack *s），如果 s->top2-1=s->top1，则栈满。

3．选择题

（1）设堆栈 S 和队列 Q 的初始状态为空。元素 a,b,c,d,e,f 依次通过堆栈 S，假设每个元素出栈后立即进入队列 Q，若出队的顺序为 b,d,c,f,e,a,g，则堆栈 S 的容量至少应该为_____。

  A．1   B．2   C．3   D．4

（2）某队列允许在其两端进行入队操作，但仅允许在一端进行出队操作，元素 a,b,c,d,e 依次入队，则不可能得到的顺序是_____。

  A．bacde   B．dbace   C．dbcae   D．ecbad

（3）一个堆栈的输入序列为$(1,2,3,\cdots,n)$，若输出序列的第一个元素是 n，则输出的第 i（$1\leqslant i\leqslant n$）个元素是_____。

  A．$n-i$ B．$n-i-1$ C．$n-i+1$ D．不确定

（4）设一个堆栈按照输入序列 abcdef 的次序进栈，在进栈操作时允许出栈操作，则不可能得到的输出序列为_____。

  A．fedcba   B．bcafed   C．dcefba   D．cabdef

（5）假设以数组 A[M] 存放循环队列的元素，其头尾指针分别为 front 和 rear，则该循环队列中的元素个数为_____。

A．rear-front+1　　　　　　　　　　B．(rear-front)％M

C．(rear-front+M)％M　　　　　　　D．(front-rear+M)％M

（6）为解决计算机与打印机之间速度不匹配的问题，通常设置一个打印数据缓冲区，主机将要输出的数据依次写入该缓冲区，而打印机则依次从该缓冲区中取出数据。该缓冲区的逻辑结构应该是_____。

A．堆栈　　　　　　B．队列　　　　　　C．树　　　　　　D．图

4．简答题

（1）什么是顺序队列的假溢出现象？

（2）简述下列算法的功能：

```
void Fun1(SeqList *l)
{    SeqStack *s;
     s=( SeqStack *)malloc(sizeof(SeqStack));
     StackInit(s);
     for(i=0; i<l->listlength; i++)
         Push(s,l->elem[i]);
     for(i=0; i< l->listlength; i++)
         l->elem[i]=Pop(s);
}
```

（3）简述下列算法的功能：

```
void fun2(SeqList *l,int e)
{    LinkQueue q;
     q= InitQueue();
     for (i=0; i<l->listlength; i++)
         if (l->elem[i] != e)   AddQueue(&q,l->elem[i]);
     l->listlength= l->listlength-1;
     for (i=0; i< l->listlength; i++)
         l->elem[i]= DeleteQueue(&q);
}
```

5．算法设计题

（1）对于算术表达式 3*(5-2)+7，分别用两个堆栈来存储表达式中的运算符和操作数，对表达式求值，试画出相应堆栈的变化情况。

（2）试分析在 1,2,3,4 的 24 种排列中，哪些序列可以通过相应的入栈、出栈操作得到。

（3）设一个循环队列 Queue 只有头指针 front，不设尾指针，另设一个含有元素个数的计数器 count，试写出相应的出队算法。

（4）假设以 I 和 O 分别表示入栈和出栈操作。栈的初态和终态均为空，入栈和出栈的操作序列可表示为仅由 I 和 O 组成的序列，称可以操作的序列为合法序列，否则为非法序列。

① 下面所示的序列中哪些是合法的？

A．IOIIOIOO　　　B．IOOIOIIO　　　C．IIIOIOIO　　　D．IIIOOIOO

② 通过对①的分析，写出一个算法，判定所给的操作序列是否合法，若合法，则返回1；否则返回 0（假定被判定的操作序列已存入一维数组中）。

（5）假设以带头结点的循环链表表示队列，并且只设一个指针指向队尾结点（不设头指针），请写出相应的出队算法。

（6）请利用两个堆栈 S1 和 S2 模拟一个队列。已知堆栈的 3 个运算定义如下。

① Push(st,x)：元素 *x* 入 st 栈。

② Pop(st,x)：st 栈顶元素出栈并赋给变量 *x*。

③ Eempty(st)：判断 st 是否为空。

利用堆栈的运算实现队列的入队、出队和判断队列是否为空的运算。

（7）为了解决循环队列在 front==rear 时无法判定队空（队满）的问题，还有一个方法：不损失一个空间，只需设置一个标识符 tag，tag 为 0 表示队空，tag 不为 0 表示不为空，以此来区分头指针与尾指针相同时的队列状态，请编写相应的初始化队列、入队、出队算法。

实训习题

（1）设在一个算术表达式中允许使用 3 种括号：圆括号、方括号、花括号。试设计一个算法，利用堆栈的结构来检查表达式中括号使用的合法性，即左右括号是否配对，每对括号之间可以嵌套，但不允许交叉。

（2）设从键盘输入一整数序列$(a_1,a_2,a_3,\cdots,a_n)$，试编写算法以实现用顺序栈存储输入的整数。当$a_i \neq -1$时，将a_i进栈；当$a_i=-1$时，对堆栈进行连续出栈操作，直到栈空。算法应对异常情况（入栈时为满的情况）给出相应的信息。

（3）建立一个链队列，显示其每个结点值，并进行插入、删除处理。

（4）假设以数组 arr[m]存放循环队列中的元素，同时设置一个标志 tag，以 tag=0 和 tag=1 来区别在队头指针（front）和队尾指针（rear）相同时的队列状态为空（满）。试编写与此结构相应的插入（Enqueue）和删除（Delqueue）算法。

（5）商品货架管理。商品货架可以看成是一个堆栈，栈顶商品的生产日期最早，栈底商品的生产日期最近。上货时，需要倒货架，以保证生产日期较近的商品在较下的位置。用队列和堆栈作为周转，实现上述管理过程。

（6）停车场管理。设停车场是一个可停放 *n* 辆车的狭长通道，且只有一个大门可供汽车进出。在停车场内，汽车按到达的先后次序，由北向南依次排列（假设大门在最南端）。若车场内已停满 *n* 辆车，则后来的汽车需要在门外的便道上等候，当有车开走时，便道上的第一辆车即可开入。当停车场内某车辆要离开时，在它之后进入的车辆必须先退出停车场为它让路，待该辆车开出大门后，其他车辆再按原次序返回停车场。每辆车在离开停车场时，应按其停留时间的长短交费（在便道上停留的时间不收费）。试编写程序，模拟上述管理过程，要求以顺序栈模拟停车场，以链队模拟便道。从终端读入汽车到达或离去的数据，每组数据包括 3 项：①到达还是离去；②汽车牌照号码；③到达或离去的时刻。与每组输入信息相应的输出信息为：如果是到达的车辆，则输出其在停车场中或便道上的位置；如果是离去的车辆，则输出其在停车场中停留的时间和应交的费用。（提示：需要另设一个堆栈，临时停放为让路而从停车场退出的车。）

第 4 章
串与数组

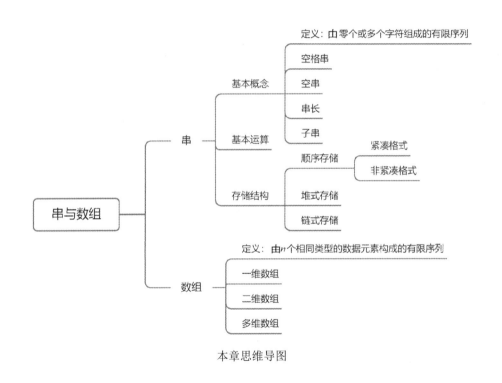

本章思维导图

　　串是字符串的简称，它的每个元素都由一个字符组成。串是一种特殊的线性表。为了有效地对字符串进行处理，就要了解串的内部表示和处理过程，从而根据具体情况使用合适的存储结构。

　　数组是高级语言中已经实现的数据类型，本章要对数组中各个元素的相对存放位置做进一步探讨。

4.1 串及其基本运算

4.1.1 串的基本概念

串是由零个或多个字符组成的有限序列，记为 $s="s_0s_1\cdots s_{n-1}"$（$n \geq 0$）。其中，s 是串名，字符个数 n 称为串的长度，双撇号括起来的字符序列"$s_0s_1\cdots s_{n-1}$"是串的值。每个字符可以是字母、数字或任何其他的符号。零个字符的串（""）称为空串，空串不包含任何字符。

值得注意的有以下几点。

（1）长度为 1 的空格串" "（双撇号间有一个空格）不等同于空串""。

（2）值为单个字符的字符串不等同于单个字符，如"a"与'a'是不一样的。

（3）串值不包含双撇号，双撇号是串的定界符。

一个串中连续的若干个字符称为该串的子串，包含子串的串称为主串。一个字符在串中的序号称为该字符在串中的位置，当一个字符在串中多次出现时，该字符在串中的位置指的是它第一次出现的位置。子串在主串中的位置指的是子串中的第一个字符在主串中的位置。两个串相等是指两个串中的字符序列一一对应相等。

例如，有如下一些字符串：

s="I am from Canada.";

s1="am.";

s2="am";

s3="I am";

s4="I am ";

s5="I am";

其中，s2、s3、s4、s5 都是 s 的子串，或者说 s 是 s2、s3、s4、s5 的主串，而 s1 不是 s 的子串；s3 等于 s5，s3 不等于 s4；s 的长度是 17，s3 的长度是 4，s4 的长度是 5。

对照串的定义和线性表的定义可知，串是一种元素固定为字符的线性表。因此，仅就数据结构而言，串归属于线性表这种数据结构。但是，串的基本操作和线性表上的基本操作有很大的不同。线性表上的操作主要是针对表中的某个元素进行的，而串上的操作主要是针对串的整体或串的一部分子串进行的，这也是专门用一章来介绍串的原因。

4.1.2 串的基本运算

为举例说明方便，假设有以下串：

s1="I am a student";

s2="teacher";

s3="student";

常用的串的基本运算有下列几种。

（1）Assign(s,t)，将 t 的值赋给 s。

例如，执行 Assign(s4,s3)或 Assign(s4,"student")后，s4="student"。

（2）Length(s)，求 s 的长度。

例如，Length(s1) =14，Length(s3) =7。

（3）Equal(s,t)，判断 s 与 t 是否相等。

例如，Equal(s2,s3) =false，Equal("student",s3) =true。

（4）Concat(s,t)，将 t 连接到 s 的末尾。

例如，Concat("Your ",s3)= "Your student"。

（5）Index(s,t)，子串定位，即求子串 t 在主串 s 中的位置。

例如，Substr(s1,7,7)= "student"，Substr(s1,10,0)= ""，Substr(s1,0,14)= "I am a student"。

（6）Insert(s,i,t)，在 s 的第 i 个位置之前插入串 t。

例如，执行 Insert(s3,0,"good_")后，s3="good_student"。

（7）Delete(s,i,len)，删除子串，即删除 s 中从第 i 个位置起长度为 len 的子串。

例如，执行 ss="good_student"，Delete (ss,0,5)后，ss="student"。

（8）Replace(s,u,v)，子串替换，即将 s 中的子串 u 替换为串 v。

例如，执行 Replace(s1,s3,s2)后，s1="I am a teacher"；执行 Replace(s1,"worker",s2)后，s1 的值不变。若 ss="abcbcbc"，则执行 Replace(ss,"cbc","x")后，ss="abxbc"；执行 Replace(ss,"cb","z")后，ss="abzzc"。

（9）Substr(s,i,len)，求子串，即求 s 中从第 i 个位置起长度为 len 的子串。

例如，Index(s1,s3)=7，Index(s1,s2)= −1，Index(s1,"I")=0。

显然，在以上定义的串的基本运算中，利用其中一些基本运算可简化另一些基本运算的实现。例如，可以利用求子串运算简化删除子串运算的实现，还可以利用判断是否相等、求串的长度和求子串运算简化求子串位置的实现。

以上讨论的是最常用的几种基本运算，在实际使用中，并不是每个系统都包含这些基本运算的。C 语言中的串运算函数只对应上述 9 种运算的前 5 种，如表 4-1 所示。

表 4-1　C 语言对应的串运算函数

基 本 运 算	C 语言对应的函数
Assign(s,t)	strcpy(s,t)
Length(s)	strlen(s)
Equal(s,t)	strcmp(s,t)
Concat(s,t)	strcat(s,t)
Index(s,t)	strstr(s,t)

对于那些系统中没有的串运算，用户可以自己定义并实现这些算法。

4.2　串的存储结构

串是线性表的一个特例，因此，用于线性表的存储结构也适用于串，但由于串中的元素是单个字符，所以其存储表示有其特殊之处。

对串的存储有两种处理方式：一种是将串定义成字符数组，串的存储空间的分配在编译时完成，不能更改，这种方式称为串的静态存储结构，即串的顺序存储结构（简称顺序串）；另一种是串的存储空间在程序运行时动态分配，这种方式称为串的动态存储结构。串的动态存储结构有链式存储结构与堆式存储结构，其中，堆式存储结构是串较特殊的一种存储结构。

4.2.1 串的顺序存储结构

与线性表的顺序存储结构一样，可以用一组连续的存储单元依次存储字符串中的各个字符，再用一个整型变量表示串的长度。下面给出的就是这种顺序存储结构的描述：

```
#define MaxSize  字符串可能达到的最大长度
typedef   struct
{   char   ch[MaxSize];
    int    StrLength;
}SeqString;
```

串的实际长度小于或等于定义的最大长度，超过最大长度的串值将被舍去，称为截断。当计算机以字节为单位编址时，一个存储单元刚好存放一个字符，串中相邻的字符顺序存储在地址相邻的存储单元中；当计算机以字为单位编址时，一个存储单元由若干字节组成，在这种情况下，对应有紧凑格式与非紧凑格式两种存储结构。

1．紧凑格式

上面提到，当计算机以字为单位编址时，一个存储单元由若干字节组成，对于紧凑格式，每个字节存放一个字符，这种存储格式可最大限度地利用存储空间。假设计算机的字长为 32 位，那么要存放字符串 s（s="student"）的值，只需两个存储单元（字）即可，如图 4-1 所示。

s	t	u	d
e	n	t	

图 4-1　紧凑格式

2．非紧凑格式

当计算机以字为单位编址时，对于非紧凑格式，如果一个存储单元存放一个字符，则字长为 32 位的计算机在存放字符串 s（s="student"）的值时，就需要 7 个存储单元（字），如图 4-2 所示。

s		
t		
u		
d		
e		
n		
t		

图 4-2　非紧凑格式

非紧凑格式与紧凑格式相比，优点和缺点正好相反，非紧凑格式的空间利用率没有紧凑格式的空间利用率高，但它对串的操作效率要比紧凑格式对串的操作效率的高。在串的存储中，可用存储密度来度量空间利用率，存储密度的定义为

存储密度=串值所占存储字节数/实际分配的存储字节数

以下是非紧凑格式的顺序串上的基本运算的算法实现。

（1）赋值运算，Assign(s,t)：

```
void Assign(SeqString *s,char t[])
/*将存放在字符数组 t 中的串常量赋给*s*/
{       for(j=0;   t[j]!= '\0';   j++)
            s->ch[j]= t[j];
        s->ch[j]= t[j];
        s->StrLength=j;
}/*Assign*/
```

（2）求串的长度，Length(s)：

```
int Length(SeqString s)
{
        return(s. StrLength);
}/*Length*/
```

（3）判断两个串是否相等，Equal(s,t)：

```
int Equal (SeqString s，SeqString t)
{       if (s.StrLength != t.StrLength)
            return(0);
        for (i=0; i< s.StrLength; i++)
            if (s.ch[i] != t.ch[i])     return(0);
        return(1);
}/*Equal*/
```

（4）串值的连接，Concat(s,t)：

```
SeqString Concat(SeqString s,SeqString t)
/*将 t 的串值连接到 s 的末尾*/
{       for(i=0; i <t.StrLength; i++)
            s.ch[s.StrLength+i] = t.ch[i];
        s.ch[s.StrLength+t.StrLength] = '\0';
        s.StrLength = s.StrLength + t.StrLength;
        return(s);
} /*Concat*/
```

（5）求子串，Substr(s,i,len)，即求 s 中从第 i（0≤i≤s.StrLength−1）个位置起长度为 len 的子串：

```
SeqString Substr(SeqString s,int i,int len)
{       if (i<0 || len <0 || i+len−1 >=s.StrLength)
                {   t.ch[0]= '\0';
                    t.StrLength=0;
                    return(t);
                }
        for (k=i; k< i+len; k++)
            t.ch[k−−i] = s.ch[k];
        t.ch[len]= '\0';
```

```
            t.StrLength=len;
            return(t);
    }/*Substr*/
```

（6）插入子串，Insert(s,i,t)，在 s 的第 i（$0 \leqslant i \leqslant$ s.StrLength）个位置之前插入字符串 t：

```
    void    Insert (SeqString *s,int i,SeqString t)
    {    if (i<0 || i >s->StrLength)
            return;
        for (k=s->StrLength−1; k>=i; k−−)
            s->ch[k+ t.StrLength] = s->ch[k];
            /* s->ch[i].. s->ch[ s->StrLength−1]之间的字符后移 t.StrLength 个字符位*/
        for (k= i; k<i+t.StrLength; k++)
            s->ch[k] = t.ch[k−i];
        s->ch[s->StrLength + t.StrLength] = '\0';
        s->StrLength = s->StrLength + t.StrLength;
    }/*Insert*/
```

（7）删除子串，Delete(s,i,len)，即删除 s 中从第 i（$0 \leqslant i \leqslant$ s.StrLength−1）个位置起长度为 len 的子串：

```
    void    Delete (SeqString *s,int i,int len)
    {    if (i<0 || i+len−1 >=s->StrLength)
            printf("Error");
        else
        {    for (k= i+len; k< s->StrLength; k++)
            s->ch[k−len] = s->ch[k];
            /* s->ch[i+len]与 s->ch[ s->StrLength−1]之间的字符向前移动 len 个字符位*/
            s->ch[s->StrLength − len] = '\0';
            s->StrLength = s->StrLength − len;
        }
    }/*Delete*/
```

4.2.2　串的堆式存储结构

所谓堆式存储结构，就是指系统将一个空间足够大且地址连续的存储单元作为串值的可利用空间，此空间称为堆。每当建立一个新串时，系统就从这个可利用空间（堆）中划出一个大小和串长度相等的空间来存储新串的串值。每个串的串值各自存储在一组地址连续的存储单元中，它们的存储地址是在程序执行过程中动态分配的。堆式存储结构可以视为一种半动态存储结构。

堆式存储结构的类型描述如下：

```
    #define MaxSize  堆空间最大长度
    #define Max  符号表最大长度
    typedef struct                  /*符号表的表项*/
            {    char strname[8];
                int length;
                int address;
```

```
        } strItem;
typedef strItem strTable[Max];        /*符号表*/
typedef struct                        /*堆类型*/
        {   char store[MaxSize];
            int free;
        }StoreType;
```

StoreType 定义了堆类型，其中的 store 是堆的空间，最大长度为 MaxSize；free 指示堆中尚未分配空间的首地址。strTable 定义的是被称为串符号表的数组，其中的每个串符号表项（strItem）都由 3 部分组成：长度为 8 的串名、串长及串值在堆中的起始位置。

假设：

```
strTable s;
```

则对应的堆式存储结构如图 4-3 所示，其中，s[0].strname="s1"，s[0].length=9，s[0].address =0；s[1]. strname ="s2"，s[1].length = 21，s[1]. address =9。s1 与 s2 的值分别为：

```
s1="It's hot.";
s2="I feel uncomfortable.";
```

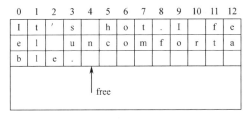

（a）串符号表 s   （b）串堆类型 StoreType

图 4-3　堆式存储结构

在程序执行过程中，每当产生一个新串时，系统就从 free 指示的堆地址起，为其分配一个长度与串长度相等的存储空间，同时填写相应的串符号表项，以指示串名与串值存储位置（起始地址与串长）的对应关系。需要指出的是，串符号表是由编译系统创建的。

4.2.3　串的链式存储结构

串的链式存储是包含字符域和指针域的结点链接结构。其中，字符域用来存放串中的字符，指针域用于存放指向下一结点的指针。这样，一个串可用一单链表表示，链表中结点的数目就是串的长度。s="the House of Lords."的链式存储结构如图 4-4 所示，其对应的类型描述如下：

```
typedef struct node
{   char data;
    struct node *next;
}strLink;
```

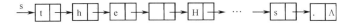

图 4-4　s="the House of Lords."的链式存储结构

采用链式存储结构的最大优点是插入、删除运算实现起来很方便，但是一个结点存放一个字符，指针域所占空间是字符域所占空间的数倍，空间利用率较低。

为了提高链式存储结构的空间利用率，字符域中可以存放多个字符，每个结点中存放多个字符的链称为块链。图 4-5 为一个结点存放 4 个字符的块链。

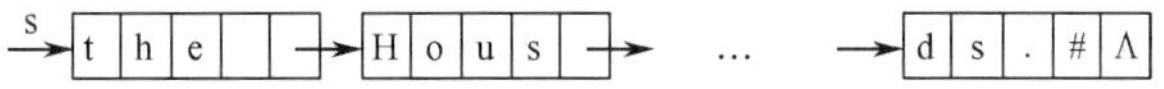

图 4-5　一个结点存放 4 个字符的块链

在图 4-5 中，最后一个结点没有全部被串值填满，通常用不属于串值的某个特殊字符来填充空字符域，此处使用'#'字符，其对应的类型描述如下：

```
define NodeNum 结点中存放的字符数
typedef struct node
    {    char data[NodeNum];
         struct node *next;
    }BlockLink;
```

显然，块链结构的存储密度高于一个结点中仅存放一个字符的单链表结构的存储密度，大大提高了存储空间利用率，通常串的链式存储结构多采用块链结构。但是，块链结构对字符的插入、删除操作极不方便。例如，要在图 4-5 中的第一个字符前插入一个字符，此时所有结点中的所有字符都得移动；删除也是如此。

4.3　数组

数组是所有高级编程语言中都已实现的固有数据类型，因此，凡学习过高级程序设计语言的读者，对数组应该不会陌生。但它和其他整数、实数等原子类型不同，它是一种结构类型。换句话说，数组是一种数据结构。

4.3.1　数组的定义

数组是由 n（$n>0$）个相同类型的元素 $a_1,a_2,\cdots,a_n$ 构成的有限序列，且该有限序列存储在一块地址连续的内存单元中。由此可见，数组的定义就是顺序存储结构的线性表。

数组具有如下性质。

（1）定义数组就是指明数组中包含的元素的个数，即指明数组的长度。换句话说，数组具有固定长度。

（2）数组中的元素具有相同的数据类型。

（3）数组中的每个元素都和唯一的一组下标值相关联，即可以通过一组下标值唯一确定数组中的一个元素。

（4）数组是一种随机存储结构，即可随机存取数组中的任意元素（时间复杂度为 $O(1)$）。

4.3.2　一维数组、二维数组和多维数组

4.3.1 节提到，数组中的每个元素都和唯一的一组下标值相关联，此处的下标值是由一组整数构成的。如果下标值仅是一个整数，则对应的数组是一维数组；如果下标值是一个

整数对，则对应的数组是二维数组。依次类推，如果下标值是 n 个整数（n 元组），则对应的数组是 n 维数组。

1．一维数组

长度为 n 的一维数组可用元素序列$(a_0,a_1,a_2,\cdots,a_{n-2},a_{n-1})$来描述。数组在内存中占据连续的内存空间，假设 a_0 在内存中的地址是 $\text{LOC}(a_0)$，并假设每个元素占用 c 个单元，那么任意元素 a_i 的地址为

$$\text{LOC}(a_i)=\text{LOC}(a_0)+i\times c \quad (0\leqslant i\leqslant n-1)$$

2．二维数组

长度为 $m\times n$ 的二维数组可用以下元素序列来描述：

$$A_{m\times n}=\begin{bmatrix} a_{0,0} & a_{0,1} & \cdots & a_{0,n-1} \\ a_{1,0} & a_{1,1} & \cdots & a_{1,n-1} \\ \vdots & & & \\ a_{m-1,0} & a_{m-1,1} & \cdots & a_{m-1,n-1} \end{bmatrix}$$

数组 $A_{m\times n}$ 可以看成是由 m 个（行）元素（$a_0',a_1',a_2',\cdots,a_{m-2}',a_{m-1}'$）构成的一维数组：

$$A_{m\times n}=\begin{bmatrix} a_{0,0} & a_{0,1} & \cdots & a_{0,n-1} \\ a_{1,0} & a_{1,1} & \cdots & a_{1,n-1} \\ \vdots & & & \\ a_{m-1,0} & a_{m-1,1} & \cdots & a_{m-1,n-1} \end{bmatrix}=\begin{bmatrix} a_0' \\ a_1' \\ \vdots \\ a_{m-1}' \end{bmatrix}$$

或者是由 n 个（列）元素（$a_0'',a_1'',a_2'',\cdots,a_{n-2}'',a_{n-1}''$）构成的一维数组：

$$A_{m\times n}=\begin{bmatrix} a_{0,0} & a_{0,1} & \cdots & a_{0,n-1} \\ a_{1,0} & a_{1,1} & \cdots & a_{1,n-1} \\ \vdots & & & \\ a_{m-1,0} & a_{m-1,1} & \cdots & a_{m-1,n-1} \end{bmatrix}$$
$$=\begin{bmatrix} a_0'' & a_1'' & \cdots & a_{n-1}'' \end{bmatrix}$$

二维数组在内存中有两种存放顺序：按行存储和按列存储。所谓按行存储，就是指先存放第 0 行元素，接着是第 1 行元素，依次类推；按列存储是指先存放第 0 列元素，接着是第 1 列元素，直至最后 1 列。这两种存放顺序在高级语言中都适用。

假设 $a_{0,0}$ 在内存中的地址是 $\text{LOC}(a_{0,0})$，并假设每个元素占用 c 个单元，那么任意元素 $a_{i,j}$ 的地址按行存储时为

$$\text{LOC}(a_{i,j})=\text{LOC}(a_{0,0})+(i\times n+j)\times c \quad 0\leqslant i\leqslant m-1,\ 0\leqslant j\leqslant n-1$$

按列存储时为

$$\text{LOC}(a_{i,j})=\text{LOC}(a_{0,0})+(j\times m+i)\times c \quad 0\leqslant i\leqslant m-1,\ 0\leqslant j\leqslant n-1$$

【例 4-1】对于 C 语言的二维数组 float a[5][4]，求解如下问题。

（1）数组 a 中的元素数目。

（2）假设数组 a 的起始地址为 2000，且每个元素的长度是 32 位（4 字节），求数据 a[3][2]的地址。

数组 a 是一个 5 行 4 列的二维数组，因此，其元素数目是 5×4=20。由于 C 语言数组采用按行存储方式，所以有

$$LOC(a_{3,2})=LOC(a_{0,0})+(i×n+j)×c=2000+(3×4+2)×4=2056$$

3．多维数组

长度为 $m×n×p$ 的三维数组可以看成是由 m 个长度为 $n×p$ 的二维数组构成的，同样，长度为 $m×n×p×q$ 的四维数组又是由 m 个长度为 $n×p×q$ 的三维数组构成的，依次类推。

以三维数组 $A_{m×n×p}$ 为例，假设 $a_{0,0,0}$ 在内存中的地址是 $LOC(a_{0,0,0})$，并假设每个元素占用 c 个单元，那么任意元素 $a_{i,j,k}$ 的地址（按行存储时或低下标优先存储时）为

$$LOC(a_{i,j,k})= LOC(a_{0,0,0})+(i×n×p+j×p+k)×c$$
$$0≤i≤m-1,\ \ 0≤j≤n-1,\ \ 0≤k≤p-1$$

对数组施加的运算比较简单，仅有存取数组元素和修改数组元素值的操作。

4.4　典型例题

【例 4-2】若串 s="software"，则其子串的数目是多少？

【分析与解答】一个串 s 的子串是 s 中由零个或多个连续字符组成的序列，s 的长度是 8，则其子串的长度有 0,1,2,…,8 共 9 种，表 4-2 列出了每种长度的子串数目，因此，全部子串的数目为 1+8+7+6+5+4+3+2+1=37。

表 4-2　每种长度的子串数目

长度	0	1	2	3	4	5	6	7	8
数量	1	8	7	6	5	4	3	2	1

【例 4-3】简述下列算法的功能。

```
int f(char s[])
{
    int   i=0,j=0;
    while (s[j]!= '\0')
            j++;
    for(j--;i<j && s[i]==s[j];i++,j--);
            return(i>=j);
} /*f*/
```

【分析与解答】s 是一字符数组（串），while 循环结束后，使 j 指向字符串的结束标识。在 for 循环中，初始表达式将 j 的值减 1（j 指向最后一个字符），这样，i 指向串左端、j 指向串右端，对串两端字符进行比较，若相等，则 i、j 分别向右、左各移一个元素位置，直到不相等（返回 0）或左端与右端对应位置字符全部相等（返回 1）。因此，该算法的功能是判断字符串 s 是否对称，即 s 是否为回文字符串。

【例 4-4】已知数组 a[m][n]，写一算法，求出该数组最外围一圈的元素之和。

【分析与解答】为求最外围一圈的元素之和，先对第 0 行、第 m-1 行、第 0 列与第 n-1 列的所有元素求和，将此和再减去 a[0][0]、a[0][n-1]、a[m-1][0] 与 a[m-1][n-1]（4 个角元

素）即可。

```
ElementType Total(ElementType    a[], int m, int n)    /*求数组 a 最外围一圈的元素之和*/
{
    sum=0;
    for(i=0; i<n; i++)
        sum=sum+a[0][i];                            /*对第 0 行元素进行累加*/
    for(i=0; i<n; i++)
        sum=sum+a[m−1][i];                          /*对第 m−1 行元素进行累加*/
    for(i=0; i<m; i++)
        sum=sum+a[i] [0];                           /*对第 0 列元素进行累加*/
    for(i=0; i<m; i++)
        sum=sum+a[i] [n−1];                         /*对第 n−1 列元素进行累加*/
    sum=sum−a[0][0]−a[0][n−1]−a[m−1][0]−a[m−1][n−1];
    return(sum);
}   /* Total */
```

【例 4-5】如果串的存储结构为块链结构，则写一算法以计算串的长度。

【分析与解答】块链除链尾结点外，每个结点中存放有 NodeNum 个字符，设尾结点的字符数如果不足，就用'#'填充，尾结点的字符数≤NodeNum。

```
int Length(BlockLink *hs)   /*hs 是带头结点的块链的头指针，求其表示的字符串的长度*/
{
    int    len=0;
    p=hs;
    while (p->next!=NULL)    /* p 指针右移，直到指向最后一个结点*/
    {
        len++;
        p=p->next;
    }   /*  前 len−1 个结点中的每个结点都有 NodeNum 个字符*/
    count =0;
    while(count <NodeNum && p->data[count] != '#')
        count++;    /*最后一个结点有 count（count≤NodeNum）个字符*/
    len=(len−1)* NodeNum + count;
    ruturn(l);
}
```

4.5　实训例题

4.5.1　实训例题 1：字符串操作

【问题描述】

假设 x 和 y 是两个顺序存储的串，编写一个算法，求出 x 中第一个不在 y 中出现的字符。另外，如果串 y 的长度为奇数，则将该字符替换串 y 的中间字符；如果串 y 的长度为偶数，则将该字符插入 y 的中间位置。

【基本要求】

- 功能：用串 x 中第一个不在 y 中出现的字符替换 y 的中间字符（串 y 的长度为奇数），或者将其插入 y 的中间位置（串 y 的长度为偶数）。
- 输入：串 x 与 y。
- 输出：串 y 的中间字符（串 y 的长度为奇数）被替换或在中间位置插入字符（串 y 的长度为偶数）后的串值。

【测试数据】

输入串 x 为 abcde uvw，输入串 y 为 abcde fghij，预期的输出是 abcdeufghij。

输入串 x 为 abcde uvw，输入串 y 为 abcde fghijk，预期的输出是 abcde ufghijk。

输入串 x 为 abcde fghij，输入串 y 为 abcde fghij，预期的输出是 abcde fghij。

【数据结构】

```
#define MaxSize 字符串可能达到的最大长度
typedef    struct
{   char    ch[MaxSize];
    int    StrLength;
}SeqString;
```

【算法思想】

算法的关键是求串 x 中第一个不在 y 中出现的字符，对串 x 的每一字符（x.ch[i]，$i \in \{0,1,2,\cdots,x.StrLength-1\}$）与串 y 中的每一字符（y.ch[j]，$j=0,1,2,\cdots,y.StrLength-1$）进行比较，若经过 y.StrLength 次比较都不相等，则返回 x.ch[i]。

若 x 中第一个不在 y 中出现的字符为 c，并且串 y 的长度为奇数，则给串 y 中间位置赋值 c，若串 y 的长度为偶数，则串 y 的后半部分字符向右移动一个位置，再给 y 中间位置赋值 c；若 x 中的全部字符都在 y 中出现，则不对 y 做任何操作。

【模块划分】

（1）创建串结构，Create。

（2）求出串 x 中第一个不在 y 中出现的字符，FirstChr。

（3）用一字符替换串（长度为奇数）的中间字符，或者将一字符插入串（长度为偶数）的中间位置，RepOrIns。

（4）主函数 main，调用 Create 创建 x 与 y，调用 FirstChr 和 RepOrIns 输出串 y 的值。

【源程序】

```
#define MaxSize 字符串可能达到的最大长度
typedef    struct
{   char    ch[MaxSize];
    int    StrLength;
}SeqString;
void Create(SeqString *x)              /*创建字符串*/
{
    int len=0;
    print("Enter the string: ");
    gets(x->ch);
    while(x->ch[len] != '\0')
```

```
                    len++;
            x->StrLength =len;
    }
    char FirstChr(SeqString x,SeqString y)        /*求串 x 中第一个不在 y 中出现的字符*/
    {
        int i,j,NotFound;                /*串 x 中第一个不在 y 中出现的字符的找到标识*/
        i=0;
        NotFound=1;
        while (i<x. StrLength && NotFound)
        {
            j=0;
            while (j<y. StrLength && NotFound)
                if (x.ch[i] != y.ch[j])
                    j++;
                else
                    break;
                if (j==y.StrLength)
                    NotFound=0;
                else
                    i++;
            }
            if (NotFound)
                return('\0');
            else
                return(x.ch[i]);
    }
    void RepOrIns(SeqString *y,char c)
    {
        if (c=='\0')   return;
        if (y->StrLength % 2 != 0)
            y->ch[y->StrLength/2]=c;    /*替换 y 的中间位置字符*/
        else
        {
            for (i=y->StrLength; i>=y->StrLength/2; i--)
                y->ch[i+1]= y->ch[i]; /*y 后半部分字符（包括末尾'\0'）向后移动一个位置*/
            y->ch[i+1]=c;              /*给 y 的中间位置赋值*/
            y-> StrLength= y-> StrLength+1;
        }
    }
    main()
    {
        char ch;
        SeqString    *x,*y;
        int flag=1;
```

```
x= (SeqString *)malloc(sizeof(SeqString));
y= (SeqString *)malloc(sizeof(SeqString));
while (flag)
{
    Create(x);
    Create(y);
    ch= FirstChr(*x,*y);
    RepOrIns(y,ch);
    print("The final value of y is %s\n\n",y);
    printf("Do you want to continue?(y/n):\n");
    scanf("%c",&con); getchar();
    if (con=='n'||con=='N') flag=0;
}
}
```

【测试情况】

    Enter x: abcde uvw
    Enter y: abcde fghij;
    The final value of y is abcdeufghij

    Do you want to continue?(y/n):
    y
    Enter x: abcde uvw
    Enter y: abcde fghijk;
    The final value of y is abcde ufghijk

    Do you want to continue?(y/n):
    y
    Enter x: abcde fghij
    Enter y: abcde fghij
    The final value of y is abcde fghij

    Do you want to continue?(y/n):
    n

【心得】

学生可以根据程序在计算机上调试运行，并结合自己住上机过程中遇到的问题和解决方法的体会，写出调试分析过程、程序使用方法和测试结果，提交实训报告。

4.5.2 实训例题 2：二维数组

【问题描述】

设二维数组 a 含有 $m \times n$ 个整数。

（1）写出算法以判断 a 中所有元素是否互不相同，输出相关信息（Yes/No）。

（2）当 a 中所有元素互不相同时，试分析算法的时间复杂度。

【基本要求】

- 功能：判断二维数组 a 中各元素是否互不相同，并给出当 a 中所有元素互不相同时算法的时间复杂度。
- 输入：a 中各元素的值。
- 输出：对 a 中各元素是否互不相同的判断结果。

【测试数据】

输入数组的行数和列数分别为 3 和 4，各元素的值为 0,2,6,1,4,−9,−1,5,12,3,7,8，预期的输出结果是 Yes。

输入数组的行数和列数分别为 3 和 4，各元素的值为 0,2,6,1,4,−9,−1,5,12,5,7,8，预期的输出结果是 No。

【算法思想】

二维数组中各元素是否互不相同的比较判断过程是任一元素都需要与其他元素逐个比较，为达到每两个元素仅比较一次的目的，对于当前行 i，每个元素都要同本行后面的每个元素比较一次，然后同第 $i+1,\cdots,m-1$ 行的每个元素比较一次，只要有一次比较相等，结论就是有相同的元素。所有元素比较结束后，当没有一次比较相等时，结论就是没有相同的元素。

【算法时间复杂度】

当 a 中所有元素互不相同时，二维数组中的每个元素同其他元素均需要比较一次，数组中共 $m \times n$ 个元素，第 1 个元素同其他 $m \times n-1$ 个元素比较，第 2 个元素同其他 $m \times n-2$ 个元素比较，依次类推，第 $m \times n-1$ 个元素同 1 个元素比较，总的比较次数为 $(m \times n-1)+(m \times n-2)+\cdots+2+1= [(m \times n-1)+1]/2 \times(m \times n-1)=(m \times n)\times(m \times n-1)/2$，其时间复杂度为 $O(m^2 \times n^2)$。当 $m=n$ 时，时间复杂度为 $O(n^4)$。

【模块划分】

（1）输入二维数组 a 中各元素的值，Input。

（2）判断 a 中所有元素是否互不相同，JudgEqual。

（3）主函数 main，依次调用函数 Input、JudgEqual。

【源程序】

```
void Input(int a[],int m,int n)              /*输入二维数组 a 中各元素的值*/
{
    int i,j;
    printf("Enter each element in a[m][n]: ");
    for (i=0; i<m; i++)
        for (j=0; j<n; j++)
            scanf(" %d,",&a[i*n+j]);
} /*Input*/
void JudgEqual(int a[],int m,int n)          /*判断 a 中所有元素是否互不相同*/
{
    int i,j,p,k;
    for(i=0; i<m; i++)
    {
        for(j=0; j<n; j++)
```

```
                {
                    for(p=j+1;p<n;p++)              /*与同行其他元素逐个比较*/
                        if(a[i*n+j]==a[i*n+p])  {printf("No\n "); return; }
                        /*只要有一次比较相同，就不是互不相同的*/
                    for(k=i+1; k<m; k++)               /*与第 i+1,…,m-1 行各元素比较*/
                        for(p=0; p<n; p++)
                            if(a[i*n+j]==a[k*n+p])  {printf("No\n "); return; }
                }
            }
            printf("Yes\n");                          /*元素互不相同*/
        }  /*JudgEqual 结束*/
    main()
    {
        int a[8][9],r,c;
        printf("\nEnter the row and column number: ");
        scanf("%d,%d",&r,&c);
        Input(a[0],r,c);
        JudgEqual(a[0],r,c)
    }/* main */
```

【测试情况】

　　　　Enter the row and column number: 3,4

　　　　Enter each element in a[m][n]: 0,2,6,1,4,−9,−1,5,12,3,7,8

　　　　Yes

　　　　Enter the row and column number: 3,4

　　　　Enter each element in a[m][n]: 0,2,6,1,4,−9,−1,5,12,5,7,8

　　　　No

【心得】

　　学生可以根据程序在计算机上调试运行，并结合自己在上机过程中遇到的问题和解决方法的体会，写出调试分析过程、程序使用方法和测试结果，提交实训报告。

4.6　总结与提高

4.6.1　主要知识点

1．串的存储

　　串是特殊的线性表，即每个元素均是字符的线性表。与线性表相同，串的存储有顺序存储与链式存储。由于一个字符仅占一个字节，比其他类型（整型、实型、结构体等）的数据短，存储时就要考虑到这一特性，因此，在进行顺序存储时，除非紧凑格式外，还有紧凑格式。在进行链式存储时，除一个结点存储一个字符的普通链外，还引入了块链（一个结点存储多个字符）。串特有的存储结构是堆，堆是系统中连续的一片空间，被系统中所有程序共享。

2. 数组

数组是高级语言已经实现的数据结构，由同一类型的元素组成，总依下标顺序连续存储。对于一数组，若已知其维数、元素类型、存放顺序（高下标优先或低下标优先），只要知道其起始地址，就可以计算出其中任一元素的内存地址。

数组的应用极为普遍，批量处理的数据要组成数组，其中最常使用的是一维数组与二维数组，三维数组应用较少，更高维数组的使用就更少了。

4.6.2 提高例题

【例 4-6】Index(s,t)是子串定位运算。其中，主串 s 称为目标串，子串 t 称为模式串，因此，子串定位运算也称串的模式匹配运算。

模式匹配的 Brute-Force 算法是一种简单的算法，其基本思想是将目标串 $s="s_0s_1\cdots s_{n-1}"$ 中序号为 0 的字符与模式串 $t="t_0t_1\cdots t_{m-1}"$ 中序号为 0 的字符进行比较，若相等，则继续逐个比较后续字符；否则，s 中序号为 1 的字符与 $t="t_0t_1\cdots t_{m-1}"$ 中序号为 0 的字符重新进行比较。依次类推，若存在 t 中的每个字符与 s 中一个连续的字符序列相等，则匹配成功，Index(s,t)返回 t 中的第一个字符在 s 中的位置（序号）；否则，匹配失败，Index(s,t)返回−1。

为了便于理解，现举例说明如下。设目标串 s="addada"，模式串 t="ada"。s 的长度为 n（$n=6$），t 的长度为 m（m=3）。用 i 指示目标串 s 的当前比较字符的位置，用 j 指示模式串 t 的当前比较字符的位置，其模式匹配过程如图 4-6 所示。

由上述模式匹配过程可以得出以下两点结论。

（1）第 k（$k \geqslant 1$）趟比较是从 s 的 s_{k-1} 开始与 t 的 t_0 进行比较的。

（2）设某一趟匹配有 $s_i \neq t_j$，其中，$0 \leqslant i \leqslant n$，$0 \leqslant j \leqslant m$，且 $i \geqslant j$，则有 $s_{i-1}=t_{j-1},\cdots,s_{i-j+1}=t_1$，$s_{i-j}=t_0$，下一趟应该从 s_{i-j+1} 开始与 t_0 进行比较。某一趟的比较状态及下一趟比较位置的一般性过程如图 4-7 所示。

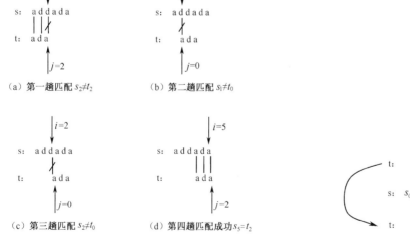

（a）第一趟匹配 $s_2 \neq t_2$ （b）第二趟匹配 $s_1 \neq t_0$

（c）第三趟匹配 $s_2 \neq t_0$ （d）第四趟匹配成功 $s_5 = t_2$

图 4-6　模式匹配过程

图 4-7　某一趟的比较状态及下一趟比较位置的一般性过程

依据上述思想，模式匹配的 Brute-Force 算法描述如下：

```
int Index(SeqString s,SeqString t)    /*模式匹配的 Brute-Force 算法*/
{    i=0;    /*指示 s 当前比较字符的位置*/
     j=0;    /*指示 t 当前比较字符的位置*/
     while(i<s.StrLength && j<t.StrLength)
          if(s.ch[i]==t.ch[j])
          {    i++;
               j++;
          }
          else
          {    i=i−j+1;
               j=0;
          }
     if(j>=t.StrLength)
          return(i−t.StrLength);
     else
          return(−1);
}/* Index */
```

【例 4-7】稀疏矩阵的三元组表示法。图 4-8 是一个 7×9 的稀疏矩阵，其中的任意非零元素 $a_{i,j}$ 可用三元组(i,j,d)对其唯一确定（其中 d 是 $a_{i,j}$ 的值）；对其全部非零元素，可用如下三元组线性表进行表示：

((0,2,6),(1,4,−9),(1,5,12),(3,0,8),(3,5,90),(3,8,8),(4,2,9),(5,6,3),(6,4,−6))

若把稀疏矩阵的三元组线性表按顺序存储结构存储，则称为稀疏矩阵的三元组顺序表。试给出三元组顺序表的数据类型定义，并写一算法以创建稀疏矩阵的三元组表。

$$\begin{bmatrix} 0 & 0 & 6 & 0 & 0 & 0 & 0 & 0 & 0 \\ 0 & 0 & 0 & 0 & -9 & 12 & 0 & 0 & 0 \\ 0 & 0 & 0 & 0 & 0 & 0 & 0 & 0 & 0 \\ 8 & 0 & 0 & 0 & 0 & 90 & 0 & 0 & 8 \\ 0 & 0 & 9 & 0 & 0 & 0 & 0 & 0 & 0 \\ 0 & 0 & 0 & 0 & 0 & 0 & 3 & 0 & 0 \\ 0 & 0 & 0 & 0 & -6 & 0 & 0 & 0 & 0 \end{bmatrix}$$

图 4-8   7×9 的稀疏矩阵

【分析与解答】

（1）三元组顺序表的类型描述如下：

```
#define MaxSize 非零元素的最大个数
typedef struct
{    int r,c;          /*非零元素的行、列下标*/
     ElemType d;       /*非零元素的值*/
}Triple;
typedef struct
{    int row,col,num;  /*矩阵的行数、列数和非零元素个数*/
     Triple data[MaxSize];
}TSMatrix;
```

其中，data 域中表示的非零元素通常是按行序为主序、列序为辅序排列的。

（2）创建稀疏矩阵的三元组表。

以行序方式扫描具有 *m* 行 *n* 列的二维数组 a，将其非零元素存放到 t 所指的三元组表中：

```
void Create(TSMatrix *t,ElemType a[],int m,int n) /*创建稀疏矩阵的三元组表*/
{    t->row=m;   t->col=n; t->num=0;
     for(i=0;i<m;i++)
         for(j=0;j<n;j++)
             if(a[i*n+j]!=0)
             {    t->data[t->num].r=i;
                  t->data[t->num].c=j;
                  t->data[t->num].d= a[i*n+j];
                  t->num++;
             }
}/*Create*/
```

习题

1．填空题

（1）串是一种特殊的线性表，其特殊性在于表中的每个元素都是_____。

（2）空串的长度是_____，由空格构成的串称为空格串，空格串的长度是_____。

（3）已知 s1、s2 的值如下：

s1="bc cad cabcadf";

s2="abc";

则 Length(s1)的值是_____；执行 Concat(s1,s2)后，s1 的值是_____，s2 的值是_____；Index(s1,s2) 的 值 是 _____；Equal(Substr(s1,8,3),s2) 的 值 是 _____；执 行 Replace(s1,s2,Substr(s1,0,2))后，s1 的值是_____；执行 Insert(s1,0,s2)后，s1 的值是_____；执行 Delete(s1,2,2)后，s1 的值是_____。

（4）长度为_____的串，其子串个数是 2。

（5）三维数组 arr[5][2][3]的每个元素的长度为 4 字节，如果数组元素以行优先的顺序存储，且第一个元素的地址是 4000，那么元素 arr[5][0][2]的地址是_____。

2．判断题

（1）串中任意字符组成的子序列称为该串的子串。

（2）若字符串"ABCDEFG"采用链式存储，假设每个字符占用 1 字节，每个指针占用 2 字节，则该字符串的存储密度为 33.3%。

（3）如果一个串中所有的字符均在另一个串中出现，则说明前者是后者的子串。

（4）不含任何字符的串称为空串。

（5）串是特殊的线性表。

（6）稀疏矩阵中的任意非零元素 $a_{i,j}$ 可用三元组(i,j,d)对其唯一确定（其中 d 是 $a_{i,j}$ 的值）；对其全部非零元素，可用三元组线性表表示，三元组线性表称为稀疏矩阵的压缩存储。稀疏矩阵压缩存储后，必会失去随机存取功能。

（7）数组是一种复杂的数据结构，数组元素之间的关系既不是线性的，又不是树形的。

（8）数组是同类型值的集合。

（9）设有数组 a[8][10]，数组的每个元素的长度为 3 字节，当数组以列优先的顺序存储，且第一个元素的地址是 addr 时，元素 a[4][7]的存储首地址为 addr+180。

（10）数组 $A_{m×n}$ 可以看成是由 m 个行元素或 n 个列元素构成的一维数组。

3．简答题

（1）设有矩阵 a，其值如下：

$$a = \begin{pmatrix} 2 & 1 & 3 \\ 3 & 3 & 1 \\ 1 & 2 & 1 \end{pmatrix}$$

执行下列语句后，矩阵 c 和 a 的结果分别是什么？

```
① for ( i=0; i<3; i++)
       for ( j=0; j<3; j++)
            c[i,j]=a[a[i,j],a[j,i]];
② for ( i=0; i<3; i++)
       for ( j=0; j<3; j++)
            a[i,j]=a[a[i,j],a[j,i]];
```

（2）设 s="abc"，t="xabcy"，u="zxabcyz"，试以图形描述 s、t、u 的堆式存储结构。

（3）试分析 Index(s,t)算法的时间复杂度。

（4）三维数组 arr[5][2][3]的每个元素的长度为 4 字节，试问：该数组要占多少字节的存储空间？如果数组元素以列优先的顺序存储，设第一个元素的首地址是 4000，试求元素 arr[5][0][2]的存储地址。

（5）设有对称矩阵

$$A_{4×4} = \begin{bmatrix} 1 & 0 & 0 & 2 \\ 0 & 3 & 0 & 0 \\ 0 & 0 & 0 & 5 \\ 2 & 0 & 5 & 0 \end{bmatrix}$$

若将 A 中包括主对角线的下三角元素按列的顺序压缩到数组 arr 中，则可得

	1	0	0	2	3	0	0	0	5	0
下标	0	1	2	3	4	5	6	7	8	9

试求出 A 中任意元素的行、列下标 i、j（$0≤i$, $j≤3$）与 arr 中元素的下标 k 之间的关系。

（6）请按行优先（低下标优先）及列优先（高下标优先）的顺序列出四维数组 $A_{2×3×2×3}$ 的所有元素在内存中的存储次序，首元素为 $a_{0,0,0,0}$。

4．算法设计题

（1）试以块链存储结构实现 Assign(s,t)和 Index(s,t)运算。

（2）编写一个算法 frequency，统计在一个输入字符串中各个不同字符出现的频度。

（3）设二维数组 a 含有 $n×n$ 个整数。

① 写出算法以判断 a 中的元素是否相对于辅对角线对称。

② 若 a 相对于辅对角线对称，试分析算法的时间复杂度。

（4）若矩阵 $A_{m \times n}$ 中存在某个元素 $a_{i,j}$，满足 $a_{i,j}$ 是第 i 行中的最小值且是第 j 列中的最大值，则称该元素为矩阵 A 的一个鞍点。试编写一个算法，找出 A 中的所有鞍点。

（5）给定整型数组 b[m][n]。已知 b 中数据在每一维方向上都按从小到大的次序排列，且整型变量 x 在 b 中存在。编写一个算法，找出一对满足 b[i][j]=x 的 i 和 j 值，要求比较次数不超过(m+n)次。

（6）稀疏矩阵中的任意非零元素 $a_{i,j}$ 可用三元组(i,j,d)对其唯一确定（其中 d 是 $a_{i,j}$ 的值）；对其全部非零元素，可用三元组线性表表示，三元组线性表称为稀疏矩阵的压缩存储。以三元组表存储的稀疏矩阵 A 和 B，其非零元素的个数分别为 anum 和 bnum。试编写一个算法，将矩阵 B 加到矩阵 A 上。A 的空间足够大，不另加辅助空间。

实训习题

（1）s 和 t 是用单链表存储的两个串，试设计一个算法，将 s 串中首次与串 t 匹配的子串逆置。

（2）输入一个由若干单词组成的文本行，每个单词之间用若干空格隔开，统计此文本中单词的个数。

（3）一个文本串可用事先给定的字母映射表进行加密。例如，设有如下字母映射表：

a b c d e f g h i j k l m n o p q r s t u v w x y z

n g z q t c o b m u h e l k p d a w x f y i v r s j

则字符串"encrypt"被加密为"tkzwsdf"，试写一算法，将输入的文本串加密，然后输出；另写一算法，将输入的已加密的文本串解密，然后输出。

（4）n 阶魔阵问题：给定一奇整数 n，构造一个 n 阶魔阵，它是一个 n 阶方阵，其元素由自然数 $1,2,3,\cdots,n^2$ 组成。魔阵的每行元素之和与每列元素之和，以及主、辅对角线元素之和均相等，即对于给定的奇整数 n，以及 $i=0,1,2,\cdots,n-1$，魔阵满足条件：

$$\sum_{j=0}^{n-1} a_{i,j} = \sum_{i=0}^{n-1} a_{i,j} = \sum_{i=0}^{n-1} a_{i,i} = \sum_{i=0}^{n-1} a_{i,n-i-1}$$

编写算法构造 n 阶魔阵，要求输出结果的格式具有 n 阶方阵的形式。

第 5 章

树和二叉树

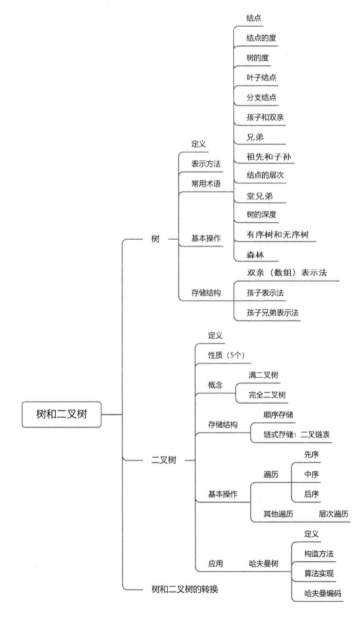

本章思维导图

树形结构与前面几章介绍的线性表、堆栈、队列等线性结构不同，它是一种非线性结构，其元素之间呈现分支、分层的特点。树形结构在日常生活中也很常见，如企事业单位的机构设置、家族的家谱等；树形结构在计算机领域的应用也非常广泛，如编译系统中的语法树、数据库中的检索树、操作系统中的目录树等。树和二叉树是经常用到的两种树形结构，本章首先介绍树的基本概念，然后介绍应用非常广泛的二叉树。

5.1 树

5.1.1 树的基本概念

1. 树的定义

树（Tree）是由 n（$n \geqslant 0$）个结点构成的有限集合 T，当 $n=0$ 时，T 称为空树；否则，在任意非空树 T 中，满足以下条件。

（1）有且仅有一个特定的结点，没有前驱结点，被称为根（Root）结点。

（2）剩下的结点可分为 m（$m \geqslant 0$）个互不相交的子集 $T_1, T_2, \cdots, T_m$，其中每个子集本身又是一棵树，被称为根的子树（Subtree）。

显然，这是一个递归的定义。树的递归定义揭示出了树的固有特性，即一棵非空树是由若干子树构成的，而子树又可由若干更小的子树构成，因此，递归算法是树结构算法的显著特点。

树的示例如图 5-1 所示，其中，图 5-1（a）是只含有一个根结点的树，图 5-1（b）是含有多个结点的树。

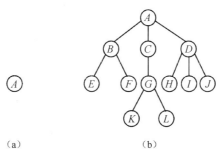

（a）　　　　　　　　　　（b）

图 5-1　树的示例

树是一种非线性结构，其结点之间具有层次关系，除根结点没有前驱结点外，其余每个结点都有且仅有一个前驱（双亲）结点；每个结点都有零个或多个后继（孩子）结点。树的元素之间是一对多的关系。

【注意】由于子树具有互不相交性，所以树中的每个结点只属于一棵树（子树），且树中的每个结点都是该树中某棵子树的根。

2. 树的表示方法

在不同的应用场合，可以用不同的方法表示树。常用的树的表示方法有以下几种。

（1）直观（树形、倒置树）表示法。这种表示方法非常形象，树的形状就像一棵现实中的树，只不过是倒过来的，图 5-1 就是一棵树的直观表示。树的直观表示法主要用于直观描述树的逻辑结构。

（2）嵌套集合（文氏图）表示法。该表示方法用集合表示结点之间的层次关系，对于其中任意两个集合，或者不相交，或者一个包含另一个。图 5-1（b）所示的树的嵌套集合表示如图 5-2（a）所示。

（3）凹入表（缩进）表示法（类似于书的目录）。该表示方法用结点逐层缩进的方法表示它们之间的层次关系，主要用于树的屏幕显示和打印。图 5-1（b）所示的树的凹入表表示如图 5-2（b）所示。

（4）广义表（嵌套括号）表示法。该表示方法将根作为由子树森林组成的表的名字写在表的左边。表是由在一个括号里的各子树对应的表组成的，各表之间用逗号隔开。在该表示方法中，用括号的嵌套表示结点之间的层次关系，主要用于树的理论描述。图 5-1（b）所示的树的广义表表示如图 5-2（c）所示。

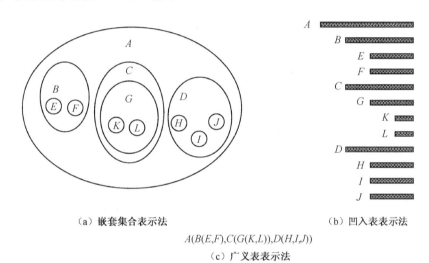

（a）嵌套集合表示法　　　　　　　　　　（b）凹入表表示法

$A(B(E,F),C(G(K,L)),D(H,I,J))$

（c）广义表表示法

图 5-2　树的各种表示方法

树的表示方法的多样化说明了树形结构在日常生活及计算机学科中的重要性。一般来说，分等级的分类方案都可以表示为树形结构。

3．树的常用术语

下面给出树形结构中的一些常用术语。

结点（Node）：包含一个元素和若干指向其子树的分支。

结点的度（Degree）：一个结点拥有的子树的个数称为该结点的度。例如，在如图 5-1（b）所示的树中，A 的度为 3，C 的度为 1，F 的度为 0。

树的度：一棵树的度是指该树中结点的最大度数。例如，在图 5-1（b）中，树的度为 3。

叶子（Leaf）结点：树中度为 0 的结点称为叶子结点或终端结点。例如，在如图 5-1（b）所示的树中，结点 E、F、K、L、H、I、J 都是树的叶子结点。

分支结点：树中度不为 0 的结点称为分支结点或非终端结点。一棵树的结点除叶子结点外，其余的结点都是非终端结点，除根结点外的非终端结点也称为内部结点。

孩子（Child）和双亲（Parent）：结点的子树的根称为该结点的孩子，相应地，该结点称为孩子的双亲。例如，在如图 5-1（b）所示的树中，D 是 A 的子树 T_3 的根，因此，D 是

A 的孩子，而 A 是 D 的双亲。

兄弟（Sibling）：同一个双亲的孩子之间互为兄弟。例如，在如图 5-1（b）所示的树中，H、I、J 互为兄弟。

祖先（Ancestor）和子孙（Descendant）：结点的祖先是从根到该结点所经分支上的所有结点。相应地，以某一结点为根的子树中的任意结点称为该结点的子孙。例如，在如图 5-1（b）所示的树中，结点 G 的祖先为 A、C，结点 C 的子孙为 G、K、L。

结点的层次（Level）：结点的层次从根开始定义，根结点的层次为 1，其孩子结点的层次为 2。依次类推，任意结点的层次为其双亲结点的层次加 1。

堂兄弟：双亲在同一层的结点互为堂兄弟。例如，在如图 5-1（b）所示的树中，G 与 E、F、H、I、J 互为堂兄弟。

树的深度（Depth）：树中结点的最大层次称为树的深度或高度。例如，图 5-1（b）所示的树的深度为 4。

【注意】树的深度与树的度是两个不同的概念，不要混为一谈。

有序树和无序树：如果树中每个结点的各子树是从左到右有次序的（位置不能互换），则称该树为有序树；否则称为无序树。在有序树中，设结点 A 的所有孩子按其从左到右的次序排列为 $A_1,A_2,\cdots,A_k$，则称 A_1 是 A 的最左孩子或左孩子，又或者称为第一个孩子；并称 A_i（$i=2,3,\cdots,k$）是 A_{i-1} 的右邻兄弟或右兄弟，称 A_k 是 A 的最右孩子或右孩子，又或者称为最后一个孩子。

图 5-3 中的两棵树作为无序树是相同的，但作为有序树是不同的，因为结点 A 的两个孩子在两棵树中的左右次序是不同的。

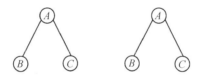

图 5-3 两棵不同的有序树

森林（Forest）：森林是 m（$m \geq 0$）棵互不相交的树的有限集合。如果删去一棵树的树根，则留下的子树就构成了一个森林。对树中每个结点而言，其子树的集合即森林；反之，若给森林中的每棵树的根结点都赋予同一个双亲结点，便得到一棵树。

5.1.2　树的基本操作

树是一种非常重要且应用广泛的数据结构。常见的树的基本操作有如下几种。

（1）初始化，InitTree(T)：将 T 初始化为一棵空树。

（2）判断树是否为空，TreeEmpty(T)：判断一棵已存在的树 T 是否为空树，若为空，则返回"真"；否则返回"假"。

（3）求根结点，Root(T)：返回树 T 的根。

（4）求双亲结点，Parent(T,x)：当树 T 存在时，x 是树 T 中的某个结点，若 x 不是根结点，则返回该结点的双亲结点；否则返回空。

（5）求孩子结点，Child(T,x,i)：求树 T 中结点 x 的第 i 个孩子结点，若结点 x 是叶子结

点或无第 *i* 个孩子结点，又或者结点 *x* 不在树 *T* 中，则返回空。

（6）插入子树，InsertChild(T,x,i,y)：将根为 *y* 的子树置为树 *T* 中结点 *x* 的第 *i* 棵子树。

（7）删除子树，DeleteChild(T,x,i)：删除树 *T* 中结点 *x* 的第 *i* 棵子树。

（8）遍历树，Traverse(T)：遍历树 *T*。

上述操作并不是树的全部操作的集合，在实际问题中，对树的操作可能还有很多，如求树 *T* 的深度（Depth），求树 *T* 中某个结点的左孩子（Lchild）或右兄弟（Rsibling）等。树的基本算法的实现与树的存储结构等因素有关。

5.1.3 树的存储结构

在树的存储结构中，要求不仅能存储树中各结点本身的数据信息，还能唯一地反映树中各结点之间的逻辑关系。下面介绍几种常用的树的存储结构。

1．双亲（数组）表示法

双亲（数组）表示法是树的一种顺序存储结构，在这种存储结构中，将树中的结点按照从上到下、从左到右的顺序存放在一个一维数组中，数组的下标就是结点的位置指针，每个数组元素中存放一个结点的信息，包括该结点本身的信息和该结点的双亲的位置信息，即双亲的下标值。由于树中每个结点的双亲是唯一的，所以双亲（数组）表示法可以唯一地表示一棵树。这种存储结构的类型描述如下：

```
#define MaxSize   50
typedef   struct                    /*结点的类型*/
{   ElementType   data;
    int   parent;                   /*结点双亲的下标*/
} SeqTrNode;
typedef struct                      /*树的类型*/
{   SeqTrNode   tree[MaxSize];      /*存放结点的数组*/
    int   nodenum;                  /*树中实际所含结点的个数*/
} SeqTree;
SeqTree T;
```

在这种表示法中，寻找一个结点的双亲结点很容易，只需要 $O(1)$ 时间，但对于涉及查询孩子和兄弟的信息的操作，可能要遍历整个数组。为了节省查询时间，可以约定指示孩子结点的数组下标值大于双亲结点的数组下标值，而指示兄弟结点的数组下标值随着兄弟结点在树中的排列位置从左到右递增。

图 5-4 给出了一棵树及其双亲（数组）表示法。

根结点存放在数组的第一个位置上（其下标为 0），其 parent 域的值为-1，表示其双亲不存在，其他结点按层次顺序存放，parent 域的值为该结点的双亲结点在数组中的存放位置，即下标。

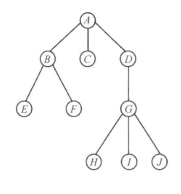

	data	parent
0	A	−1
1	B	0
2	C	0
3	D	0
4	E	1
5	F	1
6	G	3
7	H	6
8	I	6
9	J	6

（a）一棵树   （b）树的双亲（数组）表示法

图 5-4 树的双亲数组表示法

2．孩子表示法

孩子表示法是树的一种链式存储结构。在这种存储结构中，每个结点包含两部分信息，即每个结点包含两个域：表示结点本身信息的数据域和指向孩子结点的指针域，因此，称这种孩子表示法为指针方式的孩子表示法。为了能够表示树中的每个结点，指针域的个数表示树的度。由于树中很多结点的孩子个数都小于树的度，因此，在这种存储结构中，存储空间的浪费现象是比较严重的。可以证明，在有 n 个结点且度为 k 的树的链表中，存在 $n(k-1)+1$ 个空链域。一种改进的方法是把每个结点的孩子连成一个单链表，单链表中只存储孩子结点的地址信息，可以是指针，也可以是数组下标。因此，树中的 n 个结点就形成 n 个单链表，这 n 个单链表的头指针又构成一个线性表，为了便于查找，可用数组存储，每个数组元素（每个结点）包含两个域：结点本身的信息和孩子链表的头指针，这种孩子表示法称为孩子链表表示法。这种实现方法与图的邻接表表示法类似。图 5-4（a）所示的树的孩子链表表示如图 5-5 所示，树中各结点存放于一个数组实现的表中，数组下标作为各结点的指针。在图 5-5 中，孩子表是用单链表实现的。孩子链表表示法的类型描述如下：

```
#define MaxSize 50
typedef  struct  ChNode
{                              /*孩子链表结点的类型*/
   int child;
   struct ChNode  *next;
} ChildNode,* ChPoint;
typedef struct
{                              /*顺序表中每个结点的类型  */
   ElementType   data;
   ChPoint  FirstChild;        /*指向第一个孩子结点的指针*/
} Node;
typedef struct
{                              /*树的类型*/
   Node   TreeList [MaxSize];
```

```
    int    nodenumber;              /*树中实际所含结点的个数*/
} ChList;
```

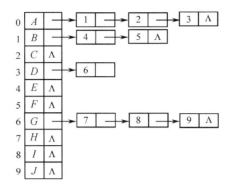

图 5-5　树的孩子链表表示法

在这种表示法中，寻找一个结点的孩子结点很容易，但对于涉及查询结点的双亲结点和兄弟结点信息的操作，可能要遍历整个存储结构。如果需要频繁访问结点的双亲结点和孩子结点，则可以把双亲（数组）表示法和孩子链表表示法结合起来，即在孩子链表表示法的数组中增加一个双亲域，用来存放每个结点的双亲结点在数组中的下标。

3．孩子兄弟表示法

所谓孩子兄弟表示法，就是指在存储树中的每个结点时，除包含该结点本身的值域外，还要设置两个指针域 FirstChild 和 RightSibling，分别指向该结点的第一个孩子及其右兄弟，这种表示法常用二叉链表实现，因此又称为二叉树表示法或二叉链表表示法。图 5-6 给出了图 5-4（a）中树的孩子兄弟表示。

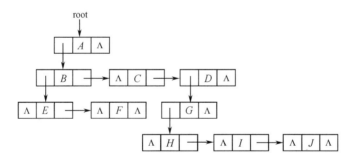

图 5-6　树的孩子兄弟表示法

在图 5-6 中，root 为指向根结点的指针。

孩子兄弟表示法的类型描述如下：

```
    typedef struct TrNode
    {                             /*树中每个结点的类型*/
       ElementType data;
       struct TrNode    * FirstChild,*RightSibling;
    }TreeNode, *ChSiTree;
    ChSiTree    root;          /*指向树的根结点的指针*/
```

利用树的孩子兄弟表示法，易于实现树的大部分操作。例如，要访问结点 x 的第 i 个孩子，只需先从 FirstChild 域中找到第一个孩子结点，然后沿着这个孩子结点的 RightSibling 域连续走 i−1 步，便可找到结点 x 的第 i 个孩子。但在对树中结点进行求双亲操作时，需要遍历树。如果要反复执行求双亲操作，则可在结点结构中再增设一个指向双亲结点的指针域。

孩子兄弟表示法是最常用的树的存储结构。

树可以转换为二叉树，把树转换为二叉树时对应的结构就是这种孩子兄弟表示法的结构。孩子兄弟表示法的最大优点就是可以按照二叉树的处理方法来处理树。

由于树的操作实现起来比较复杂，树又可以转换为二叉树，而二叉树的操作实现起来较简单，因此，在实际使用中，经常把树的问题转换为二叉树的问题进行处理。

5.2 二叉树

二叉树是一种非常重要的树形结构。树形结构的形态多种多样，研究起来比较复杂。而二叉树比较规范，它的存储结构及运算都比较简单，而树也很容易转换为二叉树，因此，下面讨论二叉树。

5.2.1 二叉树的定义及基本操作

1．二叉树的定义

二叉树（Binary Tree）是 n（n≥0）个结点的有限集合 BT，要么为空，要么由一个根结点和两棵分别称为左子树和右子树的互不相交的二叉树组成。

由定义可知，二叉树的特点是每个结点最多有两棵子树，即二叉树中任何结点的度都不大于 2。并且，二叉树的子树有左右之分，其次序不能任意颠倒，即使在只有一棵子树的情况下，也要分清是左子树还是右子树。

与树的定义一样，二叉树的定义也是递归的。由于二叉树的两棵子树也是二叉树，所以由二叉树的定义可知，这两棵子树也可为空，因此，二叉树有 5 种基本形态，如图 5-7 所示。

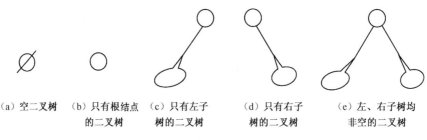

| （a）空二叉树 | （b）只有根结点
的二叉树 | （c）只有左子
树的二叉树 | （d）只有右子
树的二叉树 | （e）左、右子树均
非空的二叉树 |

图 5-7 二叉树的 5 种基本形态

5.1.1 节中介绍的树的所有术语都适用于二叉树。

【注意】二叉树不是树的特例，原因如下。

（1）二叉树与无序树不同，在二叉树中，每个结点最多只能有两个孩子，且有左右之分；而无序树中的每个结点有零到多个孩子，且孩子之间无次序。

（2）二叉树与度数不超过 2 的有序树也不同。在度数不超过 2 的有序树中，虽然一个结点的孩子之间是有左右次序的，但若该结点只有一个孩子，就无须区分其左右次序了。而在二叉树中，即使只有一个孩子，也有左右之分。例如，图 5-8（a）、（b）表示的是两棵不同的二叉树，虽然它们与图 5-9 中的树（作为无序树或有序树）很相似，但它们不能等同于这棵树。若将它们均视为有序树，那么它们就是相同的了。

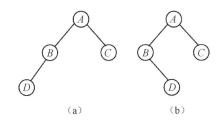

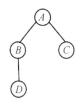

图 5-8　两棵不同的二叉树　　　　　图 5-9　一棵树

因此，尽管二叉树与树有许多相似之处，但二叉树不是树的特殊情形，它们是两种不同的数据结构。

2．二叉树的基本操作

与树的基本操作类似，二叉树的基本操作有如下几种。

（1）初始化，InitTree(BT)：置 BT 为空树。

（2）判断二叉树是否为空，TreeEmpty(BT)：判断二叉树是否为空，若为空，则返回真；否则返回假。

（3）求根结点，Root(BT)：返回二叉树 BT 的根结点。

（4）求双亲结点，Parent(BT,x)：返回二叉树 BT 中结点 x 的双亲结点。若结点 x 是二叉树 BT 的根结点或二叉树 BT 中无 x 结点，则返回值为空。

（5）求二叉树的高度，Depth(BT)：返回树 BT 的高度（深度）。

（6）求结点的左孩子，LChild(BT,x)：返回二叉树 BT 中结点 x 的左孩子。若结点 x 为叶子结点或 x 不在二叉树 BT 中，则返回值为空。

（7）求结点的右孩子，RChild(BT,x)：返回二叉树 BT 中结点 x 的右孩子。若结点 x 为叶子结点或 x 不在二叉树 BT 中，则返回值为空。

（8）遍历二叉树，Traverse(BT)：按某个次序依次访问二叉树中的各结点，并使每个结点只被访问一次。

5.2.2　二叉树的性质

二叉树具有以下重要性质。

【性质 1】在二叉树的第 i 层上至多有 2^{i-1} 个结点（$i \geqslant 1$）。

用归纳法即可证明此性质。

【证明】当 $i=1$ 时，表示二叉树的第一层，只有一个根结点，而 $2^{i-1}=2^0=1$，故命题成立。

假设对所有的 j（$1 \leqslant j < i$）来说，命题都成立，即第 j 层上至多有 2^{j-1} 个结点，那么可以证明 $j=i$ 时命题也成立。

由归纳假设可知，第 $i-1$ 层上至多有 2^{i-2} 个结点。由于二叉树的每个结点至多有两个孩子，故第 i 层上的结点数至多是第 $i-1$ 层上的最大结点数的 2 倍，即当 $j=i$ 时，该层上至多有 $2\times2^{i-2}$，即 2^{i-1} 个结点，故命题成立。

【性质2】深度（高度）为 k 的二叉树至多有 2^k-1（$k\geq1$）个结点。

【证明】深度为 k 的二叉树的最大结点数应为每层最大结点数之和，根据性质 1，最大结点数为

$$2^0+2^1+\cdots+2^{k-1}=2^k-1$$

微课视频

【性质3】对任意一棵二叉树 BT，如果其叶子结点的个数为 n_0，度为 2 的结点个数为 n_2，则 $n_0=n_2+1$。

【证明】设二叉树中度为 1 的结点的个数为 n_1，二叉树的结点总数为 n，因为二叉树中所有结点的度均小于或等于 2，所以二叉树中的结点总数 $n=n_0+n_1+n_2$。另外，在二叉树中，度为 1 的结点有 1 个孩子，度为 2 的结点有 2 个孩子，故二叉树中孩子结点的总数为 n_1+2n_2，而二叉树中只有根结点不是任何结点的孩子，故二叉树中的结点总数又可表示为 $n=n_1+2n_2+1$，即 $n=n_0+n_1+n_2=n_1+2n_2+1$，可得 $n_0=n_2+1$。

为研究二叉树的其他性质，先定义两种特殊的二叉树：满二叉树和完全二叉树。

满二叉树（Full Binary Tree）是深度为 k 且有 2^k-1 个结点的二叉树。在满二叉树中，每层结点都是满的，即每层结点都具有最大结点数 2^{i-1}（$1\leq i\leq k$），整棵二叉树的结点数也达到最大。在满二叉树中，最后一层都是叶子结点，其他各层的结点都有左右子树，即满二叉树中的所有结点的度要么为 0，要么为 2。如图 5-10 所示，该二叉树是一棵深度为 4 的满二叉树。

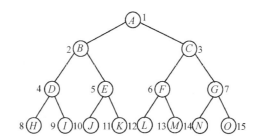

图 5-10　满二叉树

为了便于访问满二叉树的结点，可以对满二叉树的结点进行连续编号，约定编号从根结点开始，且层间自上而下，同层自左而右，这样便可得到满二叉树的所有结点的一个线性序列。例如，对如图 5-10 所示的满二叉树的结点进行编号，得到的线性序列为 1,2,3,4,5,6,7,8,9,10,11,12,13,14,15，对应的结点序列为 $A,B,C,D,E,F,G,H,I,J,K,L,M,N,O$。

完全二叉树（Complete Binary Tree）：对于深度为 k 且有 n 个结点的二叉树，如果其每个结点都与深度为 k 的满二叉树中编号从 $1\sim n$ 的结点一一对应，则称为完全二叉树，如图 5-11 所示。在完全二叉树中，只有最后两层的结点的度可以小于 2，且最后一层的结点都集中在该层最左边的若干位置上。

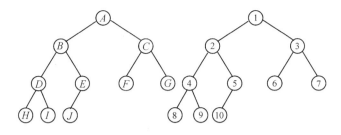

图 5-11　完全二叉树

微课视频

【注意】满二叉树一定是完全二叉树，而完全二叉树不一定是满二叉树。

完全二叉树具有以下性质。

【性质 4】具有 n 个结点的完全二叉树的深度为 $\lfloor \log_2 n \rfloor + 1$。

【证明】假设 n 个结点的完全二叉树的深度为 k，则 n 至少应比深度为 $k-1$ 的满二叉树多 1 个结点，结合性质 2，可知 $n \geqslant (2^{k-1}-1)+1$；$n$ 至多为 2^k-1，即第 k 层为满的时候最多。综上可得

$$2^{k-1} \leqslant n \leqslant 2^k-1$$

上面的不等式可等价地写为 $2^{k-1} \leqslant n < 2^k$。

两边取对数可得 $k-1 \leqslant \log_2 n < k$。

因为 k 是整数，所以可知 $k-1=\lfloor \log_2 n \rfloor$，即 $k=\lfloor \log_2 n \rfloor+1$，故结论成立。

【性质 5】如果对一棵有 n 个结点的完全二叉树（其深度为 $\lfloor \log_2 n \rfloor+1$）的结点按层序编号（从根结点为 1 开始，按层次自上而下、同层自左而右的规则编号），则对于任意的编号为 i（$1 \leqslant i \leqslant n$）的结点，有以下性质。

若 $i=1$，则结点 i 是二叉树的根，无双亲；若 $i>1$，则 i 的双亲结点是 $\lfloor i/2 \rfloor$。

若 $2i \leqslant n$，则 i 的左孩子为结点 $2i$；若 $2i>n$，则该结点不存在左孩子（该结点为叶子结点）。

若 $2i+1 \leqslant n$，则 i 的右孩子为结点 $2i+1$；若 $2i+1>n$，则该结点不存在右孩子。

5.2.3　二叉树的存储结构

二叉树算法的实现要依赖其存储结构，不同的存储结构在实现相同的操作时效率可能是不同的。在实际应用中，要根据实际情况进行选择。

二叉树常用的存储结构有两种：顺序存储和链式存储。

微课视频

1．顺序存储

二叉树的顺序存储是用一片连续的存储空间来存放二叉树的所有结点及其之间的逻辑关系的。此时需要把二叉树的所有结点按某种顺序排列成一个适当的线性序列，并由结点之间的相对位置反映结点之间的逻辑关系。由二叉树的性质 5 可知，对于一棵完全二叉树，对结点按层序编号，结点的序号蕴含结点之间的逻辑关系。因此，对于一棵完全二叉树，对结点按层序编号，就能得到一个这样的线性序列，把所有结点按顺序存入一维数组的相应位置上，即编号为 i 的结点存储在下标为 i 的位置上（为方便操作，结点从数组下标为 1 的单元开始存储），这样，结点的位置（下标）就反映了结点之间的逻辑关系。例如，

下标为 i 的结点如果有双亲，则其双亲的下标为 $i/2$；如果有左孩子，则其左孩子的下标为 $2i$；如果有右孩子，则其右孩子的下标为 $2i+1$，如图 5-12 所示。

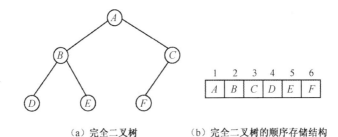

（a）完全二叉树　　　　　（b）完全二叉树的顺序存储结构

图 5-12　二叉树及其顺序存储结构

二叉树的顺序存储的类型描述如下：

```
#define MaxSize 30
typedef struct SeqBT
{ char    btree[MaxSize];
    int    length;       /*二叉树中所含结点的实际个数*/
}SeqBT;
```

对于完全二叉树而言，顺序存储结构简单，存储效率高；但对于一棵一般的二叉树，要通过结点的位置（下标）反映结点之间的逻辑关系，就必须按完全二叉树的形式来存储二叉树中的结点，即将其每个结点与完全二叉树上的结点相对应。例如，对于如图 5-13（a）所示的一棵一般的二叉树，该二叉树中有 3 个结点，但要用顺序的方式存储它，就必须把它补成同样深度的含 5 个结点的完全二叉树，即添上一些并不存在的"虚结点"，使之成为如图 5-13（b）所示的完全二叉树，其顺序存储结构如图 5-13（c）所示，由图可见，浪费了两个存储空间。对一棵深度为 k 的右单支树，有 k 个结点，需要 2^k-1 个存储空间，空间的浪费尤为严重。因此，顺序存储结构比较适合完全二叉树，对于一般的二叉树，用链式存储较好。

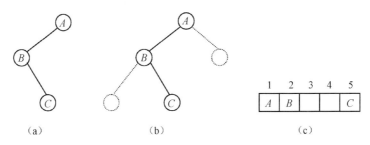

（a）　　　　　　　　（b）　　　　　　　　（c）

图 5-13　一般二叉树及其顺序存储结构

微课视频

2．链式存储

由于二叉树的结点含有一个元素和两个分别指向其左、右子树的分支，所以，在链式存储中，结点中不仅要含有结点本身的信息，还要含有左、右孩子的信息，即指向左、右孩子的指针。因此，结点应至少含 3 个域：一个数据域（data）、两个指针域（指向左孩子的指针域 lchild 和指向右孩子的指针域 rchild），如图 5-14 所示。

lchild	data	rchild

图 5-14　链式存储中二叉树的结点结构

二叉树的链式存储的类型描述如下：

```
typedef struct BNode
{   ElemType   data;
    struct BNode   *lchild;
    struct BNode   *rchild;
}BTNode;
typedef   BTNode*   BinTree;
```

利用这种结点结构得到的二叉树的存储结构称为二叉链表。二叉树及其二叉链表如图 5-15 所示，其中 root 为头指针。显然，二叉链表由头指针 root 唯一确定，若二叉树为空，则 root=NULL。二叉链表类型说明如下：

BinTree　root;

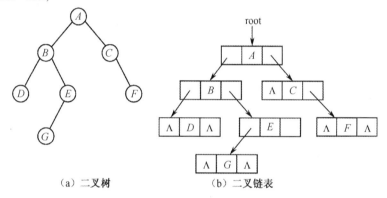

（a）二叉树　　　　　　　　（b）二叉链表

图 5-15　二叉树及其二叉链表

可以证明，在一棵含有 n 个结点的二叉树的二叉链表的 $2n$ 个指针域中，有 $n+1$ 个空链域，可以存放其他信息，相关内容将在 5.4 节中进行介绍。

在二叉链表中，要访问一个结点的孩子结点很容易，但要访问一个结点的双亲结点就不那么容易了，这需要访问整棵二叉树，因此，对于需要经常访问双亲结点的二叉树，采用三叉链表较合适。三叉链表就是在二叉链表的基础上增加一个指向双亲结点的指针。三叉链表的类型描述如下：

```
typedef struct   BPNode
{   ElemType   data;
    struct   BPNode *lchild;
    struct   BPNode *rchild;
    struct   BPNode *parent;
}BTPNode,*BTPTree;
```

图 5-15（a）所示的二叉树的三叉链表如图 5-16 所示。

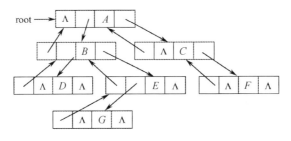

图 5-16　二叉树的三叉链表

在不同的存储结构中，实现二叉树操作的方法也不同。例如，访问双亲结点的操作在三叉链表中很容易实现，而在二叉链表中就需要从根指针出发进行查询。因此，采用什么样的存储结构，除考虑二叉树的形态外，还需要考虑要进行什么样的操作。

5.3　遍历二叉树

二叉树的遍历算法是二叉树中非常重要的一种基本运算，二叉树中很多运算的实现都是以遍历运算为基础的。

5.3.1　二叉树的遍历方法

1. 二叉树遍历的定义

二叉树的遍历是指按一定的规律访问二叉树的结点，使得每个结点都被访问一次，且仅被访问一次。二叉树的遍历就是要得到二叉树所有结点的一个线性排列，实质就是非线性问题线性化，从而简化有关运算和处理过程。遍历问题对于线性结构来说很容易实现，因其结构本身就是线性顺序；但对于二叉树这种非线性结构来说，就不那么容易了，因为从二叉树的任意结点出发，既可以向左走，又可以向右走，所以必须找到一种规律，按同样的方法处理每个结点及其子树来实现遍历。根据二叉树的定义，二叉树的基本构成元素为 3 部分：根结节、左子树和右子树。若能够分别遍历这 3 部分，就是遍历了整棵二叉树。因此，遍历一棵非空的二叉树的问题可以分解为 3 个子问题：访问根结点（D）、遍历左子树（L）和遍历右子树（R）。按照根结点的访问次序，可以得到二叉树的 6 种遍历方式：DLR、LDR、LRD、DRL、RDL 和 RLD。人们习惯于先左后右的次序，因此二叉树的遍历只有 3 种不同的次序：DLR、LDR 和 LRD，分别称为先根次序（前序或先序）遍历、中根次序（中序）遍历和后根次序（后序）遍历。当以这 3 种方式遍历一棵二叉树时，若按访问结点的先后次序将结点排列起来，就可分别得到二叉树中所有结点的先序序列、中序序列和后序序列。3 种遍历的定义如下。

（1）先序遍历。

若二叉树为空，则空操作；否则依次执行以下操作。

① 访问根结点。

② 先序遍历根结点的左子树。

③ 先序遍历根结点的右子树。

（2）中序遍历。

若二叉树为空，则空操作；否则依次执行以下操作。

① 中序遍历根结点的左子树。

② 访问根结点。

③ 中序遍历根结点的右子树。

（3）后序遍历。

若二叉树为空，则空操作；否则依次执行以下操作。

① 后序遍历根结点的左子树。

② 后序遍历根结点的右子树。

③ 访问根结点。

2．二叉树遍历算法的实现

二叉树的遍历算法是递归定义的，显然，采用递归方式实现二叉树的遍历非常方便。

在算法实现时，以 5.2.3 节中的二叉链表作为存储结构，将 ElementType 类型设为 char，将对根结点的访问设为打印根结点的数据域的值。

（1）先序遍历。

先序遍历算法的描述如下：

```
void   PreOrder(BinTree   root)
{   if (root!=NULL)
        {   printf("%c"，root ->data);        /*访问根结点*/
            PreOrder(root ->lchild);          /*先序遍历左子树*/
            PreOrder(root->rchild);           /*先序遍历右子树*/
        }
}/* PreOrder */
```

先序遍历图 5-15（a）中的二叉树，得到的先序序列为 A、B、D、E、G、C、F。

（2）中序遍历。

中序遍历算法的描述如下：

```
void   InOrder(BinTree   root)
{     if (root!=NULL)
        {   InOrder(root->lchild);            /*中序遍历左子树*/
            printf("%c"，root ->data);        /*访问根结点*/
            InOrder(root ->rchild);           /*中序遍历右子树*/
        }
}/* InOrder *
```

中序遍历图 5-15（a）中的二叉树，得到的中序序列为 D、B、G、E、A、C、F。

（3）后序遍历。

后序遍历算法的描述如下：

```
void   PostOrder(BinTree   root)
{   if (root!=NULL)
```

```
        {   PostOrder(root ->lchild);          /*后序遍历左子树*/
            PostOrder(root ->rchild);          /*后序遍历右子树*/
            printf("%c"，root ->data);          /*访问根结点*/
        }
    }/* PostOrder */
```

后序遍历图 5-15（a）中的二叉树，得到的后序序列为 *D*、*G*、*E*、*B*、*F*、*C*、*A*。

在上述的递归算法中，递归的终止条件是二叉树为空，此时为空操作。

用二叉树可以表示数学表达式，如表达式 *a+b(c−d) −e/f*，其二叉树的表示形式如图 5-17 所示。

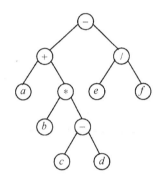

图 5-17　表达式 *a+b(c−d) −e/f* 的二叉树的表示形式

对该二叉树进行先序、中序、后序遍历，得到其先序、中序、后序遍历序列分别为−、+、*a*、*、*b*、−、*c*、*d*、/、*e*、*f*，*a*、+、*b*、*、*c*、−、*d*、−、*e*、/、*f* 和 *a*、*b*、*c*、*d*、−、*、+、*e*、*f*、/、−，这正是表达式的前缀、中缀、后缀表示。其中，表达式的前缀表示称为波兰式，表达式的后缀表示称为逆波兰式。在计算机中，对表达式的计算一般使用逆波兰式（后缀表达式），因为这样做不必考虑运算符的优先级，可从左到右机械地进行，从而大大提高计算速度。

【注意】在遍历所得的中缀表达式中，丢失了原来表达式中表示运算顺序的括号。

3 种遍历算法的不同之处仅在于访问根结点和遍历左、右子树的先后次序，若在算法中暂时抹去和递归无关的 printf 语句，则 3 种遍历算法基本相同。这说明这 3 种遍历算法的搜索路线相同，从递归执行过程的角度来看，3 种遍历算法也是完全相同的。图 5-18 为图 5-15（a）所示的二叉树的 3 种遍历的搜索路线，其中，向下表示更深一层的递归调用，向上表示从递归调用返回。该线路从根结点出发，逆时针沿着二叉树外延，自上而下、自左而右搜索，最后由根结点结束，不难看出，加上对空子树的操作，搜索路线恰好途经每个结点 3 次。若访问结点均是在第一次经过结点时进行的，则是先序遍历；若访问结点均是在第二次（或第三次）经过结点时进行的，则是中序遍历（或后序遍历）。因此，只要将搜索路线上的所有第一次、第二次、第三次经过的结点分别列表，即可分别得到该二叉树的先序序列、中序序列和后序序列。

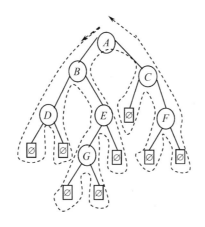

图 5-18　遍历二叉树的搜索路径

【注意】上述 3 种序列都是线性序列，有且仅有一个开始结点和一个终端结点，其余结点都有且只有一个（直接）前驱结点和一个（直接）后继结点。为了区别树形结构中前驱（双亲）结点和后继（孩子）结点的概念，对上述 3 种线性序列，要在某结点的前驱结点和后继结点之前冠以其遍历次序的名称。例如，图 5-18 所示的二叉树中的结点 C，其先序前驱结点是 G，其先序后继结点是 F；中序前驱结点是 A，中序后继结点是 F；后序前驱结点是 F，后序后继结点是 A。但是就该二叉树的逻辑结构而言，C 的前驱（双亲）结点是 A，后继（孩子）结点是 F。

3．二叉树遍历算法的非递归实现

二叉树遍历算法的递归实现的思路自然、简单，易于理解，但执行效率较低。为了提高程序的执行效率，可以显式地设置栈，写出相应的非递归遍历算法。非递归遍历算法可以根据递归算法的执行过程写出。下面以中序遍历为例进行说明。为了便于叙述，给中序遍历算法中的语句加上行号：

```
      void   InOrder(BinTree   root)
1{        if (root!=NULL)
2      {       InOrder(root->lchild);           /*中序遍历左子树*/
3              printf("%c",root ->data);         /*访问根结点*/
4              InOrder(root ->rchild);}          /*中序遍历右子树*/
5      }
```

主调函数为：

```
      ...
 M:      InOrder(bt);
M+1:
            ...
```

对于如图 5-19（a）所示的二叉树，中序遍历递归算法的执行过程如图 5-19（b）所示。在图 5-19（b）中，指针值用指针指向的结点的值代替。在栈中，"A,3" 表示两个数据，A 先进栈，3 再进栈，即在栈中占两个空间；退栈时亦然。

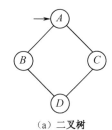

（a）二叉树

程序层	栈的状态	指针值	将要执行的语句
主	∅	A	M
1	∅	A	2
2	A,3	B	2
3	B,3 / A,3	Λ	5
2	A,3	B	3（输出B）
2	A,3	B	4
3	B,5 / A,3	D	2
4	D,3 / B,5 / A,3	Λ	5
3	B,5 / A,3	D	3（输出D）
3	B,5 / A,3	D	4
4	D,5 / B,5 / A,3	Λ	5
3	B,5 / A,3	D	5
2	A,3	B	5
1	∅	A	3（输出A）
1	∅	A	4
2	A,5	C	2
3	C,3 / A,5	Λ	5
2	A,5	C	3（输出C）
2	A,5	C	4
3	C,5 / A,5	Λ	5
2	A,5	C	5
1	∅	A	5

结束

（b）中序遍历递归算法的执行过程

图 5-19 二叉树及其中序遍历递归算法的执行过程

根据上述执行过程，可以写出一个初步的非递归算法：

```
void InOrder(BinTree  root)
{    int top= -1;
  L1:if (root!=NULL)          /*遍历左子树*/
      { top=top+2;
        if (top>max) return;  /*栈满溢出*/
        s[top-1]=root;        /*本层参数进栈*/
        s[top]=L2;            /*返回地址进栈，L2 对应上述执行过程中的行号 3 */
```

```
        root=root->lchild;      /*给下层参数赋值*/
        goto L1;                /*进入下一层*/
    L2:printf("%c",root->data); /*访问根结点*/
        top=top+2;              /*遍历右子树*/
        if (top>max) return;    /*栈满溢出*/
        s[top−1]=root;
        s[top]=L3;              /*L3 对应上述执行过程中的行号 5 */
        root=root->rchild;
        goto L1;
        }
    L3:if (top!=−1)
        { x=s[top];             /*取出返回地址*/
        root=s[top−1];          /*取出本层参数*/
        top=top−2;
        goto x;                 /*转向相应语句（L2 或 L3）*/
        }
    }
```

在上述执行过程中，在执行行号为 2 的语句时，因为要进行递归调用，所以要保护现场，使本层参数 root（指向根结点的指针）和返回地址 L2 进栈（结点第一次进栈）；在执行行号为 4 的语句时，因为也要进行递归调用，所以也要保护现场，使本层参数 root（指向根结点的指针）和返回地址 L3 进栈（同一结点第二次进栈）。通过对执行过程进行分析可知，结点第二次进栈可以不做。因为结点第一次进栈后，对其左子树进行遍历，遍历结束后退栈，根据栈里保存的值恢复现场，对根结点进行访问，即对 L2 对应的语句进行输出，并遍历其右子树。而第二次进栈后，对其右子树进行遍历，遍历结束后只需退栈即可，故第二次进栈就没有必要了，这样，返回地址 L2 也就没有进栈的必要了。无论怎样，总要将 L2 对应的语句输出，只要遍历完左子树，就进行输出。于是得到简化的非递归算法如下：

```
    void InOrder(BinTree   root)
    {    int top=−1;
    L1:if (root!=NULL)          /*遍历左子树*/
        {top=top+1;
        if (top>max) return;    /*栈满溢出*/
        s[top]=root;            /*本层参数进栈*/
        root=root->lchild;      /*给下层参数赋值*/
        goto L1;                /*进入下一层*/
    L2:printf("%c",root->data); /*访问根结点*/
        root=root->rchild;
        goto L1;
        }
        if (top!=−1)
        {
        root=s[top]             /*取出本层参数*/
```

```
            top=top−1;
            goto   L2;                    /*转向输出*/
        }
    }
```

这样得到的算法结构不好，不符合结构化的程序设计思想，因此，需要消除 goto 语句。整理后的算法流程如图 5-20 所示。

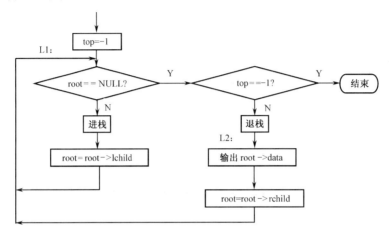

图 5-20   整理后的算法流程

通过上面的分析可知，二叉树中序遍历的非递归算法的主要思想是令变量 root 为指向根结点的指针，并从该根结点开始遍历。显然，当第一次遇到根结点时，并不访问，而是入栈，因为此时 root 所指根结点及其右子树尚未被访问，所以必须将 root 保存在栈中，以便在访问完其左子树后，从栈中取出 root，对其所指根结点及其右子树进行访问。在 root 进栈之后，就中序遍历它的左子树，即把 root 的左孩子赋给 root，沿左链走下去，所有经过的结点依次进栈，直到左链为空，左子树遍历结束，结点出栈，把栈顶元素赋给 root，这是第二次遇到该根结点，此时其左子树已经访问结束，按照中序遍历的定义访问根结点（打印该结点信息），随后中序遍历其右子树，即把 root 的右孩子赋给 root，重复上述过程，直至 root 为空栈时结束。

算法中用到的栈为顺序栈，其类型描述如下：

```
#define MaxSize   栈可能达到的最大元素个数   /*可根据实际情况设定*/
typedef struct
{   BinTree   elem[MaxSize];
    int top;                          /*栈顶位置*/
} SeqStack;
```

二叉树中序遍历的非递归算法描述如下。

```
void InOrderZ(BinTree   root)    /*中序遍历的非递归算法*/
{   SeqStack s;                   /*s 为顺序栈*/
    s.top=−1;
    do
{   while (root!=NULL)            /*当二叉树非空时*/
    {   s.top++;
```

```
        if (s.top==MaxSize−1)
          {    printf("stack full");
               return;
          }
        else
          {    s.elem[s.top]=root;        /*根结点 root 进栈*/
               root=root->lchild;         /*沿左链依次扫描*/
          }  /*if*/
      }  /*while*/
    if (s.top!= −1)   /*如果栈非空则退栈*/
      {   root=s.elem[s.top];
          s.top—;
          printf("%c",root->data);        /*访问根结点*/
          root=root->rchild;              /*指针指向其右子树*/
      }  /*if*/
    } while((s.top!= −1)||(root!=NULL));
  /*当栈为空且搜索指针为空时，遍历结束*/
  } /*InOrderZ*/
```

如何实现先序、后序遍历的非递归算法呢？先序遍历的非递归算法类似于中序遍历的非递归情况，但后序遍历的非递归算法与先序、中序遍历的非递归情况有所不同，在后序遍历二叉树的过程中，对一个结点进行访问之前，要两次经过这个结点：第一次是由该结点找到其左子树，对其左子树进行遍历，遍历完成后返回这个结点，但此时还不能访问该结点；第二次是由该结点找到其右子树，对其右子树进行遍历，遍历完成后返回这个结点，此时才能访问该结点。因此，在设计后序遍历二叉树的非递归算法时，不但要利用栈，而且为了区别某一结点是第一次进栈还是第二次进栈，在栈结构中还需要设置一个标志域。至于先序遍历、后序遍历的非递归算法的具体实现，可由读者自己写出。

显然，二叉树遍历算法中的基本操作是访问根结点，不论按哪种次序遍历，都要访问所有的结点，对于含 n 个结点的二叉树，其时间复杂度均为 $O(n)$。所需辅助空间为遍历过程中所需的栈空间，最多等于二叉树的深度 k 乘以每个结点所需的空间数，在最坏情况下，树的深度为结点的个数 n，因此，其空间复杂度也为 $O(n)$。

4．遍历序列与二叉树的结构

对一棵二叉树进行遍历得到的遍历序列（先序、中序或后序）是唯一的。但由于二叉树是一种非线性结构，每个结点可能有零个、一个或两个孩子结点，所以仅有一个二叉树的遍历序列（先序、中序或后序）是不能决定一棵二叉树的。例如，图 5-21（a）、（b）所示的两棵不同的二叉树的先序遍历序列是相同的。

可以证明，如果同时知道一棵二叉树的先序序列和中序序列，或者同时知道一棵二叉树的中序序列和后序序列，就能唯一确定这棵二叉树。例如，知道一棵二叉树的先序序列和中序序列，如何构造二叉树呢？由定义可知，二叉树的先序遍历是首先访问根结点，然后遍历根的左子树，最后遍历根的右子树，因此，先序序列中的第一个结点必为根结点。另外，中序遍历指首先遍历根的左子树，然后访问根结点，最后遍历根的右子树，于是根结点把中序序列分成两部分，即根结点之前的部分是由左子树中的结点构成的中序序列，根结点之后的部分是由右子树中的结点构成的中序序列。反过来，根据左子树的中序序列的结点个数，又可将先序序列除根结点外的结点分成左子树的先序序列和右子树的先序序列。依次类推，即可递归得到整棵二叉树。

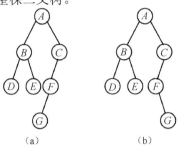

(a)　　　　　　　(b)

图 5-21　两棵不同的二叉树

例如，已知一棵二叉树的先序序列为 A、B、D、G、C、E、F，中序序列为 D、G、B、A、E、C、F，构造其对应的二叉树。先由先序序列得知二叉树的根结点为 A，因此，其左子树的中序序列必为 D、G、B，右子树的中序序列为 E、C、F。反过来得知，其左子树的先序序列必为 B、D、G，右子树的先序序列为 C、E、F。类似地分解下去，过程如图 5-22 所示；最终就可得到整棵二叉树，如图 5-23 所示。

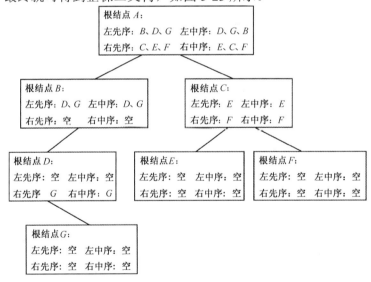

图 5-22　由先序序列和中序序列构造二叉树的过程

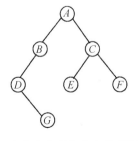

图 5-23　由先序序列和中序序列构造的二叉树

由中序序列和后序序列构造二叉树的过程由读者自己分析。

请读者思考，由先序序列和后序序列能否唯一确定一棵二叉树呢？

5.3.2　二叉树遍历算法应用典型例题

二叉树的很多操作都是在遍历操作的基础上实现的，可以在遍历过程中对结点进行各种操作，如求结点的双亲、孩子，求树的深度、宽度等；也可以在遍历过程中生成结点，建立二叉树的存储结构。

【例 5-1】建立二叉树的二叉链表存储结构。

微课视频

【分析与解答】

构造二叉链表的方法很多，这里介绍一个基于先序遍历的构造算法。

假设二叉树中的结点元素均为单个字符；算法的输入是二叉树的先序序列，但必须在其中加入虚结点（以"#"表示）以示空指针的位置，这样的先序序列称为扩展的先序序列。对于如图 5-24 所示的二叉树，输入的扩展先序遍历的字符序列为 A、B、D、#、E、#、#、#、C、#、F、#、#。先输入一个根结点，若输入的是"#"字符，则表示该二叉树为空树，即 root=NULL；否则向系统申请结点空间，由 root 指向该结点，把输入的字符赋给 root->data。之后，依次递归地建立它的左子树 root->lchild 和右子树 root->rchild。

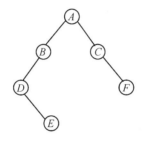

图 5-24　二叉树

算法描述如下：

```
void   CreateBinTree(BinTree   *root)
/*建立二叉链表。root 是指向根结点的指针。输入序列是扩展的先序序列*/
{    char ch;
     if ((ch=getchar())=='# ')    *root=NULL;                /*建立空二叉树*/
     else{    *root=(BTNode* )malloc(sizeof(BTNode));        /*生成结点*/
              (*root) ->data=ch;
              CreateBinTree(&((*root) ->lchild));            /*递归构造左子树*/
              CreateBinTree(&((*root) ->rchild));            /*递归构造右子树*/
          }/*else*/
}/*CreateBinTree*/
```

【注意】形参一定要设计为指针的指针，否则所建立的二叉链表的根指针无法返回主调函数。

请读者思考，可否输入中（后）序序列建立二叉树的二叉链表呢？

【例 5-2】求二叉树的叶子结点的个数。

微课视频

【分析与解答】

可以用两种方法求解这个问题。

【方法一】设置一个初值为 0 的变量 leaf 进行计数，在遍历的过程中，每访问一个结点，就对该结点进行判断，若是叶子结点，就将 leaf 加 1。当遍历完整棵二叉树后，leaf 的值就是叶子结点的个数。可以采用任何遍历算法，在此采用先序遍历算法实现。具体算法描述如下：

```
int   CountLeaf(BinTree   root)              /*求二叉树中叶子结点的个数*/
{    int static leaf=0;                      /*静态变量保留每次递归调用后的值*/
     if (root!=NULL)
     {    CountLeaf(root->lchild);           /*遍历左子树*/
          if ((root->lchild==NULL)&&(root->rchild==NULL)) leaf++;
                                             /*结点计数*/
          CountLeaf(root->rchild);           /*遍历右子树*/
     }/*if*/
     return   (leaf);
}/* CountLeaf */
```

该函数中的 leaf 是静态变量，这样每次递归调用后的值可以保留，以达到累加的目的。当然也可以把 leaf 设计成全局变量，在主调函数中先将其置为 0，在调用 CountLeaf 函数结束后，leaf 的值便是叶子结点的个数。

【方法二】当二叉树为空时，叶子结点的个数为 0；当二叉树只有一个结点时，叶子结点的个数为 1；否则，叶子结点的个数等于左、右子树叶子结点个数之和。因此，可用下面的递归公式计算二叉树 root 的叶子结点的个数 BtLeaf(root)：

$$
BtLeaf(root)=\begin{cases} 0 & \text{当 root=NULL 时} \\ 1 & \text{当 root 为叶子结点时} \\ leaf(root\text{->}lchild)+(root\text{->}rchild) & \text{否则} \end{cases}
$$

据此，算法描述如下：

```
int   BtLeaf(BinTree   root)
{    if (root==NULL)
        return   (0);
     if (root->lchild==NULL && root->rchild==NULL)
        return (1);
     return (BtLeaf(root->lchild)+BtLeaf(root->rchild));
}/* BtLeaf */
```

【例 5-3】设计一个算法，在二叉树中求先序序列中处于第 k 个位置的结点。

【分析与解答】

设置一个初值为 0 的变量 count 进行计数，在先序遍历的过程中，每访问一个结点，就进行一次计数，即将 count 加 1，然后判断 count 的值是否等于给定的 k，若等于则返回当前指针值，遍历完成；若没有找到第 k 个结点，即二叉树中的结点个数小于 k，则返回空指针 NULL。

算法描述如下：

```
BinTree   search(BinTree   root ,int k)
{    BinTree   p;
```

```
        if (root==NULL)
          return(NULL);
        else
         {  count++;
            if (count= =k)
                return (root);
            else
            {  p=search(root->lchild,k);
               if  (p)  return (p) ;
               p=search(root->rchild,k);
            }
         }
        }/* search*/
```

【例 5-4】在二叉树中查找值为 x 的结点，找到后返回指向该结点的指针；否则返回空指针。

【分析与解答】

先将根结点的值与 x 进行比较，若相等，则返回指向根结点的指针；否则，在根的左子树中继续查找，若未找到，则在右子树中继续查找，找到后返回指向该结点的指针，否则说明在二叉树中不存在值为 x 的结点，并返回空指针。

算法描述如下：

```
        BinTree   LocateTree(BinTree   root ,elemtype   x)
        {    BinTree   p;
                if (root==NULL) return (NULL);
                else
                if (root->data==x)   return (root);               /*值为 x 的结点是根结点*/
                else
                {   p= LocateTree (root->lchild,x);               /*在左子树中查找 x */
                    if  (p)  return (p) ;                          /*在左子树中查找成功*/
                    else  return (LocateTree (root->rchild,x));   /*在右子树中查找 x */
                }
        }/* LocateTree */
```

5.4 树和二叉树的关系

树可以和二叉树相互转换。本书只讨论把树转换为二叉树。

5.4.1 将树转换为二叉树

由树的孩子兄弟表示法和二叉树的二叉链表表示法可知，树和二叉树都可以用二叉链表作为其存储结构。因此，以二叉链表为媒介可以将一棵树转换为唯一的一棵二叉树，它们的二叉链表是相同的，但定义不同。这样，在解决树的问题时，可以将其转换为二叉树问题来解决，从而简化运算。

对于一棵无序树，树中结点的各孩子的次序是无关紧要的，而二叉树中结点的左、右孩子是严格区分的。为避免发生混淆，在转换时，约定树中每个结点的孩子按从左到右的顺序处理。

将一棵树转换为二叉树，要经过以下4步。

（1）在树中所有相邻兄弟之间加一条连线。

（2）对树中的每个结点而言，只保留它与第一个孩子之间的连线，抹去它与其他孩子之间的连线。

（3）把所有的连线拉成横平竖直状。

（4）以树的根结点为轴心，将整棵树顺时针转动45°，使其结构层次分明。

可以证明，树经过这样的转换所得到的二叉树是唯一的。对于如图 5-25 所示的树，将其转换为二叉树的过程如图5-26（a）～（d）所示。

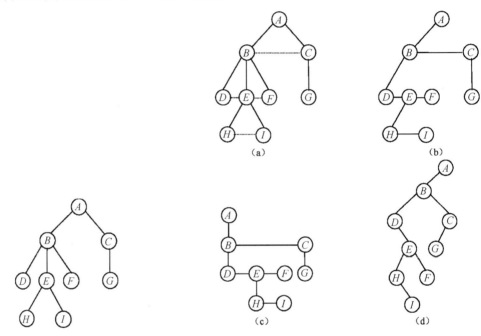

图 5-25　一棵树　　　　　图 5-26　将树转换为二叉树的过程

由上面的转换可以看出，在转换后的二叉树中，左子树上具有父子关系的各结点在原来的树中也是父子关系，而右子树上具有父子关系的各结点在原来的树中是兄弟关系。由于树的根结点没有兄弟，所以转换后的二叉树的根结点的右孩子必为空。

事实上，一棵树采用孩子兄弟表示法所建立的存储结构与它对应的二叉树的二叉链表存储结构是完全相同的。

实际上，还可以把一棵二叉树再还原成一棵树或森林。关于这方面的内容，本书不再讨论。

5.4.2　树的遍历

对一般树进行遍历比较复杂，在树中，一个结点可以有两棵以上的子树，因此不便讨论它们的中序遍历，一般树的遍历主要是先序遍历和后序遍历这两种。

1．树的先序遍历

若树非空，则按以下步骤遍历树。

（1）访问根结点。

（2）从左至右依次先序遍历根的各子树。

例如，对如图 5-25 所示的树进行先序遍历，得到的结点序列是 A、B、D、E、H、I、F、C、G。对由这棵树转换成的二叉树进行先序遍历，得到的结点序列也是 A、B、D、E、H、I、F、C、G，两者遍历的结果完全相同。

2．树的后序遍历

若树非空，则按以下步骤遍历树。

（1）从左至右依次后序遍历根的各子树。

（2）访问根结点。

由于一般的树转换为二叉树后，此二叉树没有右子树，对此二叉树进行中序遍历的结果与上述一般树的后序遍历结果相同。例如，对如图 5-25 所示的树进行后序遍历，得到的结点序列是 D、H、I、E、F、B、G、C、A。对由这棵树转换成的二叉树进行中序遍历，得到的结点序列也是 D、H、I、E、F、B、G、C、A，两者遍历的结果完全相同。

由上述讨论可知，当用二叉链表作为树的存储结构时，树的先序遍历和后序遍历可用二叉树的先序遍历算法和中序遍历算法实现。

5.5 哈夫曼树及其应用

哈夫曼（Huffman）树又称最优二叉树，是一类带权路径长度最短的二叉树，有着广泛的应用。本节先讨论哈夫曼树，再以哈夫曼编码为例说明哈夫曼树的应用。

5.5.1 哈夫曼树的定义及构造

1．哈夫曼树的基本概念

（1）路径：树中从一个结点到另一个结点之间的分支构成这两个结点之间的路径。并不是树中所有结点之间都有路径，如兄弟结点之间就没有路径，但从根结点到任意一个结点之间都有一条路径。

（2）路径长度：路径上的分支数目。

（3）树的路径长度：从树的根结点到树中每一结点的路径长度之和。显然，在结点数目相同的二叉树中，完全二叉树的路径长度最短。

（4）结点的权：在许多应用中，常常给树中结点赋予一个具有某种意义的数，称为该结点的权。

（5）结点的带权路径长度：从该结点到树的根结点的路径长度与结点上权的乘积。

（6）树的带权路径长度：树中所有叶子结点的带权路径长度之和，通常记为

$$\text{WPL}=\sum_{i=1}^{n} w_i l_i$$

其中，n 表示叶子结点的数目，w_i 和 l_i 分别表示叶子结点 k_i 的权植和从根结点到叶子结点 k_i 的路径长度。

（7）哈夫曼树：在权为 $w_1,w_2,\cdots,w_n$ 的 n 个叶子结点的所有二叉树中，带权路径长度 WPL 最小的二叉树称为最优二叉树或哈夫曼树。

例如，给定 4 个叶子结点 a、b、c 和 d，分别带权 7、5、2 和 3。由此可以构造出不同的二叉树，图 5-27 所示的是其中的 3 棵，它们的带权路径长度分别如下。

对于图 5-27（a），WPL=7×2+5×2+2×2+3×2=34。

对于图 5-27（b），WPL=7×3+5×3+2×1+3×2=44。

对于图 5-27（c），WPL=7×1+5×2+2×3+3×3=32。

其中，图 5-27（c）所示的二叉树的 WPL 最小，其实它就是哈夫曼树。

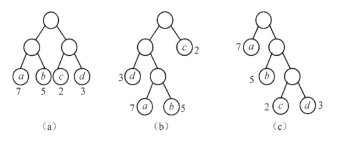

图 5-27　具有不同带权路径长度的二叉树

2. 哈夫曼算法

对于给定的 n 个权值，如何构造哈夫曼树呢？根据哈夫曼树的定义，要使其 WPL 最小。而要使一棵二叉树的 WPL 最小，就必须使权值越大的叶子结点离根结点越近，而使权值越小的叶子结点离根结点越远。哈夫曼依据这一特点提出了一个带有一般规律的构造哈夫曼树的方法，称为哈夫曼算法，其基本思想如下。

（1）根据给定的 n 个权值 $w_1,w_2,\cdots,w_n$，构造 n 棵二叉树的森林 $F=\{BT_1,BT_2,\cdots,BT_n\}$，其中每棵二叉树 BT_i 中都只有一个权值为 w_i 的根结点，其左、右子树均为空。

（2）在森林 F 中选出两棵根结点的权值最小的二叉树（当这样的二叉树多于两棵时，可以从中任选两棵），将这两棵二叉树合并成一棵新的二叉树。此时，需要增加一个新结点作为新二叉树的根结点，并将所选的两棵二叉树的根结点分别作为新二叉树的左、右子树（谁左谁右无关紧要），将左、右子树的权值之和作为新二叉树的根结点的权值。

（3）在森林 F 中删除作为左、右子树的两棵二叉树，并将新建立的二叉树加入森林 F 中。

（4）对新的森林 F 重复步骤（2）和（3），直到森林 F 中只剩下一棵二叉树。这棵二叉树便是所求的哈夫曼树。

图 5-28 给出了前面提到的叶子结点权值集合为 $W=\{7,5,2,3\}$ 的哈夫曼树的构造过程。

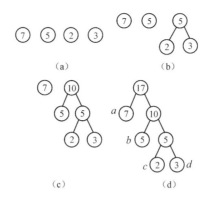

图 5-28　哈夫曼树的构造过程

【注意】对于同一组给定的叶子结点的权值所构造的哈夫曼树，树的形状可能不同，但带权路径长度是相同的，而且一定是最小的。当将森林中两棵权值最小和次小的二叉树合并时，对于哪棵为左子树，哪棵为右子树并没有严格的限制。为了规范起见，可以约定权值小的二叉树作为新构造的二叉树的左子树，权值大的二叉树作为新构造的二叉树的右子树；当权值相等时，选取深度小的二叉树作为新构造的二叉树的左子树，深度大的二叉树作为新构造的二叉树的右子树。

3．哈夫曼算法的实现

由哈夫曼算法的基本思想可知，哈夫曼树中没有度数为 1 的分支结点，这类二叉树常称为严格（或正则）二叉树。可以证明，在有 n 个叶子结点的哈夫曼树中，共有 $2n-1$ 个结点，因此，用一个大小为 $2n-1$ 的数组来存储哈夫曼树中的结点。在哈夫曼算法中，对于每个结点，既需要知道其双亲结点的信息，又需要知道其孩子结点的信息，因此，其存储结构如下：

```
#define   n   7              /*叶子结点数目，根据实际情况定义值*/
#define   m   2*n-1          /*结点总数*/
typedef struct
{   int   weight;            /*结点的权值*/
    int   lchild,rchild,parent;   /*左、右孩子及双亲的下标*/
}HTNode;
typedef   HTNode   HuffmanTree[m+1];
/*HuffmanTree 是结构数组类型，其 0 号单元不用*/
HuffmanTree ht;
```

其中，哈夫曼树中的每个结点包括 4 个域：weight 域存放结点的权值；lchild、rchild 域分别为结点的左、右孩子在数组中的下标，叶子结点的这两个域的值为 0；parent 域是结点的双亲在数组中的下标。这里设置 parent 域不仅为了使涉及双亲的运算更方便，更主要的作用是区分根和非根结点。若 parent 域的值为 0，则表示该结点是无双亲的根结点；否则就是非根结点。之所以要区分根结点与非根结点，是因为在当前森林中合并两棵二叉树时，必须在森林的所有结点中先取两个权值最小的根结点，因此，有必要为每个结点设置一个标记以区分根结点和非根结点。

算法思想如下。

（1）初始化。将 ht [1...m]中每个结点的 lchild、rchild、parent 域全置为零。

（2）输入。读入 n 个叶子结点的权值存放于 ht 数组的前 n 个位置的 weight 域中，它们是初始森林中 n 个孤立的根结点的权值。

（3）合并。对初始森林中的 n 棵二叉树进行 n−1 次合并，每合并一次产生一个新结点，将产生的新结点依次存放到数组 ht 的第 i（n<i≤m）个位置上。每次合并分以下两步进行。

① 在当前森林 ht[1...i−1]的所有结点中，选择权值最小的两个根结点 ht[p1]和 ht[p2]进行合并，1≤p1，p2≤i−1。

② 将根结点为 ht[p1]和 ht[p2]的两棵二叉树作为左、右子树合并为一棵新的二叉树，新二叉树的根结点存放在 ht[i]中，因此，将 ht[p1]和 ht[p2]的双亲域置为 i，并且新二叉树的根结点的权值应为其左、右子树权值的和，即 ht[i].weight= ht[p1].weight + ht[p2].weight；新二叉树根结点的左、右孩子分别为 p1 和 p2，即 ht[i].lchild=p1，ht[i].rchild=p2。

【注意】由于合并以后的 ht[p1]和 ht[p2]的双亲域的值为 i，不再是 0，这说明它们已不再是根结点，所以在下一次合并时不会被选中。

哈夫曼算法描述如下：

```
void CreateHuffmanTree(HuffmanTree    ht)
{        /*构造哈夫曼树，ht[m]为其根结点*/
        int    i,p1,p2;
        InitHuffmanTree(ht);                    /*将 ht 初始化*/
        InputWeight(ht);                        /*输入叶子结点的权值至 ht[1...n]的 weight 域中*/
        for(i=n+1;i<=m;i++)
                /*共进行 n−1 次合并，将新结点依次存于 ht[i]中*/
{   SelectMin(ht ,i−1,&p1,&p2);
    /*在 ht[1..i−1]中选择两个权值最小的根结点，其序号分别为 p1 和 p2*/
        ht[p1].parent=ht[p2].parent=i;
        ht[i].lchild=p1;                        /*最小权值的根结点是新结点的左孩子*/
        ht[i].rchild=p2;                        /*次小权值的根结点是新结点的右孩子*/
        ht[i].weight=ht[p1].weight+ht[p2].weight;
        }/*for*/
}/* CreateHuffmanTree */
```

在以上的代码中，函数 InitHuffmanTree(ht)用来将 ht 初始化；函数 InputWeight(ht)的作用是输入叶子结点的权值至 ht[1...n]的 weight 域中；函数 SelectMin(ht,i−1,&p1,&p2)用来在 ht[1...i−1]中选择两个权值最小的根结点，其序号分别为 p1 和 p2，其具体实现可参看 5.7.1 节的内容。

通过如图 5-28 所示的哈夫曼树的构造过程，得到的结果如表 5-1 和表 5-2 所示。

表 5-1　哈夫曼树初态

	weight	parent	lchild	rchild	
1	7	0	0	0	
2	5	0	0	0	n 个叶子结点
3	2	0	0	0	
4	3	0	0	0	
5	0	0	0	0	
6	0	0	0	0	n−1 个非叶子结点
7	0	0	0	0	

表 5-2　哈夫曼树终态

weight	parent	lchild	rchild	
7	7	0	0	
5	6	0	0	n 个叶子结点
2	5	0	0	
3	5	0	0	
5	6	3	4	
10	7	2	5	n−1 个非叶子结点
17	0	1	6	

5.5.2　哈夫曼树的应用

1. 哈夫曼树的基本概念编码

　　哈夫曼树的应用很广泛，其中最典型的就是在信息编码中的应用，即哈夫曼编码。在通信中，电文是以二进制的 0、1 序列传送的。在发送端，需要将电文中的字符序列转换成二进制的 0、1 序列（编码）；在接收端，需要将收到的 0、1 序列转化为对应的字符序列（译码）。字符序列与 0、1 序列之间的转换是通过信息编码实现的。

　　常用的编码方式有两种：等长编码和不等长编码。最简单的编码方式是等长编码，这类编码的二进制串的长度取决于电文中不同字符的个数。例如，若电文是英文，则电文的字符串仅由 26 个英文字母组成，需要编码的字符集合是{A,B,…,Z}，在采用等长的二进制位串编码时，每个字符用 5 位二进制位串（$2^5>26$）表示即可。在接收端，只要按 5 位分割进行译码就可以得到对应的字符。这种等长编码的优点是每个字符的编码长度相同，因此，在接收端易于将 0、1 序列还原成字符序列。但是，在实际应用中，字符集中的字符被使用的频率是不同的。例如，英文中 E 和 T 的使用频率比 Q 和 Z 的使用频率高，如果都采用相同长度的编码，那么得到的电文编码的总长度就较长，降低了传输效率。

　　要使编码的总长度缩短，应采用另一种常用的编码方式，即不等长编码。在这种编码方式中，根据字符的使用频率采用不等长的二进制位串编码，使用频率高的字符的编码尽可能短，而使用频率低的字符的编码则可以稍长，从而使传送的电文总长度缩短。然而采用这种不等长编码方式可能使译码产生多义性的电文。例如，假设用 00 表示 E，用 01 表示 T，用 0001 表示 W，则当接收到信息串 0001 时，无法确定原电文是 ET 还是 W。产生该问题的原因是 E 的编码与 W 的编码的开始部分（前缀）相同。因此，当对某字符集进行不等长编码时，要求字符集中任意字符的编码都不是其他字符的编码的前缀，这种编码被称为前缀（编）码。显然，等长码是前缀码。

什么样的前缀码才能使得电文总长度最短呢？假设组成电文的字符集合是 $D=\{d_1,\cdots,d_n\}$，每个字符 d_i 在电文中出现的次数是 c_i，d_i 对应的编码长度是 l_i，则电文总长为 $\sum_{i=1}^{n}c_il_i$。因此，使电文总长度最短，就是使 $\sum_{i=1}^{n}c_il_i$ 取最小值。对应到二叉树上，若置 c_i 为二叉树中叶子结点的权值，l_i 为从根到叶子的路径长度，则 $\sum_{i=1}^{n}c_il_i$ 恰为二叉树的带权路径长度。因此，设计使电文总长度最短的编码问题就是以 n 个字符出现的频率作为叶子结点的权值，设计一棵哈夫曼树的问题。哈夫曼树构造好后，如何得到编码呢？可在哈夫曼树中每个分支结点的左分支上标上 0，在右分支上标上 1，把从根到每个叶子结点的路径上的标识连接起来，作为该叶子结点代表的字符的编码。显然，每个字符 d_i 的编码长度就是从根到叶子结点的路径长度 l_i，因此，$\sum_{i=1}^{n}c_il_i$ 既是平均码长，又是二叉树上的带权路径长度。由于哈夫曼算法构造的是带权路径长度最小的二叉树，所以，上述编码的平均码长也最小。另外，因为没有一片树叶是另一片树叶的祖先，所以每个叶子结点对应的编码就不可能是其他叶子结点对应的编码的前缀。也就是说，上述编码是二进制的前缀码。综上所述，由哈夫曼树求得的编码是最优前缀码，也称为哈夫曼编码。

例如，假设有一个电文字符集 $D=\{a,b,c,d,e,f,g,h\}$，每个字符的使用频率分别为 $\{0.05,0.29,0.07,0.08,0.14,0.23,0.03,0.11\}$，设计其哈夫曼编码。为方便计算，可以将所有字符的频率乘以 100，使其转换成整型数值集合，得到 $\{5,29,7,8,14,23,3,11\}$，以此集合中的数值作为叶子结点的权值构造一棵哈夫曼树，如图 5-29 所示。

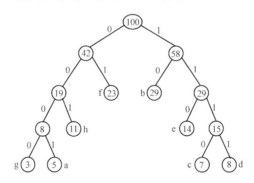

图 5-29　哈夫曼编码树

字符集 D 中字符的哈夫曼编码为 a:0001；b:10；c:1110；d:1111；e:110；f:01；g:0000；h:001。

2. 最佳判定树

哈夫曼树除在信息编码中有应用外，在其他方面也有应用，如最佳判定树。学生成绩的分布呈正态分布，即中等成绩的学生较多，而成绩较好或成绩较差学生均比较少，设其分布规律如表 5-3 所示。

表 5-3 学生成绩分布规律

等级	不及格	及格	中等	良好	优秀
分数段	0～59	60～69	70～79	80～89	90～100
比例	5%	15%	40%	30%	10%

要编制一个将百分制转换成五级分制（优秀、良好、中等、及格、不及格）的程序。
显然，这段程序很简单：

```
if(a<60)
    printf("不及格");
else   if(a<70)
    printf("及格");
else   if(a<80)
    printf("中等");
else   if(a<90)
    printf("良好");
else
    printf("优秀");
```

上边的判定过程可以用如图 5-30 所示判定树表示，由此可知，若采用图 5-30 进行判断，则 80%以上的数据要进行 3 次或 3 次以上的比较才能得到结果。而如果以各分数段人数占总人数的比例（5%、15%、40%、30%、10%）为权值构造哈夫曼树，则可得到如图 5-31 所示的最佳判定树，用这个最佳判定树进行判断可以使大部分数据经过较少次数的比较得到结果。

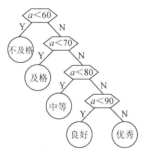

图 5-30 判定树

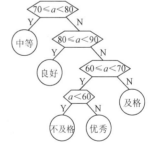

图 5-31 最佳判定树

5.6 典型例题

【例 5-5】在结点个数为 n（$n>1$）的各棵树中，高度最小的树的高度是多少？它有多少个叶子结点？它有多少个分支结点？高度最大的树的高度是多少？它有多少个叶子结点？它有多少个分支结点？

【分析与解答】

当结点个数为 n（$n>1$）时，高度最小的树的高度为 2，有 2 层；它有 $n-1$ 个叶子结点，1 个分支结点；高度最大的树的高度为 n，有 n 层；它有 1 个叶子结点，$n-1$ 个分支结点。

【例 5-6】高度为 h 的严格二叉树至少有多少个结点？至多有多少个结点？

【分析与解答】

所谓严格二叉树，就是指没有度为 1 的分支结点的二叉树，因此，高度为 h 的严格二叉树的第一层有 1 个结点，其他 $h-1$ 层，每层至少有 2 个结点，总结点数至少为 $2(h-1)+1=2h-1$，即至少有 $2h-1$ 个结点，至多有 2^h-1 个结点，即满二叉树。

【例 5-7】一棵完全二叉树上有 1001 个结点，求叶子结点的个数。

【分析与解答】

因为在任意二叉树中，度为 2 的结点数 n_2 和叶子结点数 n_0 满足：$n_2=n_0-1$，所以设二叉树的结点数为 n，度为 1 的结点数为 n_1，则

$$n=n_0+n_1+n_2$$
$$n=2n_0+n_1-1$$
$$1002=2n_0+n_1$$

由于在完全二叉树中，度为 1 的结点数 n_1 至多为 1，叶子结点数 n_0 是整数。在本例中，因度为 1 的结点数 n_1 只能是 0，故叶子结点数 n_0 为 501。

【例 5-8】一棵二叉树按顺序方式存储在一个一维数组中，如图 5-32 所示。

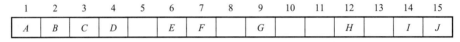

1	2	3	4	5	6	7	8	9	10	11	12	13	14	15
A	B	C	D		E	F		G			H		I	J

图 5-32　二叉树按顺序方式存储在一个一维数组中

（1）根据其存储结构，画出该二叉树。

（2）写出按前序、中序、后序遍历该二叉树所得的结点序列。

【分析与解答】

（1）在二叉树的顺序存储结构中，结点之间的位置（下标）蕴含了结点之间的逻辑关系。例如，下标为 i 的结点如果有双亲，则其双亲的下标为 $i/2$；如果有左孩子，则其左孩子的下标为 $2i$；如果有右孩子，则其右孩子的下标为 $2i+1$，据此可得到该二叉树，如图 5-33 所示。

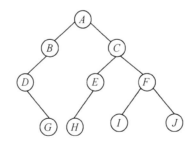

图 5-33　二叉树

（2）有了二叉树，根据先序遍历、中序遍历、后序遍历的定义，可得到各个序列如下。

前序序列为 A、B、D、G、C、E、H、F、I、J。

中序序列为 D、G、B、A、H、E、C、I、F、J。

后序序列为 G、D、B、H、E、I、J、F、C、A。

【例 5-9】设如图 5-34 所示的二叉树 H 的存储结构为二叉链表，root 为根指针，结点结

构为(lchild,data,rchild)。其中，lchild、rchild 分别为指向左、右孩子的指针，data 为字符型，试回答下列问题。

（1）对二叉树 H 执行算法 traversal(root)，试指出其输出结果。

（2）假定二叉树 H 共有 n 个结点，试分析算法 traversal(root)的时间复杂度。

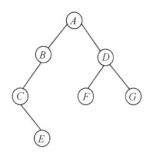

图 5-34　二叉树 H

H 的结点类型定义如下：

```
struct node
{ char data;
    struct node *lchild,rchild;
};
```

算法 traversal(root)描述如下：

```
void traversal(struct node *root)
{ if (root)
    {   printf("%c",root->data);
        traversal(root->lchild);
        printf("%c",root->data);
        traversal(root->rchild);
    }
}
```

【分析与解答】

（1）算法 traversal(root)的功能是先访问根结点，再遍历左子树，接着访问根结点，最后遍历右子树，比先序遍历多打印一次各结点。该算法的特点是每个结点肯定都会被打印两次，但出现的顺序不同，其规律是：凡是有左子树的结点，必间隔左子树的全部结点后重复出现，如 A、B、D 结点；反之则马上就会重复出现，如 C、E、F、G 结点。因此，输出结果为 ABCCEEBADFFDGG。

（2）时间复杂度以访问结点的次数为主，结点个数为 n，每个结点被访问 2 次，精确值为 2n，时间复杂度为 O(n)。

5.7　实训例题

5.7.1　实训例题 1：根据顺序存储结构建立二叉树二叉链表，并对二叉树进行先序、中序、后序遍历

【问题描述】根据顺序存储结构建立二叉树的二叉链表，并对二叉树进行先序、中序、

后序遍历。

【基本要求】

- 功能：根据顺序存储结构建立二叉树的二叉链表，并对二叉树进行先序遍历、中序遍历、后序遍历。
- 输入：二叉树的顺序存储。
- 输出：二叉树的先序遍历序列、中序遍历序列、后序遍历序列。

【测试数据】

输入二叉树的顺序存储，给出每个结点的序号和值，1A↙2B↙3C↙4D↙6E↙7F↙9G↙12H↙14I↙15J↙00↙，预期的输出为据此建立的二叉树的先序序列（A、B、D、G、C、E、H、F、I、J）、中序序列（D、G、B、A、H、E、C、I、F、J）、后序序列（G、D、B、H、E、I、J、F、C、A）。

【数据结构】

在二叉树的二叉链表存储结构中，每个结点含 3 个域：左孩子、右孩子和数据。具体描述如下：

```
typedef struct BNode
{ ElemType    data;
    struct BNode    *lchild;
    struct BNode    *rchild;
}BTNode;
typedef   BTNode*   BinTree;
```

【算法思想】

二叉链表是根据二叉树的顺序存储结构建立的，在二叉树的顺序存储中，结点的位置（下标）要反映结点之间的逻辑关系，而一般的二叉树并非完全二叉树，要通过结点的位置（下标）反映结点之间的逻辑关系，就必须按完全二叉树的形式来存储二叉树中的结点，即将其每个结点与完全二叉树上的结点相对应。因此，如果要用顺序方式存储一般的二叉树，就必须把它补成同样深度的且含相同结点个数的完全二叉树，即添上一些并不存在的"虚结点"，使之成为完全二叉树，因此结点的编号并不连续。

算法中使用一个辅助向量 ptr，用于存放二叉树结点的指针（地址），如 ptr[i]中应该存放编号为 i 的结点的地址（指针）。按顺序依次输入每个结点的编号、结点值，即可生成二叉链表。

当结点编号 i=1 时，产生的结点是根结点，同时将指向该结点的指针存入 ptr[1]中。当结点编号 i>1 时，产生一个新的结点之后，也要将指向该结点的指针存入 ptr[i]中。由性质 5 可知，它的双亲结点编号 j=i/2。

如果 i 为偶数，则它是双亲结点的左孩子，即让 ptr[j]->lchild=ptr[i]。

如果 i 为奇数，则它是双亲结点的右孩子，即让 ptr[j]->rchild=ptr[i]。

生成二叉链表后，按先序、中序、后序遍历该二叉树，即可得到先序、中序、后序序列。

【模块划分】

一共设计 4 个模块。

（1）建立二叉链表，CreateBT。

（2）先序遍历二叉树，PreOrder。

（3）中序遍历二叉树，InOrder。

（4）后序遍历二叉树，PostOrder。

【源程序】

```c
#include <stdio.h>
#include <stdlib.h>
typedef char ElemType;
typedef struct BNode
{   ElemType    data;
    struct BNode    *lchild;
    struct BNode    *rchild;
}BTNode;
typedef  BTNode*  BinTree;
BinTree CreateBT()                              /*根据顺序存储结构建立二叉链表*/
{
    BTNode    *p,*q;
    int i,j;
    ElemType x;
    BTNode *ptr[20];
    BinTree root=NULL;                          /*定义根指针*/
    printf("\n i,x=");                          /*提示输入第 1 个元素与值*/
    scanf("%d%c",&i,&x);                        /*键盘输入第 1 个元素与值*/
    while ((i!=0)&&(x!=0))
    {                                           /*当结点编号和结点值均不为 0 时，循环输入*/
        q=( BTNode *)malloc(sizeof(BTode));     /*产生一个新结点*/
        q->data=x;
        q->lchild=NULL;
        q->rchild=NULL;
        ptr[i]=q;                               /*用数组的第 i 个单元存放指向此结点的指针*/
        if(i==1)
            root=q;                             /*若是第 1 个结点，则将 root 指向它，为根结点*/
        else
          {                                     /*否则，为子树，计算双亲的位置 j*/
            j=i/2;                              /*取 j 为 i/2 */
            if((i%2)==0)
                ptr[j]->lchild=q;               /* i 为偶数，是左子树*/
            else
                ptr[j]->rchild=q;               /* i 为奇数，是右子树*/
          }
        printf("\n i,x=");                      /*提示输入下一个元素编号与值*/
        scanf("%d%c",&i,&x);                    /*键盘输入下一个元素编号与值*/
    }/*while*/
    return root;                                /*返回一个指向根结点的指针*/
} /* CreateBT */
```

```
void   PreOrder(BinTree   root)
{    if (root!=NULL)
        {   printf("%c",root->data);          /*访问根结点*/
            PreOrder(root->lchild);          /*先序遍历左子树*/
            PreOrder(root->rchild);          /*先序遍历右子树*/
            }
}/* PreOrder */

void   InOrder(BinTree   root)
{    if (root!=NULL)
        {   InOrder(root->lchild);          /*中序遍历左子树*/
            printf("%c",root->data);          /*访问根结点*/
InOrder(root->rchild);                        /*中序遍历右子树*/
        }
}/* InOrder */

void   PostOrder(BinTree   root)
{    if (root!=NULL)
        {   PostOrder(root->lchild);          /*后序遍历左子树*/
            PostOrder(root->rchild);          /*后序遍历右子树*/
            printf("%c",root->data);          /*访问根结点*/
        }
}/* PostOrder */
void main()
{
    BinTree   root;
    root= CreateBT();
    printf("先序序列为:");
    PreOrder(root);
    printf("\n");
    printf("中序序列为:");
    InOrder(root);
    printf("\n");
    printf("后序序列为:");
    PostOrder(root);
    printf("\n");
}
```

【测试情况】

i,x=1A✓

i,x=2B✓

i,x=3C✓

i,x=4D✓

i,x=6E↙

i,x=7F↙

i,x=9G↙

i,x=12H↙

i,x=14I↙

i,x=15J↙

i,x=00↙

运行结果：

　　先序序列为:ABDGCEHFIJ

　　中序序列为:DGBAHECIFJ

　　后序序列为:GDBHEIJFCA

【心得】

根据实训过程，写出自己的体会，如自己的收获、遇到的问题、解决问题的思考过程、对程序调试过程的分析、对"数据结构"课程的思考及在实训过程中对"数据结构"课程的认识等。

5.7.2　实训例题 2：设计哈夫曼编码

【问题描述】

根据给定字符的使用频率，为其设计哈夫曼编码。

【基本要求】

- 功能：求出 n 个字符的哈夫曼编码。
- 输入：n 个字符和字符在电文中的使用频率。
- 输出：n 个字符的哈夫曼编码。

【测试数据】

输入字符集{a,b,c,d,e,f,g,h}的使用频率为{5,29,7,8,14,23,3,11}（扩大 100 倍），预期的输出为这 8 个字符的哈夫曼编码，a 为 0001、b 为 10、c 为 1110、d 为 1111、e 为 110、f 为 01、g 为 0000、h 为 001。

【数据结构】

哈夫曼树中没有度为 1 的分支结点，有 n 个叶子结点的哈夫曼树中共有 $2n-1$ 个结点，因此，可以用一个大小为 $2n-1$ 的数组存储哈夫曼树中的结点。在哈夫曼算法中，对于每个结点，既需要知道其双亲结点的信息，又需要知道其孩子结点的信息，因此，其存储结构如下：

```
#define   n   8              /*叶子节点的数目*/
#define   m   2*n-1          /*结点总数*/
typedef struct
{ int   weight;             /*结点的权值*/
   int lchild,rchild,parent; /*左、右孩子及双亲的下标*/
}HTNode;
typedef   HTNode   HuffmanTree[m+1];
/*HuffmanTree 是结构数组类型，其 0 号单元不用*/
```

HuffmanTree ht;

其中，每个结点包括 4 个域：weight 域存放结点的权值；lchild、rchild 域分别为结点的左、右孩子在数组中的下标，叶子结点的这两个域的值为 0；parent 域是结点的双亲在数组中的下标。这里设置 parent 域不仅为了使涉及双亲的运算更方便，也为了区分根结点和非根结点。若 parent 域的值为 0，则表示该结点是无双亲的根结点；否则是非根结点。之所以要区分根结点与非根结点，是因为在当前森林中合并两棵二叉树时，必须在森林的所有结点中先取两个权值最小的根结点，所以有必要为每个结点设置一个标记以区分根结点和非根结点。

为实现方便，将 n 个叶子结点集中存储在前面的 n 个位置（下标为 1~n）上，后面 $n-1$ 个位置存储 $n-1$ 个非叶子结点。

把编码存储在一个数组 code 中，哈夫曼树中每个叶子结点的哈夫曼编码长度不同，因字符集的大小为 n，故编码的长度不会超过 n，数组 code 的大小可设为 $n+1$（下标为 0 的单元不用）。编码的存储结构如下：

```
typedef struct
{ char ch;                          /*存储字符 */
    char code[n+1];                 /*存放编码位串*/
}CodeNode;
typedef   CodeNode   HuffmanCode[n+1];
/* HuffmanCode 是结构数组类型，其 0 号单元不用，存储哈夫曼编码*/
```

【算法思想】

首先通过以下 3 步求哈夫曼树。

（1）初始化。将 ht 中每个结点的 lchild、rchild、parent 域全置为零。

（2）输入。读入 n 个叶子结点的权值并存放于 ht 数组的前 n 个位置上，它们是初始森林中 n 个孤立的根结点的权值。

（3）合并。对初始森林中的 n 棵二叉树进行 $n-1$ 次合并，每合并一次产生一个新结点，将产生的新结点依次存放到数组 ht 的第 i（$n<i\leqslant m$）个位置上。每次合并都分以下两步进行。

① 在当前森林 ht[1...$i-1$]的所有结点中，选择权值最小的两个根结点 ht[p1]和 ht[p2]（p1 为权值最小的根结点的序号，p2 为权值次小的根结点的序号）进行合并，$1\leqslant$p1，p2$\leqslant i-1$。

② 将根为 ht[p1]和 ht[p2]的两棵二叉树作为左、右子树合并为一棵新的二叉树，并将新二叉树的根结点存放在 ht[i]中，因此，将 ht[p1]和 ht[p2]的双亲域置为 i，而且新二叉树根结点的权值应为其左、右子树权值的和，即 ht[i].weight= ht[p1].weight + ht[p2].weight，新二叉树根结点的左、右孩子分别为 p1 和 p2，即 ht[i].lchild=p1，ht[i].rchild=p2（权值小的作为左孩子）。

求得哈夫曼树后，按下述方法求哈夫曼编码。依次以叶子结点 ht[i]（$1\leqslant i\leqslant n$）为出发点，向上回溯至根结点。用临时数组 cd 存放求得的哈夫曼编码，用变量 start 指示每个叶子结点的编码在数组 cd 中的起始位置，实际的编码从 cd[start]到 cd[n]。对于当前叶子结点 ht[i]，将 start 置初值为 n，查找其双亲结点 ht[f]，start 减 1，若当前结点是双亲结点的左孩子结点，则将 cd 数组的相应位置置为 0；若当前结点是双亲结点的右孩子结点，则将 cd 数组的相应位置置为 1。再对双亲结点进行同样的操作，直到根结点。实际的编码从 cd[start] 到 cd[n]。最后把编码复制到数组 hcd[i]的 code 域中。

【模块划分】

一共设计 5 个模块。

（1）初始化哈夫曼树函数 InitHuffmanTree。

（2）输入权值函数 InputWeight。

（3）选择两个权值最小的根结点函数 SelectMin。

（4）构造哈夫曼树函数 CreateHuffmanTree。

（5）求哈夫曼编码函数 Huffmancode。

【源程序】

```
#include <stdio.h>
#include <stdlib.h>
#include <string.h>
/*哈夫曼树的存储结构*/
#define n 8                              /*叶子结点的数目根据需要设定*/
#define m 2*n−1                          /*哈夫曼树中的结点总数*/
typedef struct
{ int    weight;                         /*结点的权值*/
   int lchild,rchild,parent;             /*左、右孩子及双亲的下标*/
}HTNode;
typedef   HTNode   HuffmanTree [m+1];
/* HuffmanTree 是结构数组类型，其 0 号单元不用，存储哈夫曼树*/
typedef struct
{ char ch;                               /*存储字符*/
  char code[n+1];                        /*存放编码位串*/
}CodeNode;
typedef CodeNode HuffmanCode[n+1];
/* HuffmanCode 是结构数组类型，其 0 号单元不用，存储哈夫曼编码*/


void   InitHuffmanTree(HuffmanTree   ht)
{    int i;
     for (i=0;i<=m;i++)
     {  ht[i].weight=0;
        ht[i].lchild=ht[i].rchild=ht[i].parent=0;
     }
}/* InitHuffmanTree */


void InputWeight(HuffmanTree   ht)        /*输入权值函数*/
{    int i;
     for (i=1;i<=n;i++)
        {  printf("请输入第%d 个权值: ",i);
           scanf("%d",&ht[i].weight);
        }
```

```
        }/* InputWeight */


void SelectMin(HuffmanTree ht,int i,int *p1,int *p2)
{   /*在 ht[1...i]中选择两个权值最小的根结点，其序号为*p1 和*p2。其中，*p1 中放权值最小的
根结点的编号，*p2 中放权值次小的根结点的编号*/
int j,min1,min2;        /*min1 和 min2 分别是最小权值和次小权值*/
min1=min2=32767; *p1=*p2=0;
for(j=1;j<=i;j++)
{   if(ht[j].parent==0)                /*j 为根结点*/
if(ht[j].weight<min1||min1==32767)
        {   if(min1!=32767)
            {   min2=min1;     *p2=*p1;}
             min1=ht[j].weight;
             *p1=j;
        }
          else
            if(ht[j].weight<min2||min2==32767)
            {   min2=ht[j].weight;
                *p2=j;
            }
    } /*for*/
}/* SelectMin */


void CreateHuffmanTree(HuffmanTree ht)
{        /*构造哈夫曼树，ht[m]为其根结点*/
int i,p1,p2;
    InitHuffmanTree(ht);              /*将 ht 初始化*/
    InputWeight(ht);                  /*输入叶子结点的权值至 ht[1...n]的 weight 域中*/
    for(i=n+1;i<=m;i++)
/*共进行 n-1 次合并，新结点依次存于 ht[i]中*/
    {   SelectMin(ht,i-1,&p1,&p2);
/*在 ht[1...i-1]中选择两个权值最小的根结点，其编号分别为 p1 和 p2*/
        ht[p1].parent=ht[p2].parent=i;
        ht[i].lchild=p1;              /*最小权值的根结点是新结点的左孩子*/
        ht[i].rchild=p2;              /*次小权值的根结点是新结点的右孩子*/
        ht[i].weight=ht[p1].weight+ht[p2].weight;
    }
}/* CreateHuffmanTree */


void Huffmancode(HuffmanTree   ht,HuffmanCode   hcd)
{        /*根据哈夫曼树 ht 求哈夫曼编码*/
int c,p,i;                            /* c 和 p 分别指示 ht 中孩子和双亲的位置*/
    char cd[n+1];                     /*临时存放编码*/
    int start;                        /*指示编码在 cd 中的起始位置*/
```

```
        cd[n]='\0';                              /*编码结束符*/
        printf("请输入字符");
         for(i=1;i<=n;i++)                        /*依次求叶子结点 ht[i]的编码*/
         {   hcd[i].ch=getch ();                  /*读入叶子结点 ht[i]对应的字符*/
             start=n;                             /*编码起始位置的初值*/
             c=i;                                 /*从叶子结点 ht[i]开始回溯*/
             while((p=ht[c].parent)!=0)           /*直至回溯到 ht[c]是树根结点*/
             {
        /*若 ht[c]是 ht[p]的左孩子，则生成代码 0；否则生成代码 1*/
             cd[--start]=(ht[p].lchild==c)?'0':'1';
             c=p;                                 /*继续回溯*/
             }/*while*/
             strcpy(hcd[i].code,&cd[start]);      /*复制编码位串*/
         }/*for*/
     printf("\n");
     for(i=1;i<=n;i++)
         printf("第%d 个字符%c 的编码为%s\n",i,hcd[i].ch,hcd[i].code);
    }/* Huffmancode */

    void main()
    {   HuffmanTree    t;
        HuffmanCode    h;
        printf("\n 请输入%d 个权值\n",n);
        CreateHuffmanTree(t);                    /*构造哈夫曼树*/
        Huffmancode(t,h);                        /*构造哈夫曼编码*/
    }/*main*/
```

【测试情况】

输入 8 个权值：

请输入第 1 个权值：5↙

请输入第 2 个权值：29↙

请输入第 3 个权值：7↙

请输入第 4 个权值：8↙

请输入第 5 个权值：14↙

请输入第 6 个权值：23↙

请输入第 7 个权值：3↙

请输入第 8 个权值：11↙

请输入字符 abcdefgh↙

运行结果：

第 1 个字符 a 的编码为 0001

第 2 个字符 b 的编码为 10

第 3 个字符 c 的编码为 1110

第 4 个字符 d 的编码为 1111

第 5 个字符 e 的编码为 110

第 6 个字符 f 的编码为 01

第 7 个字符 g 的编码为 0000

第 8 个字符 h 的编码为 001

【心得】

根据实训过程，写出自己的体会，如自己的收获、遇到的问题、解决问题的思考过程、对程序调试过程的分析、对"数据结构"课程的思考及在实训过程中对"数据结构"课程的认识等。

5.8　总结与提高

5.8.1　主要知识点

1．基本术语

树形结构是一种非常重要的非线性结构，是数据结构的重点内容之一。在树形结构中，结点的前驱结点只有一个（根结点无前驱结点），后继结点可有 m（$m \geqslant 0$）个。树形结构的应用非常广泛。一般树和二叉树都是树形结构，所有的术语对两种结构均适用。

2．二叉树

二叉树是本章的重点，其每个结点最多有两个孩子，一般树可以转换为二叉树。因此，掌握二叉树的相关知识是非常重要的。

（1）二叉树的性质。

二叉树有 5 个性质，其中，前 3 个性质对所有二叉树都成立，后两个性质只对完全二叉树成立。

（2）二叉树的存储结构。

二叉树的存储结构有两种：顺序存储结构和链式存储结构。在具体应用中，要根据二叉树的形态和要进行的操作来决定二叉树的存储结构。

顺序存储结构比较适合于完全二叉树，对于一般的二叉树，用链式存储结构较好。二叉树的链式存储结构有二叉链表和三叉链表。在一般的应用中，可以选择二叉链表；对于经常涉及双亲操作的应用，选择三叉链表为宜。二叉链表是二叉树最常用的存储结构，建立二叉树的二叉链表的方法是基于扩展的先序序列的构造算法。

（3）二叉树的遍历算法及应用。

二叉树的遍历算法是本章的重点，二叉树的遍历操作是二叉树中最基本的运算。二叉树是非线性结构，通过遍历，将二叉树中的结点访问一次，且仅访问一次，从而得到访问结点的顺序序列。遍历操作就是将二叉树中的结点按一定规律进行线性化，目的在于将非线性化结构变成线性化的访问序列。它的实质就是非线性问题线性化，从而简化有关运算和处理。二叉树的遍历有 3 种方法：先序遍历、中序遍历、后序遍历。实现遍历算法可以用递归的方法，也可以用非递归的方法，重点掌握递归方法的实现。

二叉树的遍历运算是很重要的基础，二叉树的很多操作都是在遍历操作的基础上实现的，对访问根结点操作的理解可包括各种各样的操作，如求结点的双亲、孩子，求树的深度、宽度等。在具体的应用实例中，一是重点理解访问根结点操作的含义；二是对具体的实现是否要考虑遍历的次序。

3．树

树有 3 种存储方式：双亲表示法（双亲数组表示法）、孩子表示法（孩子链表表示法）、孩子兄弟表示法（左孩子右兄弟表示法）。双亲表示法是顺序存储，孩子表示法是顺序、链式存储的结合，孩子兄弟表示法是链式存储。树和二叉树之间可以相互转换。

4．哈夫曼树

哈夫曼树又叫最优二叉树，它是由 n 个带权叶子结点构成的所有二叉树中带权路径长度最短（WPL 值最小）的二叉树。掌握哈夫曼树的构造方法，应用哈夫曼树构造哈夫曼编码，为解决数据压缩问题提供方法。

5.8.2　提高例题

【例 5-10】以二叉链表作为存储结构，设计按层次遍历二叉树的算法。

【分析与解答】

当按层次遍历二叉树时，先访问的结点的孩子也会被先访问，符合先进先出的特点，因此，在遍历过程中需要一个队列，每遇到一个结点，先进队，然后对该队列进行操作，只要队列不空，就重复下列操作：出队，访问该结点，如果该结点有左孩子，则左孩子入队；如果该结点有右孩子，则右孩子入队。

二叉链表的结构如下：

```
typedef struct BNode
{   ElemType    data;
    struct BNode    *lchild;
    struct BNode    *rchild;
}BTNode;
typedef   BTNode*   BinTree;
```

算法描述如下：

```
void Level(BinTree    bt)              /*按层次遍历二叉树*/
{ if (bt)
{   InitQueue (&Q); EnQueue (&Q,bt);      /*Q 是以二叉树结点指针为元素的队列*/
    while(!QueueEmpty(Q))
    { p=DeleteQueuet(&Q);              /*出队*/
      printf(p->data);                 /*访问结点*/
      if (p->lchild)
          EnQueue (&Q,p->lchild);      /*非空左孩子入队*/
      If (p->rchild)
          EnQueue (&Q,p->rchild);      /*非空右孩子入队*/
    }
}/*if(bt)*/
} /*Level*/
```

【例 5-11】求二叉树的深度。

【分析与解答】

与例 5-2 类似，也可以用两种方法求解这个问题。

【方法一】以先序遍历二叉树的算法为基础，二叉树的深度为二叉树中结点层次的最大值。根结点的层次为 1，其余结点的层次等于其双亲结点的层次加 1。因此，可以遍历计算二叉树中的每个结点的层次，其中的最大值即二叉树的深度。设 tdeep 为全局变量，调用前置初值为零，在调用函数 TreeDeep 之后，tdeep 的值就是二叉树的深度。

算法描述如下：

```
int   tdeep=0;
void   TreeDeep(BinTree   root,int   nodeep)
/*nodeep 为 root 所指结点所在的层次，初值为 1*/
{   if (root!=NULL)
    {   if (tdeep<nodeep) tdeep=nodeep;
/*如果该结点的层次大于已得到的二叉树的深度，则更新二叉树的深度值*/
        TreeDeep(roo->lchild,nodeep+1);          /* 先序遍历左子树* /
        TreeDeep(root->rchild,nodeep+1);          /*先序遍历右子树* /
    }
} /*TreeDeep*/
```

【方法二】当二叉树为空时，其深度为 0；否则，其深度为其左、右子树深度的最大值加 1。因此，可用下面的递归公式计算二叉树的深度：

$$BtDepth=\begin{cases} 0 & \text{当 root=NULL 时} \\ Max\{BtDepth(root\text{->}lchild),BtDepth(root\text{->}rchild)\}+1 & \text{否则} \end{cases}$$

据此，算法描述如下：

```
int   BtDepth(BinTree   root)
{   int   dep,ldep,rdep;
    if (root==NULL) dep=0;                    /*二叉树为空，深度为0*/
    else
    {   ldep=BtDepth(root->lchild);          /*求左子树的深度*/
        rdep=BtDepth(root->rchild);          /*求右子树的深度*/
        if (ldep>rdep) dep=ldep+1;          /*求二叉树的深度*/
        else dep=rdep+1;
    }
    return (dep);
} /*BtDepth*/
```

习题

1. 填空题

（1）假设在树中，当结点 x 是结点 y 的双亲时，用(x,y)表示树的边。已知一棵树的边的集合为$\{(i,m),(i,n),(e,i),(b,e),(b,d),(a,b),(g,j),(g,k),(c,g),(c,f),(h,l),(c,h),(a,c)\}$，用树形表示法表示此树为_____，_____是根结点，_____是叶子结点，_____是 g 的双亲，_____是 g 的

祖先，_____是 g 的孩子，_____是 e 的子孙，_____是 e 的兄弟，_____是 f 的兄弟，结点 b 和 n 的层次各是_____、_____，树的深度是_____，以结点 c 为根的子树的深度是_____，树的度是_____。

（2）树是一种_____结构。在树中，_____结点没有直接前驱。对树中任意结点 x 来说，x 是它的任意子树的根结点的唯一的_____。

（3）对于由 a、b、c 这 3 个结点构成的二叉树，共有_____种不同的形态。

（4）在一棵二叉树中，若度为 0 的结点个数为 n_0，度为 2 的结点个数为 n_2，则 $n_0=$_____。

（5）具有 n 个结点的二叉树，当它为一棵_____二叉树时具有最小深度，深度为_____；当它为一棵单支树时，具有_____深度，深度为_____。

（6）一棵深度为 k 的满二叉树的结点总数为_____，一棵深度为 k 的完全二叉树至少有_____个结点，至多有_____个结点。

（7）在具有 n 个结点的二叉树的二叉链表中，一共有_____个指针域，其中_____个指针用来指向孩子结点，_____个为空指针。

（8）设 a 和 b 为一棵二叉树上的两个结点，在中序遍历时，a 在 b 前面的条件是_____。

（9）对于有 m 个叶子结点的哈夫曼树，其结点总数为_____。

（10）由权值分别为 8、7、5、4、2 的 5 个叶子结点构造一棵哈夫曼树，其带权路径长度为_____。

2．判断题

（1）二叉树是树的特殊形式。

（2）完全二叉树中一定不存在度为 1 的结点。

（3）任何一棵二叉树的度都是 2。

（4）在完全二叉树中，若一个结点没有左孩子，则它必是叶子结点。

（5）在二叉树的先序序列中，任意结点均处在其孩子结点之前。

（6）前序遍历树和前序遍历与该树对应的二叉树的结果相同。

（7）给定一棵树，可以找到唯一的一棵二叉树与之对应。

（8）由树转换成的二叉树的根结点必定没有右子树。

（9）哈夫曼树的结点个数不可能是偶数。

（10）在哈夫曼树中，权值越大的叶子结点离根结点越近。

3．选择题

（1）已知一棵完全二叉树的第 6 层（设根结点为第 1 层）有 8 个叶子结点，则完全二叉树的结点个数最多是_____。

  A．39　　　　　B．52　　　　　C．111　　　　　D．119

（2）设结点 A 有 3 个兄弟结点且结点 B 为结点 A 的双亲结点，则结点 B 的度为_____。

  A．3　　　　　B．4　　　　　C．5　　　　　D．1

（3）对于由 n（n≥2）个权值均不相同的字符构成的哈夫曼树，下面关于该树的叙述中，错误的是_____。

    A．该树一定是一棵完全二叉树

    B．树中一定没有度为1的结点

    C．树中两个权值最小的结点一定是兄弟结点

    D．树中任一非叶子结点的权值一定不小于下一层任一结点的权值

（4）当含有 n 个结点的二叉树用二叉链表表示时，空指针域的个数为_____。

    A．$n-1$ B．n C．$n+1$ D．$n+2$

（5）设 a 和 b 是一棵二叉树上的两个结点，在中序序列中，a 在 b 之前的条件是_____。

    A．a 在 b 的右子树上   B．a 在 b 的左子树上

    C．a 是 b 的祖先   D．a 是 b 的子孙

4．简答题

（1）用树的3种存储表示法画出填空题（1）中描述的树的3种存储结构。

（2）已知一棵二叉树的中序序列为 G、D、H、B、E、A、C、I、J、F，先序序列为 A、B、D、G、H、E、C、F、I、J，试问：能不能唯一确定这棵二叉树？若能，则请画出该二叉树。若给定先序序列和后序序列，能否唯一确定？说明理由。

（3）已知在一棵度为 m 的树中，度为1的结点数为 n_1，度为2的结点数为 n_2，依次类推，度为 m 的结点数为 n_m，该树中含有多少个叶子（终端）结点？有多少个非叶子结点？

（4）给出满足下列条件的所有二叉树。

① 前序序列和中序序列相同。

② 中序序列和后序序列相同。

③ 前序序列和后序序列相同。

（5）一个深度为 h 的满 k 叉树有如下性质：第 h 层上的结点都是叶子结点，其余各层上的每个结点都有 k 棵非空子树。如果按层次顺序（层自左至右）从 1 开始对全部结点进行编号，问：

① 各层的结点数目是多少？

② 编号为 i 的结点的双亲结点（若存在）的编号是多少？

③ 编号为 i 的结点的第 j 个孩子结点（若存在）的编号是多少？

④ 编号为 i 的结点有右兄弟的条件是什么？其右兄弟的编号是多少？

（6）分别写出如图 5-35 所示的各种二叉树的先序、中序和后序序列。

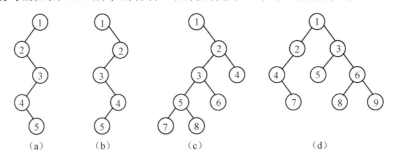

图 5-35 各种二叉树

（7）现有一棵树，如图 5-36 所示。

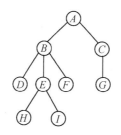

图 5-36　一棵树

给出树的双亲（数组）表示、孩子链表表示、孩子兄弟链表表示 3 种存储结构，并指出哪些存储结构易于求指定结点的祖先，哪些易于求指定结点的子孙。

（8）现有 7 个带权结点，其权值分别是 4、7、8、2、5、16、30，试以它们为叶子结点的权值构造一棵哈夫曼树（要求按每个结点的左子树根结点的权值小于或等于右子树根结点的权值的次序构造），并计算出其带权路径长度 WPL。

（9）设某用于通信的电文仅由 8 个字符组成，每个字符在电文中出现的频率分别为 26、11、9、15、7、6、8、18，为这 8 个字符设计哈夫曼编码。

5．算法设计题

（1）试写出先序遍历二叉树的非递归算法。

（2）设一棵二叉树以二叉链表为存储结构，设计一个算法，求此二叉树上度为 1 的结点的个数。

（3）以二叉链表为二叉树的存储结构，写出求二叉树结点总数的算法。

（4）设计一个算法，求出指定结点在给定的二叉树中所在的层次。

（5）以二叉链表为二叉树的存储结构，设计一个算法，判断一棵二叉树是否是严格二叉树。严格二叉树是指在二叉树中不存在度为 1 的结点。

实训习题

（1）建立一棵用二叉链表方式存储的二叉树，并对其进行遍历（先序、中序和后序），打印输出遍历结果。

（2）一棵完全二叉树以顺序方式存储在数组 A[n] 的 n 个元素中，设计算法以构造其相应的二叉链表。

（3）已知二叉树以二叉链表作为存储结构，试编写按层次顺序遍历二叉树的算法。

（4）设计一算法，判断一棵二叉树是否为满二叉树。

（5）以二叉链表为存储结构，写出求二叉树的宽度的算法。所谓二叉树的宽度，就是指二叉树的各层上具有结点数最多的那一层的结点总数。

（6）表达式可以用二叉树表示。对于简单的四则运算表达式，请实现以下功能：

① 对于任意给出的合法的前缀表达式（不带括号）、中缀表达式（可以带括号）或后缀表达式（不带括号），能够建立其对应的二叉链表存储结构。

② 对于建立的二叉树的二叉链表存储结构，按照用户的要求输出相应的前缀表达式（不带括号）、中缀表达式（可以带括号）或后缀表达式（不带括号）。

第6章

图

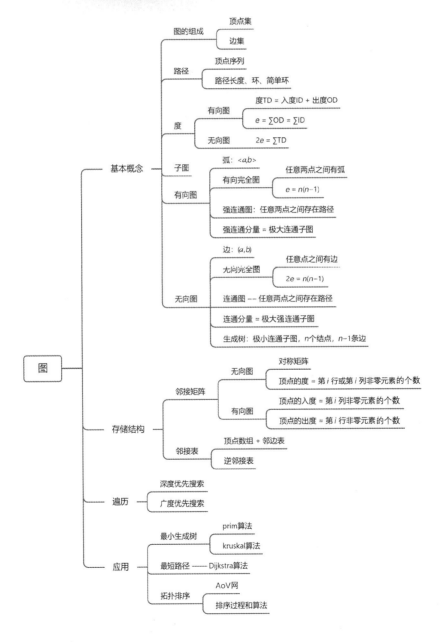

本章思维导图

图是一种比树形结构更复杂的非线性结构。在图中，结点之间的关系更加错综复杂，任何一个结点都可以有任意多个前驱结点和后继结点。图在计算机领域有着广泛的应用。本章首先介绍图的基本概念、存储结构和遍历方法，然后介绍图的几种应用。

6.1 图的定义、基本术语和基本操作

6.1.1 图的定义

图（Graph）由顶点和边组成，顶点表示图中的元素，边表示元素之间的关系。图的形式化的定义为 $G=(V,E)$，其中，V 是顶点（Vertex）的非空有穷集合；E 是用顶点对表示的边（Edge）的有穷集合，可以为空。

若图 G 中表示边的顶点对是无序的（称无向边），则称图 G 为无向图。通常用(v_i,v_j)表示顶点 v_i 和 v_j 间的无向边。显然，在无向图中，(v_i,v_j)和(v_j,v_i)表示的是同一条边。

若图 G 中表示边的顶点对是有序的（称有向边），则称图 G 为有向图。通常用$<v_i,v_j>$表示从顶点 v_i 到顶点 v_j 的有向边。有向边$<v_i,v_j>$也称为弧，顶点 v_i 称为弧尾（或初始点），顶点 v_j 称为弧头（或终端点），可用由弧尾指向弧头的箭头形象地表示弧。显然，在有向图中，$<v_i,v_j>$和$<v_j,v_i>$表示两条不同的弧。

如图 6-1 所示，G_1 是无向图，其中，$V=\{v_0,v_1,v_2,v_3,v_4\}$，$E=\{(v_0,v_1),(v_0,v_3),(v_0,v_4),(v_1,v_4),(v_1,v_2),(v_2,v_4),(v_3,v_4)\}$；$G_2$ 是有向图，其中，$V=\{v_0,v_1,v_2,v_3\}$，$E=\{<v_0,v_1>,<v_1,v_2>,<v_2,v_0>,<v_3,v_2>\}$。

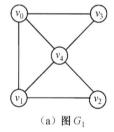 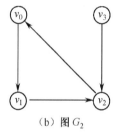

（a）图 G_1 （b）图 G_2

图 6-1 图的示例

6.1.2 图的基本术语

在以下的讨论中，约定不考虑顶点到其自身的边，即若$(v_i,v_j)\in E$ 或$<v_i,v_j>\in E$，则要求 $v_i\neq v_j$。通常用 n 表示图中顶点的数目，用 e 表示图中边或弧的数目。

（1）邻接点。在无向图 $G=(V,E)$中，若边$(v_i,v_j)\in E$，则称顶点 v_i 和 v_j 互为邻接点或 v_i 和 v_j 相邻接，并称边(v_i,v_j)与顶点 v_i 和 v_j 相关联，或者说边(v_i,v_j)依附于顶点 v_i 和 v_j。例如，在图 6-1（a）中，与 v_2 相邻接的顶点是 v_1 和 v_4，相关联的边有(v_2,v_1)和(v_2,v_4)。在有向图 $G=(V,E)$中，若弧$<v_i,v_j>\in E$，则称顶点 v_i 邻接到顶点 v_j，顶点 v_j 邻接自顶点 v_i，并称弧$<v_i,v_j>$与顶点 v_i 和 v_j 相关联。例如，在图 6-1（b）中，v_1 邻接到 v_2，v_2 邻接自 v_1，而与 v_2 相关联的弧有$<v_1,v_2>$、$<v_3,v_2>$和$<v_2,v_0>$。

（2）顶点的度、入度和出度。顶点 v_i 的度是图中与 v_i 相关联的边的数目，记为

TD(v_i)。例如，在图 6-1（a）中，v_2 的度为 2，v_4 的度为 4。对于有向图，顶点 v_i 的度等于该顶点的入度和出度之和，即 TD(v_i)=ID(v_i)+OD(v_i)。其中，顶点 v_i 的入度 ID(v_i)是以 v_i 为弧头的弧的数目；顶点 v_i 的出度 OD(v_i)是以 v_i 为弧尾的弧的数目。例如，在图 6-1（b）中，v_1 的入度为 1，出度为 1，因此 v_1 的度为 2。无论是无向图还是有向图，其每条边均关联两个顶点，因此，顶点数 n、边数 e 和度之间有如下关系：

$$e=\frac{1}{2}\sum_{i=1}^{n}\text{TD}(v_i)$$

（3）完全图、稀疏图和稠密图。根据约定，在有 n 个顶点的无向图中，边数 e 的取值为 $0\sim\frac{1}{2}n(n-1)$，若无向图中有 $\frac{1}{2}n(n-1)$ 条边，即图中每对顶点之间都有一条边，则称该无向图为无向完全图。在有 n 个顶点的有向图中，e 的取值为 $0\sim n(n-1)$，若有向图中有 $n(n-1)$ 条弧，即图中每对顶点之间都有方向相反的两条弧，则称该有向图为有向完全图，如图 6-2 所示。有很少条边或弧（$e<n\log n$）的图称为稀疏图，反之则称为稠密图。

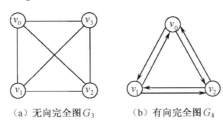

（a）无向完全图 G_3　　　（b）有向完全图 G_4

图 6-2　完全图

（4）子图。假设有两个图 $G=(V,E)$，$G'=(V',E')$，若有 $V'\subseteq V$，$E'\subseteq E$，则称图 G' 是图 G 的子图，如图 6-3 所示。

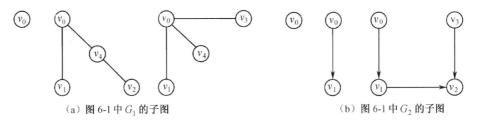

（a）图 6-1 中 G_1 的子图　　　　　　　　　（b）图 6-1 中 G_2 的子图

图 6-3　子图示例

（5）路径。在无向图 $G=(V,E)$ 中，从顶点 v 到顶点 v' 间的路径是一个顶点序列 $(v=v_{i0},v_{i1},\cdots,v_{im}=v')$，其中 $(v_{ij-1},v_{ij})\in E$，$1\leqslant j\leqslant m$；若 G 是有向图，则路径也是有向的，且 $<v_{ij-1},v_{ij}>\in E$，$1\leqslant j\leqslant m$。路径上边或弧的数目称为路径长度。如果路径的起点和终点相同（$v=v'$），则称此路径为回路或环。序列中顶点不重复出现的路径称为简单路径。除第一个顶点和最后一个顶点外，其余顶点不重复出现的回路称为简单回路或简单环。

（6）连通图、连通分量。在无向图中，若从顶点 v_i 到顶点 v_j（$i\neq j$）有路径相通，则称 v_i 和 v_j 是连通的。如果图中任意两个顶点 v_i 和 v_j（$i\neq j$）都是连通的，则称该图是连通图（Connected Graph）。例如，图 6-1 中的图 G_1 就是一个连通图。无向图中的极大连通子图称为连通分量（Connected Component）。对于连通图，其连通分量只有一个，就是它自身；对于非连通图，其连通分量可以有多个。例如，图 6-4（a）就是非连通图，它有 3 个连通分量，如图 6-4（b）所示。

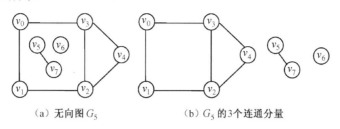

（a）无向图 G_5 （b）G_5 的 3 个连通分量

图 6-4 无向图及其连通分量

（7）强连通图、强连通分量。在有向图中，若任意两个顶点 v_i 和 v_j 都连通，即从 v_i 到 v_j 和从 v_j 到 v_i 都有路径相通，则称该有向图为强连通图。例如，图 6-2 中的图 G_4 就是强连通图。有向图中的极大强连通子图称为该有向图的强连通分量。例如，图 6-1 中的图 G_2 不是强连通图，但它有两个强连通分量，如图 6-5 所示。

（8）权、网。在实际应用中，图的每条边或弧上常常附有一个具有一定意义的数值，这种与边或弧相关的数值称为该边（弧）的权，这些权可以表示从一个顶点到另一个顶点的距离、时间耗费或经济耗费等信息。边或弧上带权的连通图称为网，如图 6-6 所示。

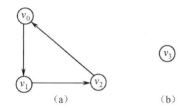

图 6-5 有向图 G_2 的两个强连通分量

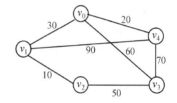

图 6-6 网 G_6 示例

6.1.3 图的基本操作

图是一种复杂但应用广泛的数据结构。常见的图的基本操作有以下几种。

（1）创建图，CreateGraph(G)：创建图的一个存储结构。

（2）求顶点的位置，LocateVex(G,u)：求顶点 u 在图中的位置。

（3）求第一个邻接点，FirstAdjVex(G,v)：求顶点 v 的第一个邻接点。

（4）求下一个邻接点，NextAdjVex(G,v)：求顶点 v 的下一个邻接点。

（5）增加顶点，InsertVex(G,u)：在图中增加一个顶点 u。

（6）删除顶点，DeleteVex(G,v)：删除图 G 中的顶点 v 及与之相关联的弧。

（7）增加弧，InsertArc（G,v,w）：在图 G 中增加一条从顶点 v 到顶点 w 的弧。

（8）删除弧，DeleteArc（G,v,w）：在图 G 中删除从顶点 v 到顶点 w 的弧。

（9）遍历图，TraverseGraph(G)：按照某种次序对图 G 的每个顶点访问一次，且仅访问一次。

【注意】掌握顶点在图中的位置、第一个邻接点、下一个邻接点的含义。从图的逻辑结构定义来看，图是一种非线性结构，无法将图中的顶点排列成一个唯一的线性序列，图中的任一顶点都可看成是第一个顶点。同理，任一顶点的邻接点之间也不存在次序关系。但为了操作方便，需要将图中的顶点按任意序列排列起来（这个排列与元素之间的关系无关，完全是人为规定的）。所谓顶点在图中的位置，就是指该顶点在这个人为的随意排列中的位置（序号）。同理，可以对某个顶点的邻接点进行人为的排列，在这个序列中，自然形成了第1个和第k个邻接点，并称第$k+1$个邻接点是第k个邻接点的下一个邻接点，而最后一个邻接点的下一个邻接点为"空"。

6.2 图的存储结构

图的存储结构比较复杂，既要存储所有顶点的信息，又要存储顶点与顶点之间的所有关系（边）的信息。图常用的存储结构有邻接矩阵和邻接表。

6.2.1 邻接矩阵

1. 邻接矩阵的概念

图的邻接矩阵表示法也称为数组表示法，是一种顺序存储结构。这种存储结构采用两个数组来表示图：一个是一维数组，存储图中所有顶点的信息；另一个是二维数组，即邻接矩阵，存储顶点与顶点之间的所有关系的信息。

设 $G=(V,E)$ 是具有 n 个顶点的图，顶点序号依次为 $0,1,\cdots,n-1$，即 $V(G)=\{v_0,v_1,\cdots,v_{n-1}\}$，则图 G 的邻接矩阵是具有如下性质的 n 阶方阵：

$$A[i][j]=\begin{cases} 1 & \text{若}(v_i,v_j)\text{或}<v_i,v_j>\in E \\ 0 & \text{反之} \end{cases}$$

例如，图 6-1 中的无向图 G_1、有向图 G_2 的邻接矩阵如图 6-7 所示。

$$A_1=\begin{pmatrix} 0 & 1 & 0 & 1 & 1 \\ 1 & 0 & 1 & 0 & 1 \\ 0 & 1 & 0 & 0 & 1 \\ 1 & 0 & 0 & 0 & 1 \\ 1 & 1 & 1 & 1 & 0 \end{pmatrix} \qquad A_2=\begin{pmatrix} 0 & 1 & 0 & 0 \\ 0 & 0 & 1 & 0 \\ 1 & 0 & 0 & 0 \\ 0 & 0 & 1 & 0 \end{pmatrix}$$

（a）G_1 的邻接矩阵 　　　　　　　　（b）G_2 的邻接矩阵

图 6-7　无向图 G_1、有向图 G_2 的邻接矩阵

若 G 是网，则其邻接矩阵是具有如下性质的 n 阶方阵：

$$A[i][j]=\begin{cases} W_{ij} & \text{若}(v_i,v_j)\text{或}<v_i,v_j>\in E \\ \infty & \text{反之} \end{cases}$$

这里，W_{ij} 表示边(v_i,v_j)或弧$<v_i,v_j>$上的权值；∞代表一个计算机内允许的且大于所有边（弧）上的权值的正整数。

图 6-6 所示的网 G_6 的邻接矩阵如图 6-8 所示。

$$A = \begin{pmatrix} \infty & 30 & \infty & 60 & 20 \\ 30 & \infty & 10 & \infty & 90 \\ \infty & 10 & \infty & 50 & \infty \\ 60 & \infty & 50 & \infty & 70 \\ 20 & 90 & \infty & 70 & \infty \end{pmatrix}$$

图 6-8　网 G_6 的邻接矩阵

图的邻接矩阵表示法具有以下特点。

（1）无向图的邻接矩阵一定是对称的，而有向图的邻接矩阵不一定对称。因此，当用邻接矩阵表示一个具有 n 个顶点的有向图时，需要 n^2 个单元来存储邻接矩阵；对于无向图，由于其邻接矩阵具有对称性，所以可采用压缩存储的方式，只需存入上（或下）三角的元素，故只需 $n(n-1)/2$ 个单元。

（2）对于无向图，邻接矩阵的第 i 行（或第 i 列）非零元素的个数正好是第 i 个顶点的度 $TD(v_i)$；对于有向图，邻接矩阵的第 i 行非零元素的个数正好是第 i 个顶点的出度 $OD(v_i)$，第 i 列非零元素的个数正好是第 i 个顶点的入度 $ID(v_i)$。

（3）对于无向图，图中边的数目是矩阵中 1 的个数的一半；对于有向图，图中弧的数目是矩阵中 1 的个数。

（4）从邻接矩阵很容易确定图中任意两个顶点间是否有边（或弧）相连，第 i 行第 j 列的值为 1 表示顶点 i 和顶点 j 之间有边相连。但是，要确定图中有多少条边（或弧），就必须按行、列逐次检测，所花费的时间比较长，这对于一个边（或弧）的数目很少的图是很不划算的。

图的邻接矩阵存储结构的类型描述如下：

```
#define  MaxSize   顶点数目
typedef struct
{ VexType    vexs[MaxSize];          /*顶点数组*/
   int   arcs[MaxSize][ MaxSize];    /*邻接矩阵*/
   int   vexnum,arcnum;              /*顶点数，边（弧）数*/
}AdjMatrix;
```

微课视频

2．建立图的邻接矩阵

以建立无向图的邻接矩阵的算法为例进行讨论。假设顶点数组中存放的顶点信息是字符类型，即 VexType 为 char 类型。

首先输入顶点的个数、边的条数，由顶点的序号建立顶点表（数组）；然后将矩阵的每个元素都初始化成 0，读入边 (i,j)，将邻接矩阵的相应元素的值（第 i 行第 j 列和第 j 行第 i 列）置为 1。

建立无向图的邻接矩阵的算法描述如下：

```
typedef   char   VexType
void   CreateAMgraph(AdjMatrix  *g)         /*建立无向图的邻接矩阵 g*/
{    printf("please  input  vexnum  and  arcnum:\n");
     scanf("%d",&g->vexnum);
     scanf("%d",&g->arcnum);
     getchar(); /*吃掉输入的换行符*/
```

```
for (i=0;i<g->vexnum;++i)
{    printf("please   input   vexs:\n");
     scanf("%c",&g->vexs[i]);                /*建立顶点数组*/
}
for (i=0;i<g->vexnum;++i)                     /*初始化邻接矩阵*/
for (j=0;j<g->vexnum;++j)
     g->arcs[i][j]=0;
for (k=0;k<g->arcnum;k++)
{    printf("please input edges:\n");
     scanf("%d,%d",&i,&j);                    /*输入边(i,j)，其中，i 和 j 为顶点序号*/
     g->arcs[i][j]=1;
     g->arcs[j][i]=1;
}
}/*CreateAMgraph*/
```

可以看出，上述程序的执行时间是 $O(n+n^2+e)$，其中 $O(n^2)$ 的时间耗费在邻接矩阵的初始化操作上。因为 $e<n^2$，所以算法 CreateAMgraph 的时间复杂度是 $O(n^2)$。

建立有向图及网的邻接矩阵的算法与此类似，请读者自己写出具体算法。

邻接矩阵表示法的优点是算法简单，各种基本操作易于实现。但对于稀疏图，不管有没有边都要占据空间，会造成存储空间的很大浪费。

6.2.2 邻接表

微课视频

1. 邻接表的概念

图的邻接表表示法类似于树的孩子表示法，是顺序存储与链式存储相结合的一种存储方法。其中，顺序存储部分用来存储图中顶点的信息，链式存储部分用来存储图中顶点之间的关系的信息，即边的信息。在邻接表中，对图中的每个顶点建立一个单链表，第 i 个单链表中的结点表示依附于顶点 v_i 的一条边（对于有向图，是以顶点 v_i 为弧尾的弧），称为边结点，由 3 个域组成，其结构如下：

adjvex	info	nextarc

其中，邻接点（adjvex）域存放依附于该边的另一个顶点在图中的序号；链（nextarc）域指向依附于顶点 v_i 的下一条边的边结点；info 域存储与边或弧相关的信息，如权值等，当图中的边（或弧）不含有信息时，可以没有该域。一般称该单链表为边表。

对每个边表附设一个表头结点，所有的边表的表头结点存放在一个一维数组中，共同构成一个表头结点表。表头结点由两个域组成，其结构如下：

data	firstarc

其中，data 域存放顶点的信息；firstarc 域为指针域，存放与该顶点相邻接的所有顶点组成的单链表，即边表的头指针。

例如，图 6-1 中的图 G_1 和 G_2 的邻接表如图 6-9 所示，由一个表头结点表与 n 个单链表（边表）构成。其中，表头结点表采用顺序结构，数组的下标指示了顶点的序号，这样就可以随机访问任意一个顶点的边表。

图的邻接表表示法具有以下特点。

（1）在无向图的邻接表中，第 i 个链表中边结点的个数为顶点 v_i 的度。

（2）在有向图的邻接表中，第 i 个链表中的边结点的个数只是顶点 v_i 的出度，其入度为邻接表中所有邻接点域的值为 i 的边结点的个数。

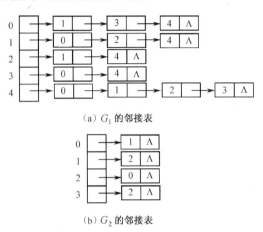

图 6-9 图 G_1、G_2 的邻接表

对于有 n 个顶点和 e 条边的无向图，其邻接表中有 n 个表头结点、$2e$ 个边结点，当 $e<n(n-1)/2$ 时，邻接表比邻接矩阵节省空间。

在有向图的邻接表中，若要求 v_i 的入度，就必须扫描整个邻接表，统计邻接点域的值为 i 的边结点的个数。显然，这是很费时间的。为了便于确定有向图中顶点的入度，可以另外建立一个逆邻接表，使第 i 个链表表示以 v_i 为弧头的所有弧。图 6-10 为图 6-1 中图 G_2 的逆邻接表。

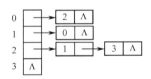

图 6-10 图 G_2 的逆邻接表

图的邻接表存储结构的类型描述如下：

```
#define MaxSize   顶点数目
typedef  struct  ArcNode
{   int  adjvex;
    struct  ArcNode  *nextarc;
    otherinfo  info;
}ArcNode;                    /*边结点*/
typedef  struct  VertexNode
{   VertexType   data;
    ArcNode   *firstarc;
}VertexNode;                 /*表头结点*/
```

```
typedef    struct
{    VertexNode    vertex[MaxSize];
     int    vexnum,arcnum;
} AdjList;                                /*图的邻接表*/
```

微课视频

2. 建立图的邻接表

仍以建立无向图的邻接表的算法为例进行讨论。假设顶点的信息是字符类型，即 VextexType 为 char 类型。

首先将邻接表的表头结点数组初始化，将第 i 个顶点的 data 域初始化为通过键盘输入的字符，将 firstarc 域初始化为 NULL。然后读入顶点对(i,j)（i 和 j 为顶点的序号），产生两个边结点，将 j 放入第一个边结点的 adjvex 域中，将该结点链接到邻接表的表头结点数组的第 i 个表头结点的 firstarc 域上；将 i 放入第二个边结点的 adjvex 域中，将该结点链接到邻接表的表头结点数组的第 j 个表头结点的 firstarc 域上。重复这个过程，直到所有的边输入完成。

具体算法描述如下：

```
typedef    char    VertexType;
void    CreateALGraph(AdjList    *g)                  /*建立无向图的邻接表*/
{    printf("please input vexnum and arcnum\n");
     scanf("%d%d",&g->vexnum,&g->arcnum);
                                                      /*读入顶点数和边数*/
     getchar();
     for(i=0;i<g->vexnum;i++)                         /*建立表头结点表*/
         {    printf("please input %d vertex:\n",i);
              scanf("%c",&g->vertex[i].data);         /*读入顶点信息*/
              g->vertex[i].firstarc=NULL;             /*将边表置为空表*/
         }
     for(k=0;k<g->arcnum;k++)                         /*建立边表*/
         {    printf("please input edges:\n");
              scanf("%d%d",&i,&j);                     /*读入边(v_i,v_j)的顶点对序号*/
              s=(ArcNode *)malloc(sizeof(ArcNode));    /*生成边表结点*/
              s->adjvex=j;                             /*邻接点序号为j*/
              s->nextarc=g->vertex[i].firstarc;

                                                       /*将新结点*s 插入顶点 v_i 的边表头部*/
              g->vertex[i].firstarc=s;
              s=(ArcNode *)malloc(sizeof(ArcNode));
              s->adjvex=i;                             /*邻接点序号为i*/
              s->nextarc=g->vertex[j].firstarc;

                                                       /*将新结点*s 插入顶点 v_j 的边表头部*/
              g->vertex[j].firstarc=s;
         }
}/* CreateALGraph */
```

建立有向图的邻接表更简单，每当读入一个顶点对序号$<i,j>$时，仅需生成一个序号为 j 的边表结点，将其插入 v_i 的边表头部即可。在建立网络的邻接表时，需要在边表的每个结点中增加一个存储边上权值的数据域。请读者自己设计具体算法。

在建立邻接表或逆邻接表时，若输入的顶点信息为顶点的序号，则建立邻接表的时间复杂度为 $O(n+e)$；否则，需要通过查找才能得到顶点在图中的位置，时间复杂度为 $O(n×e)$。

【注意】从逻辑上来说，一个顶点的所有邻接点之间并没有先后之分，但当图的具体存储结构建立后，一个顶点的所有邻接点之间就可以分出先后了。

6.2.3　邻接矩阵和邻接表的比较

邻接矩阵和邻接表是图的两种常用的存储结构，这两种存储结构各有其特点，具体如下。

（1）邻接矩阵是一种静态的存储结构；邻接表是一种动态的存储结构。

（2）邻接矩阵是顺序存储结构，因此，相应的算法实现较简单；邻接表中有指针，因此，相应的算法较为复杂。

（3）邻接矩阵占用的存储单元数目只与图中的顶点个数有关，而与边（弧）的数目无关，对于一个具有 n 个顶点 e 条边的图 G，其邻接矩阵所占存储单元为 n^2，而其邻接表（逆邻接表）中有 n 个表头结点和 $2e$ 个边（弧）结点；在稀疏图中，边的数目远远小于 n^2（$e \ll n^2$），这时用邻接表比用邻接矩阵节省存储空间；若是稠密图，则因邻接表中要附加链域而选取邻接矩阵更合适。

（4）在邻接矩阵中，很容易判定任意两个顶点之间是否有边或弧相连，只要判定矩阵中的第 i 行第 j 列上的元素的值即可；但是在邻接表中，需要搜索第 i 个或第 j 个边表，最坏情况下要耗费的时间为 $O(n)$。

（5）在邻接矩阵中求边的数目 e，必须检测整个矩阵，所耗费的时间是 $O(n^2)$，与 e 的大小无关；而在邻接表中，只要对每个边表的结点个数计数即可求得 e，所耗费的时间是 $O(e+n)$。因此，当 $e \ll n^2$ 时，采用邻接表更节省时间。

综上所述，不能简单地说某一种存储结构较其他结构更好，在实际应用中，要根据实际需要选用最合适的存储结构。

6.3　图的遍历

图的遍历就是从图中任意给定的顶点（称为起始顶点）出发，按照某种搜索方法访问图中其余的顶点，且使每个顶点仅被访问一次的过程。如果给定的图是连通的无向图或是强连通的有向图，则遍历过程一次就能完成，并能按访问的先后顺序得到图中所有顶点的一个线性序列；如果给定的图是不连通的，则对每个连通分量分别进行遍历，从而达到访问所有顶点的目的。与树的遍历类似，图的遍历也是一种基本操作，是求图的生成树、拓扑排序等算法的基础。但图的结构比树的结构复杂得多，因此，图的遍历比树的遍历也要复杂得多。图的任意顶点都可能和其余顶点相邻接，因此，在遍历图的过程中，访问了某个顶点后，可能沿着某条路径搜索后又回到该顶点，为避免某个顶点被访问多次，在遍历图的过程中，要记下每个已被访问过的顶点。为此，可增设一个访问标志数组 visited[n]，用以标识图中每个顶点是否被访问过。将每个 visited[i] 的初值置为零，表示该顶点未被访问过。一旦顶点 v_i 被访问过，就将 visited[i] 置为 1，表示该顶点已被访问过。

在图的遍历过程中，一个顶点可以和多个顶点相邻接，那么，当某个顶点被访问过后，该如何选取下一个要访问的顶点呢？通常有两种选取方法，从而形成两种遍历图的算法：深度优先搜索遍历算法和广度优先搜索遍历算法。这两种方法均适用于有向图和无向图，以下以无向图为例进行描述，对有向图同样适用。

6.3.1 连通图的深度优先搜索

连通图的深度优先搜索（Depth First Search，DFS）遍历类似于树的先序遍历，其基本思想是假定以图中某个顶点 v_i 为起始顶点，首先访问起始顶点，然后选择一个与顶点 v_i 相邻接且未被访问过的顶点 v_j 为新的起始顶点继续进行深度优先搜索，直至图中与顶点 v_i 相邻接的所有顶点都被访问过。显然，这是一个递归的搜索过程。

现以图 6-11（a）中的无向图 G 为例说明深度优先搜索过程。假定 v_0 是出发点，先访问 v_0，v_0 有两个邻接点 v_1、v_2 且均未被访问过，任选一个作为新的出发点，这里选择 v_1；访问 v_1 之后，从 v_1 的未被访问过的邻接点 v_3 和 v_4 中选择 v_3 作为新的出发点，重复上述搜索过程，继续依次访问 v_3、v_4；访问 v_4 之后，由于 v_4 的邻接点均已被访问过，所以搜索按原路回退到 v_3，v_3 的邻接点也均已被访问过，继续回退到 v_1，v_1 也没有未被访问过的邻接点，继续回退到 v_0，v_0 的两个邻接点 v_1、v_2 中的 v_1 已被访问过，但 v_2 未被访问过，于是再从 v_2 出发，访问 v_2，v_2 的邻接点 v_5、v_6 均未被访问过，选择 v_5 进行访问，由于 v_5 的邻接点只有 v_7 未被访问过，所以访问 v_7，v_7 没有未被访问过的邻接点，按原路返回 v_5，v_5 的所有邻接点也都被访问过，继续返回 v_2，v_2 的邻接点 v_6 未被访问过，访问 v_6，v_6 没有未被访问过的邻接点，返回 v_2，v_2 没有未被访问过的邻接点，继续返回初始顶点 v_0，由于 v_0 的所有邻接点都已被访问过，而且无向图 G 的所有顶点都已被访问过，所以算法结束。

无向图 G 的遍历过程如图 6-11（b）所示，得到的顶点的访问序列为 $v_0 \rightarrow v_1 \rightarrow v_3 \rightarrow v_4 \rightarrow v_2 \rightarrow v_5 \rightarrow v_7 \rightarrow v_6$。

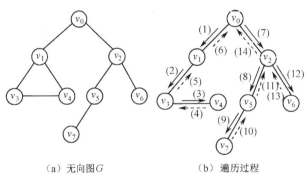

（a）无向图 G （b）遍历过程

图 6-11 图的深度优先搜索过程

【注意】用深度优先搜索法遍历一个没有给定具体存储结构的图，得到的访问序列不唯一。就一个具体的存储结构表示的图而言，其遍历序列应该是确定的。

因为深度优先搜索遍历算法是递归定义的，故容易写出其递归算法。

以邻接矩阵作为图的存储结构的深度优先搜索遍历算法的描述如下：

```
int    visited [MaxSize]={0};
void   DFS1(AdjMatrix   *g,int   i)
```

邻接矩阵

```
/*从第 i 个顶点出发，深度优先遍历图 G，G 以邻接矩阵表示*/
{    printf("%3c",g->vexs[i]);    /*访问顶点 vᵢ*/
     visited[i]=1;
     for (j=0;j<g->vexnum;j++)
       if ((g->arcs[i][j]==1)&&(!visited[j]))
           DFS1(g,j);
}/*DFS1*/
```

以邻接表作为图的存储结构的深度优先搜索遍历算法的描述如下：

```
int    visited [MaxSize]={0};
void   DFS2(AdjList   *g,int   i)
/*从第 i 个顶点出发，深度优先遍历图 G，G 以邻接表表示*/
{    printf("%3c",g->vertex[i].data);    /*访问顶点 vᵢ*/
     visited[i]=1;
     for (p=g->vertex[i].firstarc;p;p=p->nextarc)
       if ((!visited[p->adjvex]))
           DFS2(g,p->adjvex);
}/*DFS2*/
```

邻接表

分析深度优先搜索遍历算法得知，遍历图的过程实质上是对每个顶点搜索其邻接点的过程，耗费的时间取决于所采用的存储结构。假设图中有 n 个顶点，那么，当用邻接矩阵表示图时，搜索一个顶点的所有邻接点需要花费的时间为 $O(n)$，则从 n 个顶点出发搜索的时间应为 $O(n^2)$，因此，算法 DFS1 的时间复杂度是 $O(n^2)$。如果使用邻接表作为图的存储结构，搜索一个顶点的所有邻接点需要花费的时间为 $O(e)$，其中，e 为无向图中边的数目或有向图中弧的数目，则算法 DFS2 的时间复杂度为 $O(n+e)$。

6.3.2　连通图的广度优先搜索

连通图的广度优先搜索（Breadth First Search，BFS）遍历类似于树的按层次遍历，其基本思想是从图中某个顶点 v_i 出发，在访问了 v_i 之后，依次访问 v_i 的各个未被访问过的邻接点；然后分别从这些邻接点出发，依次访问它们的未被访问过的邻接点，直至所有和起始顶点 v_i 有路径相通的顶点都被访问过。

下面以图 6-11（a）中的无向图 G 为例说明广度优先搜索的过程。假设从起点 v_0 出发，首先访问 v_0 和 v_0 的两个未被访问过的邻接点 v_1 和 v_2；然后依次访问 v_1 的未被访问过的邻接点 v_3 和 v_4，以及 v_2 的未被访问过的邻接点 v_5 和 v_6；最后访问 v_5 的未被访问过的邻接点 v_7。此时，图中所有顶点均已被访问过，算法结束，得到的顶点访问序列为 $v_0 \rightarrow v_1 \rightarrow v_2 \rightarrow v_3 \rightarrow v_4 \rightarrow v_5 \rightarrow v_6 \rightarrow v_7$，如图 6-12 所示。

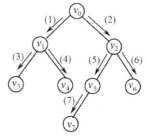

图 6-12　图的广度优先搜索遍历的过程

与深度优先搜索类似，广度优先搜索在遍历的过程中也需要一个访问标志数组。在广度优先搜索过程中，若顶点 v 在顶点 u 之前被访问，则 v 的邻接点也将在 u 的邻接点之前被访问。因此，可采用队列来暂存那些刚被访问过且可能还有未被访问的邻接点的顶点。

以邻接矩阵作为图的存储结构的广度优先搜索遍历算法的描述如下：

```
int    visited[MaxSize]={0};
void    BFS1(AdjMatrix g,int i)
/*从第 i 个顶点出发，广度优先遍历图 G，G 以邻接矩阵表示*/
{    int k;
    Queue Q;                                /*定义一个队列*/
    printf("%3c",g.vexs[i]);                /*访问顶点 vi */
    visited[i]=1;
    InitQueue(&Q);                          /*置空队列 Q */
    EnQueue(&Q,i);                          /* vi 入队 */
    while    (!Empty(Q))
    {    DeQueue(&Q,&k);                     /*队头顶点出队*/
        for (j=0;j<g.vexnum;j++)
            if ((g.arcs[k][j]==1)&&(!visited[j]))
            {    printf("%3c",g.vexs[j]);
                                            /*访问顶点 vi 的未被访问过的顶点 vj*/
                visited[j]=1;
                EnQueue(&Q,j);              /* vj 入队*/
            }
    }
} /*BFS1 */
```

以邻接表作为图的存储结构的广度优先搜索遍历算法的描述如下：

```
int    visited[MaxSize]={0};
void    BFS2(AdjList g,int i)
/*从第 i 个顶点出发，广度优先搜索遍历图 G，G 以邻接表表示*/
{    int k,;
    ArcNode *p;
    Queue Q;                                /*定义一个队列*/
    printf("%3c",G.vertex[i].data);         /*访问顶点 vi */
    visited[i]=1;
    InitQueue(&Q);                          /*置空队列 Q */
    EnQueue(&Q,i);                          /* vi 入队*/
    while    (!Empty(Q))
    {    DeQueue(&Q,&k);                     /*队头顶点出队*/
        p=g.vertex[k].firstarc;             /*求 k 的第一个邻接点*/
        while (p!=NULL)
        {
            if (!visited[p->adjvex])
            {    printf("%3c",g.vertex[p->adjvex]);
                                            /*访问顶点 k 的未被访问过的顶点*/
```

```
                visited[p->adjvex]=1;
                EnQueue(&Q,p->adjvex);
            }
            p=p->nextarc;                          /*求 k 的下一个邻接点*/
        }
    }
} /*BFS2 */
```

分析上述算法，由于每个顶点至多进一次队列，所以算法中的内、外循环次数均为 n 次，故算法 BFS1 的时间复杂度为 $O(n^2)$。若采用邻接表存储结构，则广度优先搜索遍历图的时间复杂度与深度优先搜索遍历图的时间复杂度是相同的。

请读者思考，在深度优先搜索遍历算法中，图 G 被处理为指针类型；而在广度优先搜索遍历算法中，图 G 没被处理为指针类型，这会不会影响运行结果呢？

若图是连通或强连通的，则从图中某一个顶点出发可以访问图中的所有顶点，而遍历结果是不唯一的。但是，若给定图的存储结构，则从任意一个顶点出发的遍历结果应是唯一的。

6.3.3　非连通图的遍历

上面讨论的是连通图的遍历，如果给定的图是不连通的，则调用上述遍历算法（深度/广度优先搜索遍历算法）只能访问起始顶点所在的连通分量中的所有结点，其他连通分量中的结点是访问不到的。为此，需要从每个连通分量中选取起始顶点，分别进行遍历，只有这样，才能访问图中的所有顶点。

深度优先搜索遍历非连通图的算法描述如下：

```
void DFSUnG(AdjMatrix *g)
{   int i
    for (i=0;i<g->vexnum;i++)
    if (visited[i]==0)
        DFS(g,i);
}
```

请读者自己写出广度优先搜索遍历非连通图的算法。

6.4　最小生成树

最小生成树是无向连通图的一种重要应用。

6.4.1　相关概念

1. 生成树的概念

一个连通图的生成树是包含图中所有 n 个顶点的极小连通子图。在对连通图进行遍历时，经过的所有边与图中的所有顶点构成的子图就是该图的一棵生成树。一个连通图的生成树不是唯一的，因为遍历图时选择的起始顶点不同，遍历的策略不同，遍历时经过的边就不同，产生的生成树也就不同。通常，由深度优先搜索得到的生成树称为深度优先生成树，由广度优先搜索得到的生成树称为广度优先生成树。图 6-13 就是图 6-11（a）中的图 G 从顶点 v_0 出发遍历得到的深度优先生成树和广度优先生成树。

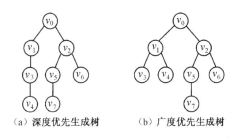

（a）深度优先生成树　　　　（b）广度优先生成树

图 6-13　图的生成树

一个连通图的生成树含有图中的全部顶点，但只有足以构成一棵树的 $n-1$ 条边。如果在一棵生成树上添加一条边，则必定构成一个环，因为这条边使得它依附的那两个顶点之间有了第二条路径。一棵有 n 个顶点的生成树有且仅有 $n-1$ 条边。如果一个图有 n 个顶点和少于 $n-1$ 条边，则是非连通图；如果有多于 $n-1$ 条边，则图中一定存在回路。但有 $n-1$ 条边的图不一定是生成树。

2．最小生成树的概念

在一个连通网的所有生成树中，各边的权值之和最小的那棵生成树称为该连通网的最小代价生成树（Minimum Cost Spanning Tree），简称最小生成树。

最小生成树在实际生活中很有用。例如，要在 n 座城市之间建立通信网络，此时连通 n 座城市只需 $n-1$ 条线路。这时需要考虑如何在最节省经费的情况下建立这个通信网络。在每两座城市之间都可以设置一条通信线路，相应地，都要付出一定的经济代价，n 座城市最多可以设置 $n\times(n-1)/2$ 条线路，那么如何在这 $n\times(n-1)/2$ 条线路中选择 $n-1$ 条使其既能满足各城市间可以相互通信的需要，又使总的经费最少呢？

可以用连通网来表示这个通信网络，其中，顶点表示城市，边表示城市之间设置的通信线路，边上的权值表示两城市间建立通信线路的经费。于是，上述问题就转化为求该无向连通网的最小生成树的问题。

构造最小生成树的算法很多，其中多数算法都利用了最小生成树的一种称为 MST 的性质。

MST 性质为假设 $G=(V,E)$ 是一连通网，U 是顶点集 V 的一个非空子集。若(u,v)是一条具有最小权值的边，其中 $u\in U$，$v\in V-U$，则必存在一棵包含边(u,v)的最小生成树。

常用的构造最小生成树的算法有普里姆（Prim）算法和克鲁斯卡尔（Kruskal）算法。

6.4.2　普里姆算法

假设 $G=(V,E)$是一个连通网，U 是最小生成树中的顶点的集合，TE 是最小生成树中边的集合。令 $U=\{u_1\}$($u_1\in V$)，TE$=\{\varnothing\}$，重复执行下述操作：在所有 $u\in U$，$v\in W=V-U$ 的边$(u,v)\in E$ 中选择一条权值最小的边(u,v)并入集合 TE 中，同时将 u 并入 U 中，直至 $U=V$。此时，TE 中必有 $n-1$ 条边，因此，$T=(U,$TE$)$便是 G 的一棵最小生成树。

普利姆算法逐步增加集合 U 中的顶点，直至 $U=V$。

下面以图 6-14（a）中的无向网为例来说明用普里姆算法生成最小生成树的过程。

初始时，$U=\{v_0\}$，$V-U=\{v_1,v_2,v_3,v_4,v_5\}$，如图 6-14（b）所示。

在 U 和 $V-U$ 之间，权值最小的边为(v_0,v_4)，因此选中该边作为最小生成树的第一条边，并将顶点 v_4 加入集合 U 中，$U=\{v_0,v_4\}$，$V-U=\{v_1,v_2,v_3,v_5\}$，如图 6-14（c）所示。

在 U 和 $V-U$ 之间，权值最小的边为(v_4,v_3)，因此选中该边作为最小生成树的第二条边，并将顶点 v_3 加入集合 U 中，$U=\{v_0,v_4,v_3\}$，$V-U=\{v_1,v_2,v_5\}$，如图 6-14（d）所示。

在 U 和 $V-U$ 之间，权值最小的边为(v_4,v_2)，因此选中该边作为最小生成树的第三条边，并将顶点 v_2 加入集合 U 中，$U=\{v_0,v_4,v_3,v_2\}$，$V-U=\{v_1,v_5\}$，如图 6-14（e）所示。

在 U 和 $V-U$ 之间，权值最小的边为(v_4,v_5)，因此选中该边作为最小生成树的第四条边，并将顶点 v_5 加入集合 U 中，$U=\{v_0,v_4,v_3,v_2,v_5\}$，$V-U=\{v_1\}$，如图 6-14（f）所示。

在 U 和 $V-U$ 之间，权值最小的边为(v_2,v_1)，因此选中该边作为最小生成树的第五条边，并将顶点 v_1 加入集合 U 中，$U=\{v_0,v_4,v_3,v_2,v_5,v_1\}$，$V-U=\{\ \}$，如图 6-14（g）所示。

此时 $U=V$，算法结束。

【**注意**】在选择权值最小的边时，可能有多条同样权值且满足条件的边可供选择，此时可任选其一。因此，所构造的最小生成树是不唯一的，但其各边权值的和是一样的。

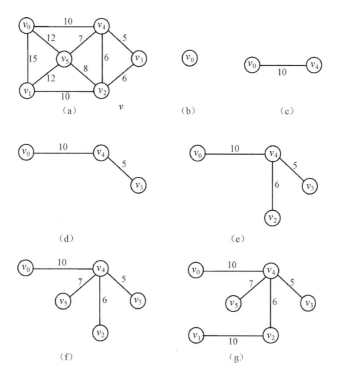

图 6-14　普里姆算法构造最小生成树的过程

假设网中有 n 个顶点，则可以证明普利姆算法的时间复杂度为 $O(n^2)$，与网中边的数目无关，因此，普里姆算法适合求边稠密的网的最小生成树。

6.4.3　克鲁斯卡尔算法

克鲁斯卡尔算法是一种按权值递增的次序选择合适的边构成最小生成树的方法。它的

基本思想是假设 $G=(V,E)$ 是连通网，最小生成树 $T=(V,\text{TE})$。初始时，TE={Ø}，即 T 仅包含网 G 的全部顶点，没有一条边，T 中每个顶点自成一个连通分量。克鲁斯卡尔算法执行如下操作：在图 G 的边集 E 中，按权值递增次序依次选择边(u,v)，若该边依附的顶点 u 和 v 分别是当前 T 的两个连通分量中的顶点，则将该边加入 TE 中；若 u 和 v 是当前同一个连通分量中的顶点，则舍去此边而选择下一条权值最小的边。依次类推，直到 T 中所有顶点都在同一连通分量上，此时 T 便是 G 的一棵最小生成树。

与普里姆算法不同，克鲁斯卡尔算法是逐步增加生成树的边的。

克鲁斯卡尔算法可描述如下：

    T=(V,{Ø});
    While (T 中的边数 e<n-1)
    {   从 E 中选取当前权值最小的边(u,v);
         if((u,v)并入 T 之后不产生回路)将边(u,v)并入 T 中;
         else   从 E 中删除边(u,v);
    }

现以图 6-14（a）所示的网为例，按克鲁斯卡尔算法构造最小生成树，其构造过程如图 6-15 所示。

可以证明，克鲁斯卡尔算法的时间复杂度是 $O(e\log_2 e)$，其中 e 是网 G 的边的数目。克鲁斯卡尔算法适合于求边稀疏的网的最小生成树。

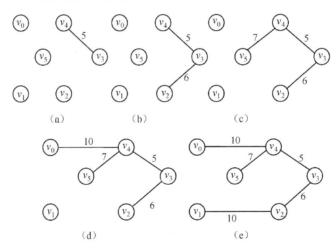

图 6-15　用克鲁斯卡尔算法构造最小生成树的过程

6.5　最短路径

可以用一个带权的图表示一个地区的交通网络，图中顶点代表城市，边代表城市间的公路，边上的权值表示两座城市间的距离，或者表示通过这段公路所需的时间或需要付出的代价等。在交通网络中常常会遇到这样的问题：两地之间是否有公路可通？在有几条路可通的情况下，哪一条路最短？这就是在带权图中求最短路径的问题，此时路径的长度不是路径上边的数目，而是路径上的边所带权值之和。

考虑到交通网络的有向性（如航运，逆水和顺水时的船速就不一样），本节只讨论有向网络的最短路径问题，并假定所有的权值均为非负整数。习惯上称路径开始顶点为源点，称路径的最后一个顶点为终点。

设有向网 $G=(V,E)$，以某指定顶点 v_0 为源点，求从 v_0 出发到图中所有其余各顶点的最短路径。在如图 6-16（a）所示的有向网络中，若指定 v_0 为源点，则通过分析可以得到从 v_0 出发到其余各顶点的最短路径和路径长度，如图 6-16（b）所示。

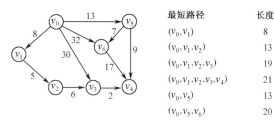

最短路径	长度
(v_0,v_1)	8
(v_0,v_1,v_2)	13
(v_0,v_1,v_2,v_3)	19
(v_0,v_1,v_2,v_3,v_4)	21
(v_0,v_5)	13
(v_0,v_5,v_6)	20

（a）有向网络　　（b）从源点 v_0 出发到其余各顶点的
最短路径和路径长度

图 6-16　有向网络及从源点出发到其余各顶点的最短路径和路径长度

如何求得从 v_0 出发到其余各顶点的最短路径呢？迪杰斯特拉（Dijkstra）提出了一个按路径长度递增的次序产生最短路径的算法，其基本思想是把图中所有顶点分成两组，已确定最短路径的顶点为一组，用 S 表示，尚未确定最短路径的顶点为另一组，用 T 表示。初始时，S 中只包含源点 v_0，T 中包含除源点外的其余顶点，此时各顶点的当前最短路径长度为源点到该顶点的弧上的权值，然后按最短路径长度递增的次序，逐个把 T 中的顶点加到 S 中去，直至从 v_0 出发可以到达的所有顶点都包含到 S 中。每往集合 S 中加入一个新顶点 v，都要修改源点到集合 T 中的所有顶点的最短路径长度值，集合 T 中各顶点的新的最短路径长度值为原来的最短路径长度值与顶点 v 的最短路径长度值加上 v 到该顶点的弧上的权值中的较小者。在这个过程中，总保持从 v_0 到 S 中各顶点的最短路径长度都不大于从 v_0 到 T 中的任何顶点的最短路径长度。另外，每个顶点对应一个距离值，S 中的顶点对应的距离值就是从 v_0 到该顶点的最短路径，T 中的顶点对应的距离值是从 v_0 到该顶点的只包括 S 中的顶点为中间顶点的最短路径长度。

设有向图 G 有 n 个顶点（v_0 为源点），其存储结构用邻接矩阵表示。算法实现时需要设置 3 个数组 s[n]、dist[n] 和 path[n]。其中，s 用于标记那些已经找到最短路径的顶点集合 S，若 s[i]=1，则表示已经找到从源点到顶点 v_i 的最短路径；若 s[i]=0，则表示从源点到顶点 v_i 的最短路径尚未求得。数组的初态为 s[0]=1，s[i]=0，$i=1,2,\cdots,n-1$，表示集合 S 中只包含一个顶点 v_0。数组 dist 记录从源点到其他各顶点的当前最短距离，其初值为 dist[i]=g.arcs[0][i]，$i=1,2,\cdots,n-1$。

path 是最短路径的路径数组，其中，path[i] 表示从源点 v_0 到顶点 v_i 的最短路径上该顶点的前驱顶点，若从源点到顶点 v_i 无路径，则 path[i]=-1。算法执行时，从顶点集合 T 中选出一个顶点 v_w，使 dist[w] 的值最小。然后将 v_w 加入集合 S 中，即令 s[w]=1；同时调整集合 T 中的各个顶点的距离值，可从原来的 dist[j] 和 dist[w]+g.arcs[w][j] 中选择较小的值作为新的 dist[j]。以图 6-16 为例，当集合 S 中只有 v_0 时，dist[2]=∞；加入顶点 v_1 后，使 dist[1]+g.arcs[1][2]<dist[2]，因此，将 dist[2] 更新为 dist[1]+g.arcs[1][2] 的值，即 13。重复上述过程，直到 S 中包含图中的所有顶点，或者再也没有可加入 S 的顶点。

网采用邻接矩阵作为存储结构，用迪杰斯特拉算法求最短路径的算法描述如下：

```
void   Dijkstra(AdjMatrix   g,int   v0,int   path[],int   dist[])
{ /*求有向网 G 的从顶点 v0 到其余顶点 v 的最短路径，path[v]是从 v0 到 v 的最短路径上 v 的前
驱顶点，dist[v]是路径长度*/
    int   s[MaxSize],v;
    for (v=0;v<g.vexnum;v++)                        /*初始化 s、dist 和 path 3 个数组*/
    {  s[v]=0;dist[v]=g.arcs[v0][v];
       if (dist[v]<MAXINT && v!=v0)
           path[v]=v0;                              /* MAXINT 为 int 类型的最大值*/
       else
           path[v]=−1;
    }
    dist[v0]=0;   s[v0]=1;                           /*初始时，源点 v0∈S*/
        /*循环求从 v0 到某个顶点 v 的最短路径，并将 v 加入 S 中*/
    for (i=0;i< g.vexnum−1;i++)
    {   min=MAXINT;                                 /*MAXINT 是一个足够大的数*/
        v=−1;                                        /*v 记录找到的最短距离的顶点序号*/
        for (w=0;w<g.vexnum;w++)
        if(!s[w]&& dist[w]<min)                      /*顶点 w 不属于 S 且离 v0 更近*/
        {   v=w;   min=dist[w]; }
           if (v!= −1)                               /*找到最短距离的顶点 v*/
        {   s[v]=1;                                  /*将顶点 v 并入 S 中*/
            for (j=0;j<g.vexnum;j++)
                                                     /*更新当前最短路径及距离*/
            if(!s[j] && (min+g.arcs[v][j]<dist[j]))
            {   dist[j]=min+g.arcs[v][j];
                path[j]=v;
            }/*if */
        }/*if*/
    } /*for */
}/*Dijkstra */
```

通过 path[i] 向前推导直到 v_0，可以找出从 v_0 到顶点 v_i 的最短路径。例如，对于如图 6-16（a）所示的有向网络，按上述算法计算出的 path 数组的值如下：

0	1	2	3	4	5	6
−1	0	1	2	3	0	5

求从顶点 v_0 到顶点 v_3 的最短路径的计算过程为 path[3]=2，说明路径上顶点 v_3 之前的顶点是顶点 v_2；path[2]=1，说明路径上顶点 v_2 之前的顶点是顶点 v_1；path[1]=0，说明路径上顶点 v_1 之前的顶点是顶点 v_0。因此，从顶点 v_0 到顶点 v_3 的路径为 $v_0 \rightarrow v_1 \rightarrow v_2 \rightarrow v_3$。

输出最短路径的算法描述如下：

```
void   PrintPath(int   v0,int   p[],int   d[],int   vexnum)
{/*输出从源点 v0 到其余顶点的最短路径和路径长度，路径逆序输出*/
for (i=0;i<vexnum;i++)
    if(d[i]<MAXINT &&i!=v0)
```

```
{   printf("v%d<-- ",i);
    next=p[i];
    while (next!=v0)
    {   printf("v%d<-- ",next);
        next=p[next];
    }/*while*/
  printf("v%d：%d\n",v0,d[i]);
}
else
   if (i!=v0) printf("v%d <--v%d:nopath\n",i,v0);
}/* PrintPath */
```

对于如图 6-16（a）所示的有向网络，其邻接矩阵如图 6-17（a）所示，利用迪杰斯特拉算法计算从顶点 v_0 到其他各顶点的最短路径的动态执行情况，如图 6-17（b）所示。最后的输出结果如下：

v1<-- v0:8
v2<-- v1<-- v0:13
v3 <--v2 <--v1<-- v0:19
v4-- v3 <--v2 <--v1<-- v0:21
v5<--v0:13
v6<-- v5<-- v0:20

$$\begin{pmatrix} \infty & 8 & \infty & 30 & \infty & 13 & 32 \\ & & 5 & & & & \\ & & & 6 & & & \\ & & & & 2 & & \\ & & & & & 9 & 7 \\ & & & & 17 & & \end{pmatrix}$$

（a）图 6-16（a）的邻接矩阵

循环	集合 S	v	距离数组 dist							路径数组 path						
			0	1	2	3	4	5	6	0	1	2	3	4	5	6
初始化	$\{v_0\}$	—	0	8	∞	30	∞	13	32	-1	0	-1	0	-1	0	0
1	$\{v_0,v_1\}$	v_1	0	8	13	30	∞	13	32	-1	0	1	0	-1	0	0
2	$\{v_0,v_1,v_2\}$	v_2	0	8	13	19	∞	13	32	-1	0	1	2	-1	0	0
3	$\{v_0,v_1,v_2,v_5\}$	v_5	0	8	13	19	∞	13	20	-1	0	1	2	5	0	5
4	$\{v_0,v_1,v_2,v_5,v_3\}$	v_3	0	8	13	19	22	13	20	-1	0	1	2	3	0	5
5	$\{v_0,v_1,v_2,v_5,v_3,v_6\}$	v_6	0	8	13	19	21	13	20	-1	0	1	2	3	0	5
6	$\{v_0,v_1,v_2,v_5,v_3,v_6,v_4\}$	v_4	0	8	13	19	21	13	20	-1	0	1	2	3	0	5

（b）从源点 v_0 到其他各顶点的最短路径的动态执行情况

图 6-17　用迪杰斯特拉算法求最短路径的过程

迪杰斯特拉算法中有两个循环次数为顶点个数 n 的嵌套循环，因此其时间复杂度为 $O(n^2)$。

给出一个含有 n 个顶点的带权有向图，求其每对顶点之间的最短路径。解决这个问题的一种方法是每次以一个顶点为源点，执行迪杰斯特拉算法，求得从该顶点到其他各顶点的最短路径，重复执行 n 次之后，就能求得从每个顶点出发到其他各顶点的最短路径。

6.6 拓扑排序

几乎所有的工程都可以分为若干子工程，这些子工程之间通常存在着一定的先决条件约束，某些子工程的开始必须在另一些子工程完成之后。例如，要盖楼房，必须首先打地基，然后一层一层地盖，最后封顶。又如，某学校计算机专业学生必须学习一系列课程（见表 6-1），其中有些课程是基础课而独立于其他课程，即无先修课程，如"计算机文化基础"；而有些课程必须在它的先修课程学完以后才能开始学习，如"操作系统"必须在"数据结构"和"计算机组成原理"学完之后才能开始学习，这些先决条件定义了课程之间的优先关系。这个关系可以用有向无环图来描述，如图 6-18 所示，图中顶点表示课程，有向边表示先决条件。若课程 C_i 是课程 C_j 的先决条件，则图中有弧$<C_i,C_j>$。

若在图中用顶点表示活动（子工程），用有向边表示活动间的优先关系，则这样的有向图称为 AoV 网（Activity on Vertex Network）。在 AoV 网中，如果从顶点 i 到顶点 j 存在一条有向路径，则称顶点 i 是顶点 j 的前驱，或者称顶点 j 是顶点 i 的后继。如果$<i,j>$是网中的一条弧，则称顶点 i 优先于顶点 j，i 是 j 的直接前驱，或者称 j 是 i 的直接后继。一个顶点如果没有前驱，则该顶点表示的子工程可独立于整个工程，即该子工程的开工不受其他子工程的约束；否则，一个子工程的开工必须以其前驱代表的子工程的完工为前提条件。

表 6-1　计算机专业学生学习的课程

课 程 编 号	课 程 名 称	先 修 课 程
C_0	高等数学	无
C_1	计算机文化基础	无
C_2	离散数学	C_0，C_1
C_3	数据结构	C_2，C_4
C_4	C 语言程序设计	C_1
C_5	编译方法	C_3，C_4
C_6	操作系统	C_3，C_8
C_7	电子线路基础	C_0
C_8	计算机组成原理	C_7

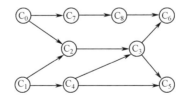

图 6-18　表示课程之间优先关系的有向无环图

在 AoV 网中，不应该出现有向环，因为有向环的存在表明某项活动以其本身的完成作为先决条件。显然，若设计出这样的流程，那么工程将永远不会结束。因此，对于给定的

AoV 网，应首先判定网中是否存在环。检测的一个方法是把 AoV 网中各个顶点排成一个线性序列，使得在此序列中，顶点之间的前驱和后继关系都得到满足。也就是说，在 AoV 网中，若活动 i 是活动 j 的前驱，则在线性序列中，活动 i 必在活动 j 的前面。若有向图无环，则可构造一个包含图中所有顶点的线性序列，具有上述特性的线性序列称为拓扑有序序列。对 AoV 网构造拓扑有序序列的操作称为拓扑排序。若 AoV 网有环，则找不到该网的拓扑有序序列。例如，对如图 6-18 所示的 AoV 网进行拓扑排序，可以得到下面两个拓扑有序序列（实际上多于这两个）：$C_0,C_1,C_2,C_4,C_3,C_5,C_7,C_8,C_6$ 和 $C_0,C_7,C_8,C_1,C_2,C_4,C_3,C_5,C_6$。

对 AoV 网进行拓扑排序的方法和步骤如下。

（1）在有向图中选一个没有前驱（入度为 0）的顶点并输出它。

（2）从图中删去该顶点和所有以该顶点为弧尾的弧。

重复上述两步，直至全部顶点均被输出，或者当前网中不再存在没有前驱的顶点。操作结果的前一种情况说明网中不存在有向回路，拓扑排序成功；后一种情况说明网中存在有向回路。

图 6-19 给出了一个按上述步骤求 AoV 网的拓扑序列的例子，这样得到的一个拓扑排序序列为 v_0,v_4,v_1,v_2,v_5,v_3。

为了实现拓扑排序，针对上述两步操作，采用邻接表作为有向图的存储结构，并在表头结点中增设一个入度域（Indegree），用于存放顶点的入度。每个顶点的入度域的值随邻接表动态生成过程累计得到。图 6-20 为图 6-19（a）所示的 AoV 网的邻接表。入度为 0 的顶点即没有前驱的顶点，删除顶点及以它为弧尾的弧的操作可转换为通过将它的所有弧头顶点的入度域减 1 来实现。

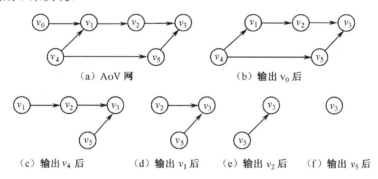

（a）AoV 网　　　　　　（b）输出 v_0 后

（c）输出 v_4 后　　（d）输出 v_1 后　　（e）输出 v_2 后　　（f）输出 v_5 后

图 6-19　AoV 网及其拓扑有序序列的产生过程

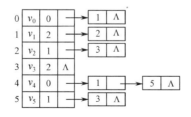

图 6-20　AoV 网的邻接表

为了避免重复检测入度为 0 的顶点，可另设一个栈来暂时存放所有入度为 0 的顶点。拓扑排序算法描述如下。

（1）扫描顶点表，将入度为 0 的顶点入栈。

（2）while(栈非空)。

> { 将栈顶顶点 v_j 弹出并输出它;

$\quad$ { 将栈顶顶点 v_j 弹出并输出它;

$\quad$ 在邻接表中查找 v_j 的直接后继 v_k，把 v_k 的入度减 1，若 v_k 的入度为 0 则进栈;

$\quad$ }

（3）若输出的顶点数小于 n，则表示存在有向回路；否则拓扑排序正常结束。

1. 拓扑排序算法的实现

以邻接表作为存储结构，把邻接表中所有入度为 0 的顶点进栈，当栈非空时，输出栈顶元素（顶点）v_j 并退栈；在邻接表中查找 v_j 的所有的直接后继 v_k，把每个直接后继 v_k 的入度减 1，若 v_k 的入度减 1 后为 0 则进栈。重复上述操作，直至栈空。若栈空时输出的顶点个数小于图中的顶点个数，则有向图有环；否则，拓扑排序完毕。

算法中的邻接表的结构描述如下：

```
#define   MaxSize   顶点数目
typedef   struct   ArcNode
  { int   adjvex;                          /*邻接点序号*/
    struct   ArcNode   *nextarc;
    otherinfo   info;
  }ArcNode;                                /*边结点*/
typedef   struct   VertexNode
  { VertexType data;
    int indegree;                          /*入度*/
    ArcNode *firstarc;
  }VertexNode;                             /*表头结点*/
typedef   struct
  { VertexNode vertex[MaxSize];
    int vexnum,arcnum;
  } AdjList;                               /*图的邻接表*/
```

算法的具体描述如下：

```
void   TopSort(AdjList   *g)
{/*top 为栈顶指针，n 为统计的输出顶点数，s 为栈*/
    int top,n,k,j,s[MaxSize];
    ArcNode *q;
    top=-1; n=0;
    for(j=0;j<g->vexnum;j++)                /*入度为 0 的顶点进栈*/
        if(g->vertex[j].indegree==0)
            s[++top]=j;
    while(top!=-1)   /*拓扑排序*/
    {   j=s[top--]; /*出栈*/
        printf("%c   ",g->vertex[j].data);/*输出顶点*/
        n++;
        q=g->vertex[j].firstarc;             /*找第一个邻接点*/
        while(q!=NULL)
        {   k=q->adjvex;
```

```
            g->vertex[k].indegree--;
            if(g->vertex[k].indegree==0)        /*入度为 0 的邻接点入栈*/
                s[++top]=k;
            q=q->nextarc;                        /*找下一个邻接点*/
        }/*while*/
    }/*while*/
    printf("\nn=%d\n",n);
    if(n<g->vexnum)    printf("The network has a cycle\n");
}/* TopSort */
```

思考：此算法只是求出一种拓扑排序的方法，如果要求求出所有的拓扑排序序列，那么算法又该如何设计呢？

2．算法分析

对于有 n 个顶点和 e 条弧的有向图而言，在拓扑排序算法中，查入度为 0 的顶点需要执行 n 次，每个顶点进一次栈、出一次栈，共输出 n 次；顶点入度减 1 的操作要执行 e 次，因此，总的时间复杂度为 $O(n+e)$。

6.7　典型例题

【例 6-1】当用邻接表表示图时，将顶点个数设为 n，将边的条数设为 e，在邻接表上执行有关图的遍历操作时，时间复杂度是 $O(n \times e)$ 还是 $O(n+e)$？或者是 $O(\max(n,e))$？

【分析与解答】

在邻接表上执行图的遍历操作时，不仅需要对邻接表中所有边表中的结点访问一次，还需要对所有的顶点访问一次，因此时间复杂度是 $O(n+e)$。

【例 6-2】已知一个无向图的邻接表如图 6-21 所示。

（1）画出该无向图。

（2）根据邻接表，分别写出按深度优先搜索和广度优先搜索遍历算法从顶点 v_0 开始遍历的遍历序列，并画出深度优先生成树和广度优先生成树。

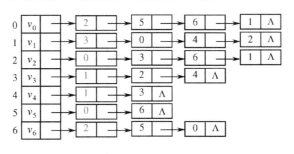

图 6-21　一个无向图的邻接表

【分析与解答】

（1）该无向图如图 6-22（a）所示。

（2）根据该无向图的邻接表表示，从顶点 v_0 开始遍历的深度优先搜索的序列为$v_0,v_2,v_3,v_1,v_4,v_6,v_5$，其相应的生成树如图 6-22（b）所示；从顶点 v_0 开始遍历的广度优先搜索的序列为$v_0,v_2,v_5,v_6,v_1,v_3,v_4$，其相应的生成树如图 6-22（c）所示。

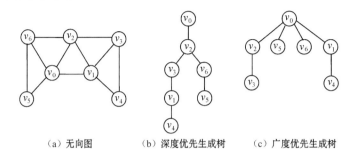

（a）无向图　　　　　（b）深度优先生成树　　　　　（c）广度优先生成树

图 6-22　无向图及其生成树

就图的逻辑结构而言，从图中某个顶点开始遍历的深度（广度）优先搜索序列不一定是唯一的。这是因为在逻辑结构中，对每个顶点的所有邻接点没有规定它们之间的先后顺序，所以在搜索算法中选取第一个邻接点和下一个邻接点时可能会有不同的结果。但是一旦给定具体的存储结构，就明确给出了每个顶点的邻接点的顺序，这样，深度优先搜索和广度优先搜索遍历算法就对应唯一的顶点序列，相应的深度优先生成树和广度优先生成树也就唯一了。

【例 6-3】在邻接矩阵上实现图的基本操作：InsertVex、InsertArc、DeleteVex、DeleteArc。

【分析与解答】

图的邻接矩阵存储结构的类型描述如下：

```
#define  MaxSize  顶点数目
typedef  char  VexType;
typedef struct
{ VexType  vexs[MaxSize];              /*顶点数组*/
    int  arcs[MaxSize][ MaxSize];       /*邻接矩阵*/
    int  vexnum,arcnum;                 /*顶点数，边（弧）数*/
}AdjMatrix;
```

算法描述如下：

```
/*本题中的图 G 均为有向无权图，其余情况容易由此写出*/
int InsertVex(AdjMatrix *G,char u)      /*在邻接矩阵表示的图 G 上插入顶点 u*/
{    if(G->vexnum+1)>MaxSize
       return 0;
     G->vexs[++G->vexnum]=u;
     return 1;
 }/* InsertVex */
int   InsertArc (AdjMatrix *G,char v,char w)   /*在邻接矩阵表示的图 G 上插入边(v,w)*/
{
     if((i=LocateVex(G,v))<0) return 0;
     if((j=LocateVex(G,w))<0) return 0;      /*不存在顶点 v 和 w */
     if(i==j) return 0;                      /*图中不能有从自身到自身的边*/
```

```
            if(!G->arcs[i][j])                    /*图中不存在边(v,w) */
             {
               G->arcs[i][j] =1;                  /*插入边(v,w) */
               G->arcnum++;                        /*图中边数加 1 */
             }
            return 1
        }/* InsertArc */
        int DeleteVex (AdjMatrix *G,char v)        /*在邻接矩阵表示的图 G 上删除顶点 v*/
        {
            n=G->vexnum;
            if((m=LocateVex(G,v))<0)     return 0;  /*不存在顶点 v */
            G->vexs[m]<->G->vexs[n];                /*将待删除顶点交换到最后一个顶点*/
            for(i=0;i<n;i++)
             {
               G->arcs[i][m]=G->arcs[i][n];
               G->arcs[m][i]=G->arcs[n][i];         /*将边的关系随之交换*/
             }
            G->arcs[m][m]=0;
            G->vexnum--;
            return 1;
        }/* DeleteVex */
```

【注意】如果不把待删除顶点交换到最后一个顶点，则算法将会比较复杂，会伴随着大量元素的移动，时间复杂度也会大大增加。

```
        int DeleteArc((AdjMatrix *G,char v,char w)   /*在邻接矩阵表示的图 G 上删除边(v,w)*/
        {
            if((i=LocateVex(G,v))<0) return 0;
            if((j=LocateVex(G,w))<0) return 0;        /*不存在顶点 v 和 w */
            if(G->arcs[i][j])                         /* 存在边(v,w) */
             {
                G->arcs[i][j]=0;
                G->arcnum--;
              return 1;
             }
            else
        return 0;                                     /* 不存在边(v,w) */
        }/* DeleteArc */
```

【例 6-4】G 为一有向图，当其存储结构分别如下时，请写出相应存储结构上的计算有向图 G 出度为 0 的顶点个数的算法。

（1）邻接矩阵。

（2）邻接表。

【分析与解答】

（1）在邻接矩阵上，一行对应一个顶点，而且每行的非零元素的个数等于对应顶点的出度。因此，当某行非零元素的个数为 0 时，则对应顶点的出度为 0。据此，从第一行开始，查找每行是否有非零元素，如果没有则计数器加 1。

算法描述如下：

```
int sum_zero1 (AdjMatrix  G)
{ int count=0;                                  /* count 计度数为 0 的结点数*/
  for (i=0;i< G.vexnum;i++)
    { tag=0;                                     /*tag 为标志*/
      for (j=0; j< G.vexnum; j++)
          if (G.arcs[i][j]==1)    tag=1;         /*有边*/
          if (tag==0) count++;                   /*顶点 vi 的出度为 0*/
    }
  return count;
}
```

（2）邻接表结构中的边表恰好就是出边表，因此，其表头数组中 firstarc 域为空的个数等于出度为 0 的元素个数。

算法描述如下：

```
int sum_zero2 (AdjList G)
{  int count=0;                                  /* count 计度数为 0 的结点数*/
   for (i=0; i< G.vexnum; i++)
       if (G.vertex[i].firstarc ==NULL) count++;
   return count;
}
```

【例 6-5】已知无向图 G=(V,E)，给出求图 G 的连通分量的个数的算法。

【分析与解答】

利用图的遍历就可以求出图的连通分量。调用 DFS 或 BFS 一次就可以访问图的一个连通分量的所有顶点。因此，调用 DFS 或 BFS 的次数就是图的连通分量的个数。下面以邻接表为例给出求图 G 的连通分量的个数的算法。

算法描述如下：

```
int   visited [MaxSize]={0};
void   DFS(AdjList  *g,int  i)
/*从第 i 个顶点出发，深度优先遍历图 G，G 以邻接表表示*/
{   printf("%3c",g->vertex[i].data);            /*访问顶点 vi*/
    visited[i]=1;
    for (p=g->vertex[i].firstarc;p;p=p->nextarc)
        if ((!visited[p->adjvex]))
        DFS2(g,p->adjvex);
}/*DFS*/
void   Count(AdjList  *g)                        /*求图中连通分量的个数*/
{ int k=0 ;                                      /*k 计连通分量的个数*/
   for(i=0;i<g->vexnum;i++ )
      if(visited[i]==0)
          { printf ("\n 第%d 个连通分量:\n",++k); dfs(g,i);}
}/*Count*/
```

6.8 实训例题

6.8.1 实训例题 1：图的遍历

【问题描述】

建立图的邻接矩阵存储结构，实现图的遍历。

【基本要求】

- 功能：建立一个选择式菜单形式，如下所示。

```
****************************************
*        1. 创建图的邻接矩阵            *
*        2. 深度优先搜索图              *
*        3. 广度优先搜索图              *
*        0. 退出                       *
****************************************
```

建立图的邻接矩阵存储结构，实现图的深度优先搜索和广度优先搜索。

- 输入：连通图的顶点数、顶点信息、边数、顶点对序列及遍历的起始顶点序号。
- 输出：图的深度优先搜索序列、广度优先搜索序列。

【测试数据】

输入如图 6-23 所示的无向图，遍历起始顶点为 0 顶点（顶点 A），预期输出深度优先搜索序列 A、B、C、D、E 和广度优先搜索序列 A、B、D、E、C。

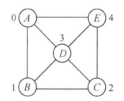

图 6-23　无向图

【数据结构】

图的邻接矩阵存储结构的类型描述如下：

```
#define   MaxSize   10   /*顶点数目*/
typedef struct
{ VexType   vexs[MaxSize];              /*顶点数组*/
  int   arcs[MaxSize][MaxSize];         /*邻接矩阵*/
  int   vexnum,arcnum;                  /*顶点数，边（弧）数*/
}AdjMatrix;
```

循环队列的类型描述如下：

```
#define MaxSize   10                    /*队列可能达到的最大长度*/
typedef struct
{ ElementType   elem[MaxSize];
  int front,rear;                       /*队首、队尾指示器*/
} CirQueue;
```

【算法思想】

首先输入顶点的个数、边的条数，由顶点的序号建立顶点表（数组）。然后将矩阵的每个元素都初始化成 0，读入边(i,j)，将邻接矩阵的相应元素的值（第 i 行第 j 列和第 j 行第 i 列）置为 1。

在遍历图的过程中，要记下每个已被访问过的顶点。为此，可增设一个访问标志数组 visited[n]，用于标识图中每个顶点是否被访问过。每个 visited[i]的初值均置为 0，表示该顶点未被访问过。一旦顶点 v_i 被访问过，就将 visited[i]置为 1，表示该顶点已被访问过。

图的深度优先搜索：假定以图中某个顶点 v_i 为起始顶点，首先访问起始顶点；然后选择一个与顶点 v_i 相邻且未被访问过的顶点 v_j 为新的起始顶点继续进行深度优先搜索，直至图中与顶点 v_i 相邻接的所有顶点都被访问过。显然，这是一个递归的搜索过程。

在广度优先搜索中，若顶点 v 在顶点 u 之前被访问，则 v 的邻接点也将在 u 的邻接点之前被访问。因此，可采用队列来暂存那些刚被访问过且可能还有未被访问的邻接点的顶点。

【模块划分】

整个算法分 8 个模块。

（1）建立有向图的邻接表，CreateAdjMatrix。

（2）以邻接表作为存储结构实现深度优先搜索，DFS。

（3）循环队列的初始化，InitQueue。

（4）判断循环队列是否为空，QueueEmpty。

（5）入队，EnQueue。

（6）出队，DeleteQueue。

（7）以邻接表作为存储结构实现广度优先搜索，BFS。

（8）主函数 main，调用 CreateAdjMatrix 函数形成有向图的邻接矩阵，调用函数 DFS 求得深度优先搜索序列，调用函数 BFS 求得广度优先搜索序列。

【源程序】

```
#include <stdio.h>
#define MaxSize   10
typedef   char   VexType ;
typedef   int   ElementType ;
typedef struct
{ VexType   vexs[MaxSize];              /*顶点数组*/
   int   arcs[MaxSize][ MaxSize];        /*邻接矩阵*/
   int   vexnum,arcnum;                  /*顶点数和边（弧）数*/
}AdjMatrix;
typedef struct
{   ElementType   elem[MaxSize];
    int front,rear;                      /*队首、队尾指示器*/
} CirQueue;
int   visited[MaxSize];

void   CreateAdjMatrix(AdjMatrix   *g)    /*建立无向图的邻接矩阵 g*/
{    int i,j,k;
     printf("请输入顶点数和边数：\n");
```

```
        scanf("%d",&g->vexnum);
        scanf("%d",&g->arcnum);
        getchar(); /*吃掉输入的换行符*/
        printf("请输入顶点信息：\n");
        for (i=0;i<g->vexnum;++i)
            scanf("%c",&g->vexs[i]);              /*建立顶点数组*/
        for (i=0;i<g->vexnum;++i)                 /*初始化邻接矩阵*/
        for (j=0;j<g->vexnum;++j)
            g->arcs[i][j]=0;
        for (k=0;k<g->arcnum;k++)
        {   printf("请输入边：\n");
            scanf("%d,%d",&i,&j);                 /*输入边(i,j)，i 和 j 为顶点序号*/
            g->arcs[i][j]=1;
            g->arcs[j][i]=1;
        }
}/*CreateAdjMatrix */
void    DFS(AdjMatrix   *g,int   i)
/*从第 i 个顶点出发，深度优先遍历图 G，G 以邻接矩阵表示*/
{    int j;
     printf("%3c",g->vexs[i]);                    /*访问顶点 v_i*/
     visited[i]=1;
     for (j=0;j<g->vexnum;j++)
         if ((g->arcs[i][j]==1)&&(!visited[j]))
           DFS(g,j);
}/*DFS*/
void   InitQueue(CirQueue *q )                    /*初始化队列*/
{   q->front=0;
    q->rear=0;
}/* InitQueue */


int QueueEmpty(CirQueue q)                        /*判定队列 q 是否为空*/
{
     return(q.front==q.rear);
}/* QueueEmpty */


void EnQueue (CirQueue *q,ElementType e)          /*将元素 e 入队*/
{    if (q->front == (q->rear+1) % MaxSize)       /*队满*/
     printf（"\nFull"）;
   else
     {    q->rear = (q->rear+1) % MaxSize;
          q->elem[q->rear]=e;
     }
   } /* EnQueue */
```

```
int   DeleteQueue(CirQueue *q,ElementType *e)        /*出队*/
    {    if (q->front==q->rear)                       /*空队*/
        return(0);                                    /*返回 0 值*/
        else
    {   *e = q->elem[(q->front+1) % MaxSize];
        q-> front = (q-> front +1) % MaxSize;
        return (1);
    }
}/* DeleteQueue */


void   BFS(AdjMatrix* g,int i)
/*从第 i 个顶点出发，广度优先遍历图 G，G 以邻接矩阵表示*/
{    int k,j ;
    CirQueue Q;                                       /*定义一个队列*/
    for (j=0;j<g->vexnum;j++)                          /*访问数组 visited 并赋初值*/
        visited[j]=0;
    printf("%3c",g->vexs[i]);                          /*访问顶点 vi */
    visited[i]=1;
    InitQueue(&Q);                                     /*置空队列 Q */
    EnQueue(&Q,i);                                     /* vi 入队*/
    while   (!QueueEmpty (Q))
    {   DeleteQueue (&Q,&k);                           /*队头顶点出队*/
        for (j=0;j<g->vexnum;j++)
            if ((g->arcs[k][j]==1)&&(!visited[j]))
            {   printf("%3c",g->vexs[j]);
                    /*访问顶点 vi 未被访问过的顶点 vj*/
                visited[j]=1;
                EnQueue(&Q,j);                         /* vj 入队*/
            }
        }
    } /*BFS */
void main()                                            /*主函数*/
{ AdjMatrix *G,a;
   char ch,choice;
   int i,j;
   G=&a;
   printf("\n 建立无向图的邻接矩阵\n");
   CreateAdjMatrix(G);
   printf("\n 无向图的邻接矩阵为：\n");
   for(i=0;i<G->vexnum;i++)
     {for(j=0;j<G->vexnum;j++)
         printf("%4d",G->arcs[i][j]);
       printf("\n");
     }
```

```
        getchar();
        ch='y';
        while(ch=='y'||ch=='Y')
        {
          printf ("\t ********************************\n");
          printf ("\t *      1. 创建图的邻接矩阵            *\n");
          printf ("\t *      2. 深度优先搜索图              *\n");
          printf ("\t *      3. 广度优先搜索图              *\n");
          printf ("\t *      0. 退出                      *\n");
          printf ("\t ********************************\n");
          printf("\t 请选择菜单号(0～3):");
          scanf("%d",&choice);
          switch(choice)
          {case 1:
                  CreateAdjMatrix(G);
                  printf("图的邻接矩阵建立完毕。\n");
                  break;
          case 2: for (j=0;j<G->vexnum;j++)                   /*访问数组 visited 并赋初值*/
                  visited[j]=0;
              DFS (G,0); printf("\n");break;
          case 3:BFS (G,0); printf("\n");break;
          case 0:ch='n';break;
          default:printf("\t 输入有误！请重新输入\n");
          }
        }
}/*main*/
```

【测试情况】

建立无向图的邻接矩阵
请输入顶点数和边数：
5
8
请输入顶点信息：
ABCDE
请输入边：
0,1
请输入边：
1,2
请输入边：
2,4
请输入边：
4,0
请输入边：
0,3
请输入边：

1,3

请输入边：

2,3

请输入边：

3,4

无向图的邻接矩阵为：

0　1　0　1　1

1　0　1　1　0

0　1　0　1　1

1　1　1　0　1

1　0　1　1　0

```
**************************************
*      1. 创建图的邻接矩阵          *
*      2. 深度优先搜索图            *
*      3. 广度优先搜索图            *
*      0. 退出                      *
**************************************
```

请选择菜单号(0～3): 2

ABCDE

```
**************************************
*      1. 创建图的邻接矩阵          *
*      2. 深度优先搜索图            *
*      3. 广度优先搜索图            *
*      0. 退出                      *
**************************************
```

请选择菜单号(0～3):3

ABDEC

```
**************************************
*      1. 创建图的邻接矩阵          *
*      2. 深度优先搜索图            *
*      3. 广度优先搜索图            *
*      0. 退出                      *
**************************************
```

请选择菜单号(0～3):0

【心得】

根据实训过程，写出自己的体会，如自己的收获、遇到的问题、解决问题的思考过程、对程序调试过程的分析、对"数据结构"课程的思考及在实训过程中对"数据结构"课程的认识等。

6.8.2　实训例题 2：设计学习计划

【问题描述】

软件专业的学生要学习一系列课程，其中有些课程在其先修课程完成后才能学习，如 6.6 节中的表 6-1 所示。假设每门课程的学习时间为一学期，试为该专业的学生设计学习计划，使他们能够在最短的时间内修完这些课程。

【基本要求】

- 功能：为学生设计学习计划。
- 输入：学生需要学习的课程之间的先修关系，即把课程之间的先修关系表示为 AoV 网，输入该网。
- 输出：学生学习课程的计划，即输入的 AoV 网的拓扑序列。

【测试数据】

输入如图 6-18 所示的课程之间的先修关系，预期输出为其拓扑序列 1,4,0,7,8,2,3,6,5。

【数据结构】

采用 AoV 网表示课程之间的先修关系，因为在算法中要涉及求顶点的邻接点，所以存储结构采用邻接表比较合适，其类型描述如下：

```
typedef int VertexType;              /*为简单起见，将顶点信息设为顶点序号*/
typedef struct ArcNode
{ int adjvex;                        /*邻接点序号*/
struct  ArcNode  *nextarc;
otherinfo info;
}ArcNode;                            /*边结点*/
typedef struct VertexNode
{ VertexType data;
int indegree;                        /*入度*/
ArcNode *firstarc;
}VertexNode;                         /*表头结点*/
typedef   struct
{ VertexNode vertex[MaxSize];
int vexnum,arcnum;
}AdjList;                            /*图的邻接表*/
```

【算法思想】

以顶点表示课程，以弧表示课程之间的先修关系，对于任意两门课程 i 和 j，如果 i 是 j 的先修课，则在顶点 i 和顶点 j 之间画一条弧，按题中条件建立有向图。依题意，该问题的求解便成了求有向图的拓扑有序序列。在算法中，在邻接表的表头结点中加入了存放顶点入度的域 indegree，每个顶点的入度域初始值均为 0，随着弧的输入，动态地累计得到各顶点的入度。

在拓扑排序的过程中，与 6.6 节中介绍的方法不同，没有为栈专门开辟空间，而是利用表头结点数组中入度为 0 的顶点的 indegree 域进行链接形成链栈。

【模块划分】

整个算法分 3 个模块。

（1）建立有向图的邻接表，CreateAdjList。

（2）以邻接表作为存储结构实现拓扑排序，TopSort。

（3）主函数 main，功能是建立邻接表的表头数组，调用 CreateAdjList 函数形成有向图的邻接表，调用 TopSort 函数求得学习计划。

【源程序】

```
#include <stdio.h>
#define MaxSize 50
typedef int VertexType;                    /*为简单起见，将顶点信息设为顶点序号*/
typedef struct ArcNode
{ int adjvex;                              /*邻接点序号*/
struct   ArcNode  *nextarc;
}ArcNode;                                  /*边结点*/
typedef struct VertexNode
{ VertexType data;
int indegree;                             /*入度*/
ArcNode *firstarc;
}VertexNode;                               /*表头结点*/
typedef   struct
{ VertexNode vertex[MaxSize];
int vexnum,arcnum;
}AdjList;    /*图的邻接表*/
void   CreateAdjList(AdjList   *g)         /*建立图的邻接表*/
{    int n,e,i,j,k;
     ArcNode *p;
printf("input vexnum,arcnum: ");
    scanf("%d%d",&n,&e);
    g->vexnum=n; g->arcnum=e;
    for (i=0;i<n;i++)                      /*邻接表表头数组初始化*/
    {  g->vertex[i].data=i;
       g->vertex[i].indegree=0;
       g->vertex[i].firstarc=NULL;
    }
       for (k=0;k<e;k++)                   /*输入各条弧，建立邻接表*/
       {   printf("input graph's edge: ");
           scanf("%d%d",&i,&j);
           p=(ArcNode*) malloc(sizeof(ArcNode));
               /*每条弧对应生成一个边结点*/
           p->adjvex=j;
           p->nextarc=g->vertex[i].firstarc;
               /*将新生成结点插入对应单链（边）表头部*/
           g->vertex[i].firstarc=p;
           g->vertex[j].indegree++;        /*弧的终端顶点的入度加 1*/
       }
    }

    void TopSort(AdjList   g)              /*由拓扑排序算法求学习计划*/
    {   ArcNode *p;
        int m,i,j,k,top;
```

```
        top=−1;                                    /*栈初始化*/
        for (i=0;i<g.vexnum;i++)
        if (g.vertex[i].indegree==0)
            /*入度为 0 的顶点链入链栈，top 指向栈顶*/
        {   g.vertex[i].indegree=top;
            top=i;
        }
        m=0;
        printf("topsort is :\n");
        while (top!= −1)                           /*栈不空，进行拓扑排序*/
        {   j=top;                                 /*取栈顶元素*/
            top=g.vertex[top].indegree;            /*删除栈顶元素*/
            printf("%4d",g.vertex[j].data);        /*输出一个拓扑排序结点*/
            m++;                                   /*拓扑排序结点个数加 1*/
            p=g.vertex[j].firstarc;
            while (p!=NULL)
            {   k= p->adjvex;
                g.vertex[k].indegree−−;
                /*以已输出顶点为弧尾的弧的终端顶点的入度减 1*/
                if (g.vertex[k].indegree==0)       /*若减 1 后入度为 0，则进栈*/
                {   g.vertex[k].indegree=top;
                    top=k;
                }
                p=p->nextarc;
            }
        }
    if (m<g.vexnum)
     /*拓扑排序过程中输出的顶点数小于有向图的顶点数*/
        printf("there is a cycle in the gragh!\n");
}/* TopSort */
main()
{   AdjList   g;
    CreateAdjList(&g);                             /*建立有向图的邻接表*/
    TopSort(g);                                    /*进行拓扑排序*/
}
```

【测试情况】
```
input vexnum arcnum:
9 10
input graph's edge:
0 7
0 2
1 2
1 4
2 3
```

3 5

3 6

4 5

7 8

8 6

输出结果为：

topsort is:

1 4 0 7 8 2 3 5 6

【心得】

根据实训过程，写出自己的体会，如自己的收获、遇到的问题、解决问题的思考过程、对程序调试过程的分析、对"数据结构"课程的思考及在实训过程中对"数据结构"课程的认识等。

6.9   总结与提高

6.9.1   主要知识点

1．基本术语

图是比树更一般、更复杂的非线性数据结构。在图形结构中，结点之间的关系可以是多对多，即一结点和其他结点的关系是任意的，可以有关，也可以无关。图作为一种非线性结构，被广泛应用于多个技术领域。图可分为有向图和无向图，邻接点、度、入度、出度、网、连通图都是很重要的术语。

2．图的存储结构

图的存储方法有多种，常用的有邻接矩阵和邻接表。每种方法各有利弊，可以根据实际应用选择合适的存储结构。图的邻接矩阵表示法也称为数组表示法，是图的顺序存储表示，适合存储稠密图；对于稀疏图而言，不适合用邻接矩阵来存储，因为这样会造成存储空间的浪费。邻接表表示法实际上是图的一种顺序存储与链式存储相结合的存储结构（类似树的孩子链表表示），克服了邻接矩阵的弊病，稀疏图可采用这种存储方式。

3．图的遍历

图作为一种复杂的数据结构也存在遍历问题。图的遍历就是希望从图中的某个顶点出发，按某种方法对图中的所有顶点进行访问且仅访问一次。图的遍历通常有两种方法，即深度优先搜索和广度优先搜索。这两种遍历方法对无向图和有向图均适用。

4．图的应用

图的遍历算法是图应用的重要基础。求图的最小生成树、最短路径、拓扑序列等算法是图的典型应用。

6.9.2   提高例题

【例 6-6】写出将一个无向图的邻接矩阵转换成邻接表的算法。

【分析与解答】

先设置一个空的邻接表，然后在邻接矩阵上查找值不为空的元素，找到后在邻接表的对应单链表中插入相应的边结点。

图的邻接矩阵存储结构的类型描述如下：

```
#define   MaxSize   顶点数目
typedef   char   VexType;
typedef struct
{ VexType   vexs[MaxSize];                    /*顶点数组*/
  int   arcs[MaxSize][ MaxSize];              /*邻接矩阵*/
  int   vexnum,arcnum;                        /*顶点数，边（弧）数*/
}AdjMatrix;
```

图的邻接表存储结构的类型描述如下：

```
#define MaxSize   顶点数目
typedef   struct   ArcNode
{   int   adjvex;
    struct   ArcNode   *nextarc;
    otherinfo   info;
}ArcNode;                                     /*边结点*/
typedef   struct   VertexNode
{   VertexType   data;
    ArcNode   *firstarc;
}VertexNode;                                  /*表头结点*/
typedef   struct
{   VertexNode   vertex[MaxSize];
    int   vexnum,arcnum;
} AdjList;      /*图的邻接表*/
```

算法描述如下：

```
void mattolist (AdjMatrix G1,AdjList * G2,)
{  G2-> vexnum=G1.vexnum;
   G2-> arcnum=G1.arcnum;
   for (i=0; i<G1.vexnum; i++)
       {   G2->vertex[i].data=G1. vexs[i];
           G2->vertex[i].firstarc=NULL;        /*将边表置为空表*/
           }
   for (i=0; i< G1.vexnum; i++)                /*逐行进行*/
    for (j= G1.vexnum −1; j>=0; j−−)
     if (G1.arcs[i][j]!=0)
    {
        s=(ArcNode *)malloc(sizeof(ArcNode)); /*生成边结点*/
        s->adjvex=j;                          /*邻接点序号为j*/
        s->nextarc=G2->vertex[i].firstarc;    /*将新结点*s 插入顶点 vi 的边表头部*/
        G2->vertex[i].firstarc=s;
    }
```

```
                                                }/* mattolist */
```

【例 6-7】已知无向图 g，设计算法，求距离顶点 v_0 的路径长度为 k 的所有顶点，要求尽可能节省时间。

【分析与解答】由于题目要求找出路径长度为 k 的所有顶点，故从顶点 v_0 开始进行广度优先搜索，将一步可达的、两步可达的直至 k 步可达的所有顶点记录下来，同时用一个队列记录每个结点的层号，输出第 $k+1$ 层的所有结点即可。

算法描述如下：

```
void bfsKLevel(Graph g, int v0, int k)
{ InitQueue( Q1);                          /*Q1 是存放已访问顶点的队列*/
  InitQueue( Q2);                          /*Q2 是存放已访问顶点层号的队列*/
  for ( i=0; i< g.vexnum; i++)
  visited[i]=FALSE;                        /*初始化访问标志数组*/
  visited[v0]=TRUE; Level=1;
  EnterQueue( Q1, v0);
  EnterQueue( Q2, Level);
  while (! IsEmpty( Q1) && Level<k+1)
  {
    v=DeleteQueue( Q1);                    /*取出已访问的顶点序号*/
    Level=DeleteQueue( Q2);                /*取出已访问顶点的层号*/
    w=FirstAdjVertex(g, v);                /*找第一个邻接点*/
    while ( w!=-1 )
    {
      if (! visited[w] )
      {
        if (Level==k) printf("%d", w);     /*输出符合条件的结点*/
          visited[w]=TRUE;
        EnterQueue( Q1, w);
        EnterQueue( Q2, Level+1);
      }
      w=NextAdjVertex(g, v, w);            /*找下一个邻接点*/
    }
}
```

习题

1. 填空题

（1）设图 G 的顶点数为 n，边数为 e，第 i 个顶点的度为 $D(v_i)$，则边数 e 与各顶点的度之间的关系为_____。

（2）具有 n 个顶点的有向完全图的弧的数目为_____，具有 n 个顶点的无向完全图的边的数目为_____。

（3）有向图 G 用邻接矩阵存储，其第 i 列的所有元素的和等于顶点 i 的_____。

（4）图的深度优先搜索遍历算法类似于二叉树的_____遍历，图的广度优先搜索遍历算法类似于二叉树的_____遍历。

（5）具有 n 个顶点的无向图至少要有_____条边才能保证其连通性。

（6）对于含有 n 个顶点、e 条边的无向连通图，利用普里姆算法生成最小生成树，其时间复杂度为_____；利用克鲁斯卡尔算法生成最小生成树，其时间复杂度为_____。_____算法适合于稀疏图。

（7）若一个无向连通图有 5 个顶点、8 条边，则其生成树将要去掉_____条边。

（8）无向图用邻接矩阵存储，其所有元素之和表示无向图的_____。

（9）在含有 n 个顶点和 e 条边的无向图的邻接矩阵中，零元素的个数为_____。

（10）对于一个含有 n 条边的无向连通图，其顶点个数至多为_____。

2．判断题

（1）连通分量是无向图的极小连通子图。

（2）当用邻接矩阵存储图时，在不考虑压缩存储的情况下，所占用的存储空间与图中的结点个数有关，而与图的边数无关。

（3）一个图可以没有边，但不能没有顶点。

（4）如果一个有向图的所有顶点可以构成一个拓扑序列，则说明该图存在回路。

（5）图的生成树的边数应小于顶点数。

（6）有向图的邻接矩阵的第 i 行的所有元素的和等于第 i 列的所有元素的和。

（7）用普里姆算法和克鲁斯卡尔算法求最小生成树的代价不一定相同。

（8）对任意一个图，从它的某个顶点出发进行一次深度优先或广度优先遍历可访问该图的所有顶点。

（9）邻接矩阵只适用于稠密图，邻接表适用于稀疏图。

（10）任何 AoV 网的拓扑排序的结果都是唯一的。

3．简答题

（1）已知无向图 $G=(V,E)$，其中 $V=\{v_1,v_2,v_3,v_4,v_5\}$，$E=\{(v_1,v_2),(v_1,v_4),(v_2,v_4),(v_2,v_5),(v_3,v_4),(v_3,v_5)\}$。

① 请画出图 G。

② 写出其邻接矩阵和邻接表表示。

③ 求出每个顶点的度。

（2）对于如图 6-24 所示的有向图，试给出其邻接矩阵和邻接表表示，并求出每个顶点的度。

（3）已知有 n 个顶点的无向图采用邻接矩阵存储结构，回答下列有关问题。

① 图中有多少条边？

② 任意两个顶点 v_i 和 v_j 之间是否有边相连？

③ 任意一个顶点的度是多少？

（4）已知一个无向图采用邻接表存储结构，回答下列有关问题。

① 图中有多少条边？

② 图中是否存在从 v_i 到 v_j 的边？

③ 如何求顶点 v_i 的入度和出度？

（5）现有如图 6-25 所示的图，完成以下问题。

① 画出邻接表。

② 根据邻接表列出从顶点 v_1 出发做深度优先搜索和广度优先搜索时图中顶点的次序。

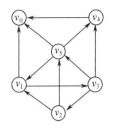

图 6-24　有向图 1

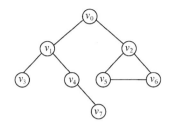

图 6-25　图

（6）对如图 6-26 所示的无向带权图完成以下操作。

① 按照普里姆算法，从顶点 A 出发生成最小生成树，写出生成过程。

② 按照克鲁斯卡尔算法生成最小生成树，写出生成过程。

③ 分别求出生成的最小生成树的权值。

（7）对如图 6-27 所示的有向带权图完成以下操作。

① 写出带权邻接矩阵。

② 用迪杰斯特拉算法求从顶点 A 到其他顶点的最短路径，并写出计算过程。

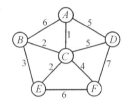

图 6-26　无向带权图

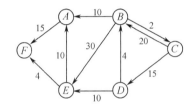

图 6-27　有向带权图

（8）试列出如图 6-28 所示的有向图的全部可能的拓扑有序序列。

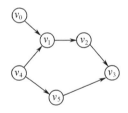

图 6-28　有向图 2

4．算法设计题

（1）编写一个实现连通图 G 的深度优先搜索（从顶点 v 出发）的非递归算法。

（2）写出将一个无向图的邻接表转换为邻接矩阵的算法。

（3）G 为一有 n 个顶点的有向图，当其存储结构分别如下时，请写出相应存储结构的计算有向图 G 的出度为 0 的顶点个数的算法。

① 邻接矩阵。

② 邻接表。

实训习题

（1）设计一个算法，判断无向图 G 是否连通，若连通，则返回 1；否则返回 0。

（2）设计一个算法，求非连通图的连通分量的个数，并对其进行广度优先搜索遍历。

（3）有向图采用邻接表作为存储结构，编写一个函数，判别有向图中是否存在由顶点 v_i 到顶点 v_j 的路径（$i \neq j$）。

（4）全国火车路线交通咨询。

输入全国城市铁路交通的有关数据，并据此建立交通网络。其中，顶点表示城市，边表示城市之间的铁路，边上的权值表示城市之间的距离。咨询以对话方式进行，由用户输入起始站、终点站，输出为从起始站到终点站的最短路径，并给出中途经过了哪些站点。

（5）景区导游程序。

用无向网表示某景区景点平面图（景点不少于 10 个），图中顶点表示主要景点，存放景点的编号、名称和简介等信息；图中的边表示景点间的道路，边上的权值表示两景点之间的距离等信息。游客通过终端询问，可知任意景点的相关信息和任意两景点间的最短简单路径。游客从景区大门进入，选一条最佳路线，使游客可以不重复地游览各景点，最后回到出口（出口就在入口旁边）。以下是算法需要满足的几点要求。

① 通过键盘或文件输入导游图。

② 游客通过键盘选择两个景点，输出结果。

③ 输出从入口到出口的最佳路线。

第 7 章

查　找

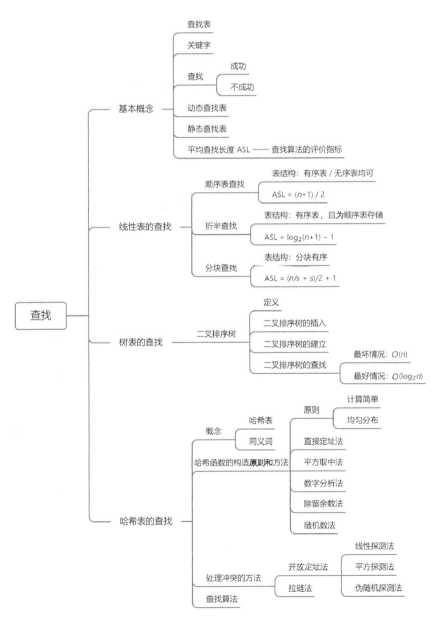

本章思维导图

在日常生活和工作中，经常会进行查找的操作。例如，高考分数、录取情况的查询，查字典等。查找在计算机领域中是一类很重要的操作，其效率的高低直接影响整个系统的运行效率。查找的方法很多，本章介绍几种常用的查找方法，并对其效率进行简单分析。

7.1　基本概念

查找也称为检索，就是在大量的数据中找到"特定"的数据。将大量的数据组织为某种数据结构，这种数据结构就称为查找表，它由若干记录，即元素构成，每个记录由若干数据项构成，"特定"的数据是由关键字标识的。所谓关键字，就是指唯一标识一个记录的一个或一组数据项。例如，高考查分，其关键字就是考生的考号和身份证号。在本章中，假定关键字由单个数据项构成。查找就是给定某个值，在查找表中找关键字值和给定值相等的记录。查找的结果不外乎两种：找到和找不到。如果找到，则称查找成功；否则称查找不成功。根据查找的结果做出不同的处理，就形成了不同的查找方法。若找到了，则返回该记录的相关信息，否则给出"没找到"的信息，这样的查找称为静态查找，相应的查找表称为静态查找表；若找到了，则对该记录进行相应的操作（如修改某些数据项的值、删除该记录等），否则将该记录插入查找表中，这样的查找称为动态查找，相应的查找表称为动态查找表。

在查找算法中，基本操作是将给定的值与每个记录的关键字的值进行比较，每次查找的比较次数与要查找的值在查找表中的位置有关。如何评价一个查找算法呢？通常用最大查找长度（Maximum Search Length，MSL）、平均查找长度（Average Search Length，ASL）作为衡量查找算法的标准。MSL 表示关键字的值与给定的值进行比较的最多比较次数，ASL 表示关键字的值与给定的值进行比较的平均比较次数。

假设查找表中含有 n 个记录，查找第 i 个记录所进行的比较次数为 c_i，查找到每个记录的概率为 p_i，那么，平均查找长度 ASL 可表示为

$$\text{ASL}=\sum_{i=1}^{n} c_i p_i$$

通常，查找成功和不成功时的平均查找长度是不一样的。

查找的方法随数据的组织形式，即数据结构的不同而不同。为了提高查找速度，常常用某些特殊的数据结构来组织数据，形成不同的查找表。本章主要讨论静态查找表、动态查找表，以及哈希表上的几种常用的查找方法。

7.2　线性表的查找

线性表是一种静态查找表，其存储结构可以是顺序结构，也可以是链式结构。线性表常用的查找方法有顺序查找、折半查找和分块（又称索引顺序）查找。

7.2.1　顺序查找

顺序查找是最简单、常用的一种查找方法。在这种查找方法中，把所有数据组织为一个顺序表，其类型说明如下：

```
#define MaxSize    表长
typedef struct
{   KeyType key;                          /*关键字域*/
    …;                                    /*其他域*/
}RecordType[MaxSize];
```

顺序查找的基本思想为从顺序表的一端开始，将给定的值与顺序表的每个元素的关键字的值依次进行比较，若找到，则返回该元素在顺序表中的序号；否则返回−1。

为提高查找效率，在进行顺序查找时，从最后一个位置开始向前查找，并且下标为 0 的位置不存放有用数据，而是存放给定的值，这个位置称为"监视哨"。这样，不管找到找不到，查找过程均可自然结束。有关测试表明，采取这样一个小小的技巧，可以大大提高算法的效率，当元素的个数 $n{\geqslant}1000$ 时，进行一次查找花费的时间平均减少一半。

顺序查找算法描述如下：

```
int SeqSearch(RecordType r,int n,KeyType k)
{   /*返回关键字值等于 k 的元素在表 r 中的位置，n 为表中元素的个数*/
    i=n;
    r[0].key=k;                          /*监视哨*/
    while (r[i]. key!=k)   i−−;
    if (i>0)   return(i);                /*查找成功*/
    else       return(−1);               /*查找失败*/
}/* SeqSearch */
```

当然，也可以把监视哨设在最后一个位置，查找从第一个位置开始，从前往后进行。

算法分析：对于顺序查找，其查找成功时的最多比较次数为 n，即查找成功时的最大查找长度为 MSL=n；查找不成功时的最多比较次数为 $n+1$，即查找不成功时的最大查找长度为 MSL=$n+1$。

在平均情况下，假定各记录的查找概率均等，即 $p_i=1/n$，由于查找第 i 个记录需要比较 $(n-i+1)$ 次，即 $c_i=n-i+1$，于是有

$$\text{ASL}=\sum_{i=1}^{n}c_i p_i=\frac{1}{n}\sum_{i=1}^{n}(n-i+1)=\frac{1}{n}\times\frac{n\times(n-1)}{2}=\frac{n+1}{2}$$

这表明，顺序查找的平均查找长度是与记录个数成正比的。当 n 较大时，平均查找长度也较大。

从分析中可以推出，对于顺序查找表，最大查找长度和平均查找长度的时间复杂度均为 $O(n)$。

在实际的数据查询系统中，记录被查找到的概率并不是均等的，因此，为了提高效率，要把经常查找的记录尽量放在顺序表的后端或前端，以减小平均查找长度。

【注意】顺序查找的线性表也可以用链式存储结构。

顺序查找的优点是算法简单且适用面广，对表结构没有特殊要求。顺序查找的缺点是平均查找长度较大，特别是当 n 较大时，查找效率较低，不宜采用。

微课视频

7.2.2 折半查找

折半查找也称二分查找，是一种高效的查找方法，但这种方法要求查找表中的所有数据必须按关键字有序且只能采用顺序存储结构。

折半查找的基本思想是首先找到所有数据的中间位置 mid，将给定的值 k 与中间位置元素的关键字的值 r[mid].key 进行比较，若相等，则查找成功，返回中间元素的位置 mid；若 $k<$r[mid].key，由于查找表是有序的（假设由小到大有序），所以要查找的元素如果存在，就一定在表的前半部分，于是，在表的前半部分（左子表）继续进行折半查找；若 $k>$r[mid].key，则要查找的元素如果存在，就一定在表的后半部分（右子表），于是，在表的后半部分继续进行折半查找。这样把表的查找范围一半一半地缩小，直到找到或找不到（此时，表的查找范围为 0）。为求表的中间位置，设两个指针 low 和 high，分别指向查找范围的两端，即查找范围里第一个元素的位置和最后一个元素的位置。假设给定的一组关键字为(3,6,12,23,30,43,56,64,78,85,98)，要查找的值 k 为 23，则其折半查找过程如下。

初始，low=1，high=11，mid=(1+11)/2=6。

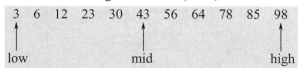

将 k 与 r[mid].key 进行比较，由于 $k<43$，因此，待查元素若存在，就必定在表的前半部分，即在区间 [1,mid−1] 内，令 high=mid−1，此时，low=1，high=5，重新求得 mid=(1+5)/2=3。

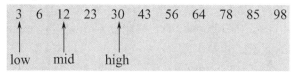

将 k 与 r[mid].key 进行比较，由于 $k>12$，因此，待查元素若存在，就必定在当前查找范围的后半部分，即在区间[mid+1,high]内，令 low=mid+1，此时，low=4，high=5，重新求得 mid=(4+5)/2=4。

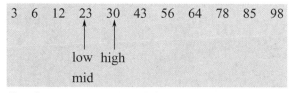

将 k 与 r[mid].key 进行比较，由于 $k=23$，所以查找成功。因此，所查找的记录在表中的位置为 4。

再看一个查找不成功的例子：查找 $k=70$ 的折半查找过程如下。

初始，low=1，high=11，mid=(1+11)/2=6。

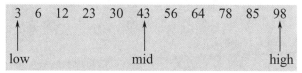

将 k 与 r[mid].key 进行比较，由于 $k>43$，因此，待查元素若存在，就必定在当前查找范

围的后半部分，即在区间[mid+1,high]内，令 low=mid+1，此时，low=7，high=11，重新求得 mid=(7+11)/2=9。

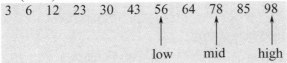

将 k 与 r[mid].key 进行比较，由于 k<78，因此，待查元素若存在，就必定在当前查找范围的前半部分，即在区间[low,mid−1]内，令 high=mid−1，此时，low=7，high=8，重新求得 mid=(7+8)/2=7。

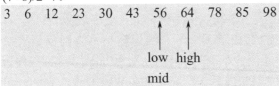

将 k 与 r[mid].key 进行比较，由于 k>56，因此，待查元素若存在，就必定在当前查找范围的后半部分，即在区间[mid+1,high]内，令 low=mid+1，此时，low=8，high=8，重新求得 mid=(8+8)/2=8。

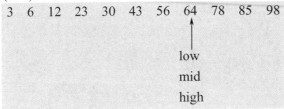

将 k 与 r[mid].key 进行比较，由于 k>64，因此，待查元素若存在，就必定在当前查找范围的后半部分，即在区间 [mid+1,high] 内，令 low=mid+1，此时，low=9，high=8，low>high，说明表中没有关键字等于 70 的元素，查找失败。

折半查找算法描述如下：

```
int    BinSearch(RecordType r,int n,KeyType k)
{    /*在有序表 r 中折半查找关键字值等于 k 的元素*/
    int low,high,mid;
    low=1; high=n;
    while (low<=high)
    {    mid=(low+high)/2;              /*取表的中间位置*/
        if (k==r[mid].key)
          return(mid);                  /*查找成功*/
        else
          if (k<r[mid].key)
            high=mid−1;                 /*在左子表中查找*/
          else
            low=mid+1;                  /*在右子表中查找*/
    }
    return(−1);                         /*查找失败*/
}/* BinSearch */
```

折半查找过程可用二叉树来形象地描述，每个记录对应二叉树中的一个结点，记录的位置（序号）作为结点的值，把当前查找范围的中间位置上的记录作为根结点，将左子表和右子表中的记录分别作为根结点的左子树和右子树，由此得到的二叉树称为描述折半查找的判定树。上述（有 11 个结点）折半查找对应的判定树如图 7-1 所示。

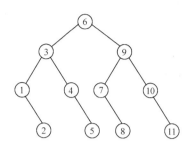

图 7-1　有 11 个结点的折半查找对应的判定树

从这棵折半查找的判定树中可以看到，找到第 6 号元素仅需要比较 1 次；找到第 3 号和第 9 号元素需要比较 2 次；找到第 1 号、第 4 号、第 7 号和第 10 号元素需要比较 3 次；找到第 2 号、第 5 号、第 8 号和第 11 号元素需要比较 4 次。判定树中的结点所在的层数正好与在表中折半查找该记录的比较次数相同。由此可见，折半查找过程恰好是走了一条从判定树的根到被查找记录的一条路径，经历的比较关键字的次数恰为该记录在判定树中的层次。

【注意】判定树的形态只与表中记录的个数有关。

由判定树可以看出，当折半查找成功时，关键字的比较次数最多不会超过判定树的深度。由于判定树的叶子结点所在的层次之差最多为 1，所以 n 个结点的判定树的深度与 n 个结点的完全二叉树的深度相等，均为 $[\log_2 n]+1$。因此，在折半查找成功时，关键字比较次数最多不超过 $[\log_2 n]+1$。相应地，折半查找失败时的过程对应判定树中从根结点到某个含空指针的结点的路径，因此，当折半查找失败时，关键字比较次数最多也不会超过判定树的深度。可以证明，如果每个记录的查找概率相等，则折半查找成功时的平均查找长度为

$$ASL = \frac{n+1}{n}\log_2(n+1) - 1$$

当 n 较大（$n>50$）时，有下列近似结果：

$$ASL = \log_2(n+1) - 1$$

因此，折半查找算法的时间复杂度为 $O(\log_2 n)$。可见，折半查找的效率比顺序查找的效率高得多。但折半查找只适用于有序表，若查找表无序，则需要将表按关键字排序，而排序本身是一种很费时的运算。另外，折半查找只适用于顺序存储结构。

7.2.3　分块查找

分块查找又称索引顺序查找，它不要求表中所有记录有序，但要求表中记录分块有序。在进行分块查找时，把表中所有记录分成若干块，一般情况下，块的长度均匀，最后一块可以不满；每块中的记录无序，但块间有序，即前一块中所有记录的关键字的值都比后一块中所有记录的关键字的值小（或者大）。为了便于查找，除待查找表（称为基本表）外，还需要对待查找表建立一个索引表。索引表的长度是待查找表的块数，索引表的每个

元素都包含两个域：一个域存放该块中关键字的最大（小）值，另一个域存放该块中第一个记录在基本表中的位置。例如，对于给定的一组关键字(3,12,24,15,8,32,53,40,38,29,66,70,61,90,86)，其基本表和索引表如图 7-2 所示。

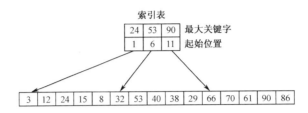

图 7-2 基本表和索引表

分块查找的过程分两步：首先在索引表中查找所查记录所在的块，因为索引表是有序表，所以此时既可以使用顺序查找，又可以使用折半查找。找到记录所在的块后，在相应的块中继续查找，由于不要求块中记录有序，因此，块中的查找只能是顺序查找。例如，在图 7-2 所示的一组关键字中查找 40 时，需要首先查找 40 所在的块。因为 40>24 且 40<53，所以要查找的记录如果存在，就一定在第二块中。第二块第一个记录在基本表中的位置是 6，因此，从基本表中第 6 个位置开始顺序查找，查到第 8 个位置，这个记录就是要查找的记录。

分块查找的平均查找长度等于两步查找的平均查找长度的和，即 ASL = Lb + Lw，其中，Lb 为查找索引表时的平均查找长度，Lw 为在块内查找时的平均查找长度。

将长度为 n 的表均匀地分成 b 块，每块含有 s 个记录，即 $b=n/s$；同时假定表中每个记录的查找概率相等，则每块的查找概率为 $1/b$，块中每个记录的查找概率为 $1/s$。若用顺序查找法查找记录所在的块，则 $ASL = Lb + Lw = \dfrac{1}{b}\sum_{j=1}^{b} j + \dfrac{1}{s}\sum_{i=1}^{s} i = \dfrac{b+1}{2} + \dfrac{s+1}{2} = \dfrac{1}{2}\left(\dfrac{n}{s} + s\right) = 1$。

此时，其平均查找长度不仅与 n 有关，还与每块中的记录数 s 有关。可以证明，当 s 取 $\sqrt{n}$ 时，ASL 趋于最小值 $\sqrt{n}+1$，这时的查找性能比顺序查找的性能要好，但远不及折半查找的性能；若用折半查找法确定记录所在的块，则 $ASL \approx \log_2\left(\dfrac{n}{s} + 1\right) + \dfrac{s}{2}$。

分块查找的时间性能高于顺序查找的时间性能而低于折半查找的时间性能。

7.3 二叉排序树的查找

7.2 节中介绍的 3 种查找方法适合静态查找，即查找表中所含记录在查找过程中一般是固定不变的，此时查找表采用线性表作为数据结构。当进行动态查找时，需要在查找过程中对查找表进行插入和删除操作，查找表需要动态变化，这就要求采用灵活的动态数据结构来组织查找表中的记录，以便高效率地实现动态查找。二叉排序树（Binary Sort Tree，BST）又称二叉查找树，是一种能够方便地实现动态查找的动态数据结构（动态查找表）。

7.3.1　二叉排序树的定义

二叉排序树是一棵二叉树，它或是空树，或是具有以下性质。

（1）若二叉排序树的根结点的左子树非空，则左子树上所有结点的值均小于根结点的值。

（2）若二叉排序树的根结点的右子树非空，则右子树上所有结点的值均大于或等于根结点的值。

（3）二叉排序树的根结点的左子树和右子树又分别是二叉排序树。

为了实现动态查找，可以把二叉排序树作为查找表的记录的组织形式，即按二叉排序树的结构来组织各个记录的关键字的值。图 7-3 就是一棵二叉排序树。

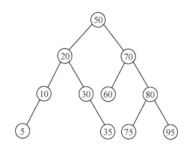

图 7-3　二叉排序树

根据二叉排序树的定义可以推知，对二叉排序树进行中序遍历，得到的中序序列是一个由小到大的递增有序序列。例如，图 7-3 所示的二叉排序树的中序序列为 5,10,20,30,35,50,60,70,75,80,95。

下面讨论二叉排序树的查找算法。

7.3.2　二叉排序树的查找算法

基于二叉排序树进行查找十分方便，当二叉排序树非空时，首先将给定值与根结点的关键字的值进行比较，若相等，则查找成功；否则，根据二叉排序树的定义，若给定值比根结点的关键字的值小且该记录存在，则只能在左子树中，若给定值比根结点的关键字的值大且该记录存在，则只能在右子树中，于是分别在左子树或右子树上继续查找，直到查找成功或不成功。从上述查找过程可以看出，该查找算法每次只需在左子树或右子树的一支上进行查找，效率明显提高。

例如，在如图 7-3 所示的二叉排序树中查找关键字 $k = 80$ 的记录（二叉排序树中结点内的数均为记录的关键字），首先以 k 值和根结点的关键字的值做比较，因为 $k>50$，所以查找根结点的右子树，此时右子树非空，且 $k>70$，因而继续查找 70 的右子树。由于 k 和 70 的右子树的根结点的关键字的值 80 相等，所以查找成功，此时可返回指向结点 80 的指针。又如，在如图 7-3 所示的二叉排序树中查找关键字的值等于 40 的记录，与上述过程类似，在对给定值 k 与关键字 50、20、30、35 相继进行比较后，继续查找结点 35 的右子树，此时右子树为空，说明树中没有待查找的记录，因此查找不成功，此时可返回空指针 NULL。

为实现二叉排序树的查找算法，给出二叉排序树的存储结构如下：

```
typedef  struct  BSTNode
{  KeyType   key;
```

```
        struct   BSTNode   * lchild,*rchild;
    }BSTNode,*BSTree;
```

假定二叉排序树的根结点的指针为 t，给定的关键字的值为 k，则二叉排序树的查找算法描述如下：

```
    BSTree   f;                              /* f指向流动指针 p 的双亲*/
    BSTree   BSTSearch(BSTree t,KeyType k)
    { /*在根结点为 t 的二叉排序树中查找关键字的值等于 k 的结点*/
        p=t; f=NULL;
        while (p!=NULL)
        {   if (k==p->key)
                return(p);                   /*查找成功*/
            else
            if (k<p->key)
                {f=p; p=p->lchild;}          /*在左子树中继续查找*/
            else
                { f=p; p=p->rchild;}         /*在右子树中继续查找*/
        } /*while*/
        return (NULL);                       /*查找失败*/
    }/*BSTSearch*/
```

执行上述算法后，如果查找成功，则返回指向关键字的值为 k 的结点的指针；如果查找失败，则返回空指针。算法中的全局变量 f 在算法执行后，如果查找成功，则指向所查找结点的双亲；如果查找不成功，则指向查找路径上访问的最后一个结点，该结点是一个叶子结点。如果要把没有找到的记录插入二叉排序树中，则要插入的结点将作为该叶子结点的孩子结点被插入该二叉排序树中。

7.3.3　二叉排序树的建立与插入

二叉排序树是一种动态查找表，是在查找过程中动态建立起来的，每当查找失败时，就把要查找的结点按二叉排序树的定义插入合适的位置。因此，要建立二叉排序树，首先要讨论二叉排序树的插入算法。

1．二叉排序树的插入

若要在二叉排序树中插入一个具有给定关键字的值 k 的新结点，则先要查找二叉排序树中是否存在关键字的值为 k 的结点，只有当二叉排序树中不存在关键字的值等于给定的值的结点，即查找失败时，才能进行插入操作。此时要根据 k 值的具体情况分别处理：若二叉排序树为空，则插入结点应为根结点；若二叉排序树不为空，且该值小于根结点的值，则应往左子树中插入；若二叉排序树不为空，且该值大于或等于根结点的值，则应往右子树中插入。新插入的结点一定是一个叶子结点，并且是查找路径上访问的最后一个结点的左孩子或右孩子，插入新结点之后，该二叉树仍然是一棵二叉排序树。

例如，要在如图 7-3 所示的二叉排序树中插入值为 66 的结点，具体操作过程如下。

（1）首先和根结点（值为 50 的结点）进行比较，由于 66 比 50 大，故要递归调用插入算法往其右子树（根结点的值为 70）中插入。

（2）由于 66 比 70 小，故要递归调用插入算法往其左子树（根结点的值为 60）中插入。

（3）由于 66 比 60 大，故要递归调用插入算法往其右子树中插入，由于其右子树为空，故可将该结点作为其右孩子直接插入其右子树中。

二叉排序树的插入算法描述如下：

```
BSTree   BSTInsert(BSTree t,KeyType k)
{      /*在二叉排序树 t 中查找关键字的值等于 k 的结点，查找失败时将 k 结点插入。全局变量
       f 指向待插结点的双亲*/
    BSTree s,p;
    p=BSTSearch(t,k);
    if(p==NULL)
    /*二叉排序树中无关键字的值为 k 的结点，把该结点插入*/
        {   s=(BSTNode *)malloc(sizeof((BSTNode)); /*生成新结点*/
            s->key=k;
            s->lchild=NULL;   s->rchild=NULL;
            if (t==NULL)
                t=s;           /*二叉排序树为空，新结点就是根结点*/
            else
              if(k<f->key)
                  f->lchild=s;   /*将新结点插入*/
            else
                  f->rchild=s;
        }/*if*/
        return (t);
}/*BSTInsert*/
```

二叉排序树的插入过程就是在二叉排序树中进行查找以寻找合适位置并反复构造叶子结点的过程，在插入的过程中，不需要移动元素。

2．二叉排序树的建立

建立一棵二叉排序树的过程就是根据给定的一组关键字，从一棵空树开始，不断插入结点的过程。图 7-4 给出了由关键字序列{50,70,20,10,60,30,80,5,75,35,95}构造二叉排序树的过程。

建立一棵二叉排序树的算法描述如下：

```
typedef   int   KeyType
BSTree   CreateBST ( )
{   BSTree t;
    KeyType   key;
    t=NULL;                    /*设二叉排序树的初始状态为空*/
    scanf("%d",&key);          /*读入一个结点的关键字*/
    while (key!= -1)           /*输入不是结束标志，循环*/
    {   t=BSTInsert(t,key);    /*将新结点插入二叉排序树中*/
        scanf("%d",&key);
    }/*while*/
    return (t);
}/* CreateBST */
```

微课视频

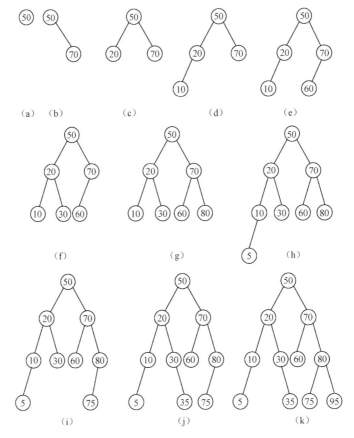

图 7-4　二叉排序树的构造过程

在动态生成一棵二叉排序树时，树的形状、高度不仅依赖于记录的关键字的大小，还与记录输入的先后次序有关。即使是同一组记录，由于输入记录的先后次序不同，得到的树的形状就可能完全不同。例如，对于关键字序列{37,24,53,12,45,93}，若输入顺序为{12,24,37,45,53,93}和{45,24,53,12,37,93}，则分别得到如图 7-5（a）、（b）所示的两棵不同形态的二叉排序树。

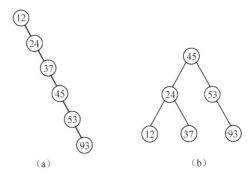

图 7-5　不同形态的二叉排序树

当一棵二叉排序树已动态生成后，在按中序遍历方式访问该二叉排序树时，得到的一定是关键字的值递增的序列。也就是说，一个无序序列可以通过构造一棵二叉排序树而变成一个有序序列。

7.3.4 二叉排序树的查找算法分析

从前面的讨论可知，在二叉排序树的插入和删除算法中都要进行查找操作，因此，二叉排序树上的查找效率也就代表了二叉排序树的各种操作的性能。

在二叉排序树上进行查找时，若查找成功，则显然是从根结点出发走了一条从根结点到待查找结点的路径；若查找不成功，则是从根结点出发走了一条从根结点到某个叶子结点的路径。因此，二叉排序树的查找过程与折半查找过程类似，在二叉排序树中查找一个记录时，其比较次数不超过二叉排序树的深度。但是，对长度为 n 的表而言，无论其排列顺序如何，折半查找的平均查找长度都是一定的，而含有 n 个结点的二叉排序树却是不唯一的，因为对于含有同样关键字序列的一组结点，结点插入的先后次序不同，构成的二叉排序树的形态和深度就不同。而二叉排序树的平均查找长度 ASL 取决于二叉排序树的形态，二叉排序树的形态越匀称，即各分支的深度越接近，树的深度越浅，其平均查找长度 ASL 越小。在最坏的情况下，二叉排序树是通过把一个有序表的 n 个结点依次插入生成的，由此得到的二叉排序树会退化为一棵深度为 n 的右单支树，如图 7-5（a）所示，其平均查找长度和顺序查找的相同，也是 $(n+1)/2$。在最好的情况下，二叉排序树在生成过程中，树的形态比较匀称，最终得到的是一棵形态与折半查找判定树相似的二叉排序树，如图 7-5（b）所示，此时它的平均查找长度近似为 $\log_2 n$。例如，对于如图 7-5（a）、（b）所示的两棵二叉排序树，分别用 ASL(a) 和 ASL(b) 表示其平均查找长度，则

$$\text{ASL(a)}= (n+1)/2= (6+1)/2=3.5$$
$$\text{ASL(b)}=(1+2\times2+3\times3)/6\approx2.3$$

若考虑把 n 个结点按各种可能的次序插入二叉排序树中，则有 $n!$ 棵二叉排序树（其中有的形态相同）。可以证明，对这些二叉排序树的查找长度进行平均，得到的平均查找长度仍然是 $O(\log_2 n)$。

就平均性能而言，二叉排序树上的查找和折半查找相差不大，并且，在二叉排序树上插入和删除结点十分方便，无须移动大量结点。因此，对于需要经常进行插入、删除和查找运算的表，宜采用二叉排序树结构。因此，也称二叉排序树为二叉查找树。

7.4 哈希表的查找

前面介绍的查找算法的查找表不论采用线性表还是树形表，记录的存储位置与其关键字之间都没有直接的关系，查找都是通过比较进行的，算法的效率取决于比较的次数。是否可以不经过比较，由关键字的值通过某种映射直接得到其存储地址，从而找到该记录呢？哈希查找就是这样的查找方法，在这种查找方法中，查找表需要组织为哈希表。

7.4.1 哈希表的概念

哈希查找也称散列查找，其基本思想为：设记录的个数为 n，设置一片长度为 m（$m\geq n$）的连续的存储单元，分别以每个记录的关键字 k_i（$0\leq i\leq n-1$）为自变量，通过一个确定的函数 $H(k_i)$，把 k_i 映射为某个存储单元的地址，并把该记录存储在这个存储单元中。查找时用同样的函数计算出给定值的存储地址，然后到相应的存储单元中取要查找的记录。其中，用来把关键字映射为存储地址的函数 H 称为哈希（散列）函数，函数值 $H(k_i)$ 称

为哈希（散列）地址，用这种方法构造的表称为哈希（散列）表 HT（Hash Table）。

例如，关键字集合为{24,8,37,19,55,42}，存储在地址为 0～6 的存储空间内，其哈希函数 $H(k)=k$ MOD 7，则所构造的哈希表如下：

0	1	2	3	4	5	6
42	8	37	24		19	55

从上例可以看出，根据哈希函数计算得到的哈希地址可将各个记录存储到哈希表中的相应位置。以后，若要访问某个记录，则只要利用相同的哈希函数重新计算 $H(k)$，得到哈希地址后，便可直接到该位置去查找。然而，很多时候问题并非总如此简单，假定在上面的记录中再增加关键字 68，可以发现 $H(68)=5$。因为 HT[5]中已有关键字 19，所以关键字 68 不能再存到哈希表中相同的位置了，否则会将原来存储的记录冲掉，这种现象称为冲突或碰撞，即不同的关键字的值具有相同的哈希地址。这种具有相同函数值的关键字对该哈希函数来说称为同义词。

如何避免冲突取决于所构造的哈希函数。好的哈希函数应使各关键字对应的哈希地址均匀地分布在哈希表的整个地址区间内，这样可以尽可能避免或减少冲突。然而，这并非是件容易的事。哈希函数的构造与关键字的长度、哈希表的大小、关键字的实际取值状况等因素有关，而且有的因素（如只知道关键字的实际取值范围）在事前不能确定。

一般情况下，冲突只能尽可能地减少，却不能完全避免，这是因为通常关键字的取值集合远远大于表空间的地址集合。例如，存储 100 个学生记录，尽管安排 120 个地址空间，但由于学生名的理论个数超过 2000 个，要找到一个哈希函数把 100 个任意的学生名映射成[0,1,…,119]内的不同整数，实际上是不可能的。哈希函数作为一个压缩映像，冲突是难免的。因此，哈希查找必须解决以下两个主要问题。

（1）构造一个计算简单且冲突尽量少的哈希函数。

（2）给出处理冲突的方法。

7.4.2　哈希函数的构造方法

构造哈希函数的原则是：①函数本身计算简单；②对关键字集合中的任意一个关键字 k，$H(k)$对应不同地址的概率是相等的，即任意一个记录的关键字通过哈希函数计算得到的存储地址的分布要尽量均匀，目的是尽可能减少冲突。构造哈希函数的方法很多，下面介绍几种常用方法。

1. 直接定址法

直接定址法是以关键字 k 本身的值或关键字的某个线性函数值作为哈希地址的方法，其对应的哈希函数 $H(k)$为

$$H(k)=ak+b$$

其中，a 和 b 为常数。当 $a=1$，$b=0$ 时，哈希地址就是关键字本身。例如，某中学从 2000 年以来考上大学的人数统计表，以年份作为关键字，以 $H(k)=k+(-2000)$作为哈希地址，则构造的哈希表如表 7-1 所示。

表 7-1 构造的哈希表

哈 希 地 址	0	1	2	3	4	5	6	7
年份	2000	2001	2002	2003	2004	2005	2006	2007
人数	368	401	389	420	405	430	429	446

这种方法非常简单。用直接定址法所得的地址集合和关键字大小相同，因此记录不会发生冲突，但它只适用于关键字的分布基本连续的情况。若关键字分布不连续，则将造成存储空间的严重浪费。实际中能够使用这种哈希函数的情况很少。

2. 平方取中法

平方取中法是一种常用的构造哈希函数的方法，它是先通过求关键字的平方值来扩大差别，然后根据地址空间的范围取中间的几位或其组合作为哈希地址。例如，对于关键字集合{1100,0110,1011,1001,0011}，若将它们进行平方运算，然后取中间的 3 位作为哈希地址，则得到如表 7-2 所示的结果。

表 7-2 平方取中法示例

关 键 字	关键字平方值	哈 希 地 址
1100	1210000	100
0110	0012100	121
1011	1022121	221
1001	1002001	020
0011	0000121	001

由于一个乘积的中间几位数与乘数的每一位都是相关的，因此，用它作为哈希地址，均匀分布的可能性增大，从而减少了发生冲突的机会。但究竟取中间多少位，由哈希表的长度决定。如果表的存储地址是 0～999，则上述哈希函数值就是存储地址。如果计算出的哈希函数值不在存储地址范围内，则要乘一个比例因子，把哈希函数值（哈希地址）放大或缩小，使其落在存储地址范围内。假定上述 5 个记录的存储地址是 HT[0,1,…,99]，则将平方取中得到的哈希地址乘以 10%，再向下取整，可以得到各关键字的地址分别为 10,12,22,2,0。

3. 数字分析法

数字分析法是对各个关键字的各个码位进行分析，取关键字中某些取值较均匀的数字位，把它们组合起来作为哈希地址的方法。它适合于事先知道所有关键字的值，并且当各个关键字的位数比哈希表的地址位数多时，需要对关键字中每位的取值分布情况进行分析的情况。

例如，给定如图 7-6 所示的一组关键字，通过分析可知，每个关键字从左到右的第①、②、④、⑤、⑦、⑨位取值较集中，不宜作为哈希地址，故应将这 5 位丢弃；剩余的第③、⑥、⑧位都是分布较均匀的，可将它们或它们中的几位组合起来作为哈希地址。假定存储区地址为 000～999，则哈希地址分别为 243,332,124,815,256,487,761,578。由于应用数字分析法需要预先知道各位上数字的分布情况，所以大大限制了它的实用性。

k_1	9	0	2	7	1	4	6	3	8
k_2	9	0	3	7	1	3	6	2	8
k_3	9	0	1	6	1	2	7	4	5
k_4	9	0	8	7	2	1	6	5	8
k_5	9	0	2	7	1	5	8	6	8
k_6	9	0	4	7	1	8	6	7	8
k_7	9	0	7	5	1	6	4	1	2
k_8	9	0	5	7	3	7	6	8	8
	①	②	③	④	⑤	⑥	⑦	⑧	⑨

图 7-6　数字分析法示例

4．除留余数法

除留余数法是用模（%）运算得到哈希地址的方法。它取关键字被某个不大于哈希表表长 m 的数 p 除后所得余数为哈希地址，即 $H(k)- k \bmod p$，$p \leqslant m$。

这是一种计算比较简单、适用范围广且较常用的构造哈希函数的方法，不仅可以对关键字直接取模，还可以在进行平方取中等运算后取模。这种方法的关键在于 p 的选择，它直接关系哈希地址的均匀性。根据理论分析和试验结果，p 应取不大于哈希表长度 m 的素数或不包含小于 20 的质因子的合数。例如，若 $m=1000$，则 p 最好取 123、967、997 等素数。

例如，关键字集合为 $\{75,27,44,14,78,50,40\}$，表长为 11，根据上述分析，选择 $p=11$，即 $H(k)=k \bmod 11$，可得：

$H(75)=75 \bmod 11=9$　　　　　　$H(27)=27 \bmod 11=5$

$H(44)=44 \bmod 11=0$　　　　　　$H(14)=14 \bmod 11=3$

$H(78)=78 \bmod 11=1$　　　　　　$H(50)=50 \bmod 11=6$

$H(40)=40 \bmod 11=7$

相应的哈希表如下：

0	1	2	3	4	5	6	7	8	9	10
44	78		14		27	50	40		75	

【注意】如果 $H(k)$ 落在存储地址范围内，就取为哈希函数值（哈希地址）；否则，再用一个线性函数使求出的哈希地址在存储地址范围内。

5．随机数法

随机数法就是选择一个随机函数，取关键字的随机函数值为它的哈希地址，即 $H(k)=\mathrm{random}(k)$，其中 random 为随机函数。通常，当关键字长度不等时采用此法构造哈希函数较恰当。

对于各种构造哈希函数的方法，很难一概而论地评价其优劣，在实际应用中，应根据具体情况采用不同的哈希函数，通常考虑 5 个因素：计算哈希函数所需的时间、关键字的长度、哈希表的大小、关键字的分布情况和记录的查找频率。

7.4.3　处理冲突的方法

在哈希查找中，冲突是不可避免的，因此，给出一种处理冲突的办法是使用哈希查找必须要解决的问题。处理冲突的实际含义是对产生冲突的地址依据某种规则寻找下一个哈希地址。常用的处理冲突的方法可以分为两大类：开放定址法和拉链法。

1. 开放定址法

开放定址法就是当冲突发生时，使用某种方法在哈希表中形成一个探测地址序列，沿着这个探测地址序列逐个探测，直到找到一个开放的地址，即表中尚未被占用的地址，将发生冲突的关键字存放到该地址中去，即

$$H_i=(H(k)+d_i) \text{ MOD } m \qquad i=1,2,\cdots,n \ (n{\leqslant}m)$$

其中，$H(k)$ 为哈希地址；m 为哈希表长；d_i 为增量序列。

根据增量序列的取法不同，可以得到不同的开放定址处理冲突的探测方法，主要有以下 3 种。

（1）线性探测法。

增量序列 $d_i=1,2,3,\cdots,m-1$，这种方法的特点是当冲突发生时，顺序查看表中下一个位置，直到找到一个开放地址或查遍全表。进行顺序查找时，把哈希表看作一个循环表。显然，只要表不满，就总能找到一个开放地址来实现插入。

微课视频

例如，关键字集合为 {24,8,37,19,54,68,22,42,71}，表长为 11，选择哈希函数 $H(k)=k$ MOD 11，用线性探测法解决冲突，则哈希表的构造过程如下。

初始时，哈希表为空：

0	1	2	3	4	5	6	7	8	9	10

通过计算得到 $H(24)=24$ MOD $11=2$，$H(8)=8$ MOD $11=8$，$H(37)=37$ MOD $11=4$，这些地址都是开放地址，直接把记录存入：

0	1	2	3	4	5	6	7	8	9	10
		24		37				8		

接着，计算得到 $H(19)=19$ MOD $11=8$，冲突，计算下一个地址，$H_1=(H(19)+d_1)$ MOD $11=(8+1)$MOD $11=9$，这是一个开放地址，把 19 存入该地址：

0	1	2	3	4	5	6	7	8	9	10
		24		37				8	19	

随后，计算得到 $H(54)=54$ MOD $11=10$，这是一个开放地址，把 54 存入该地址：

0	1	2	3	4	5	6	7	8	9	10
		24		37				8	19	54

此时，计算 $H(68)=68$ MOD $11=2$，冲突，计算下一个地址，$H_1=(H(68)+d_1)$ MOD $11=(2+1)$MOD $11=3$，这是一个开放地址，把 68 存入该地址：

0	1	2	3	4	5	6	7	8	9	10
		24	68	37				8	19	54

然后，计算 $H(22)=22$ MOD $11=0$，这是一个开放地址，把 22 存入该地址；再计算 $H(42)=42$ MOD $11=9$，冲突，计算下一个地址，$H_1=(H(42)+d_1)$ MOD $11=(9+1)$MOD $11=10$，仍冲突，继续计算下一个地址，$H_2=(H(42)+d_2)$ MOD $11=(9+2)$MOD $11=0$，仍冲突，继续计算下一个地址，$H_3=(H(42)+d_3)$ MOD $11=(9+3)$MOD $11=1$，这是一个开放地址，把 42 存入该地址；最后计算 $H(71)=71$ MOD $11=5$，这是一个开放地址，把 71 存入该地址。至此，所有记录均已存入哈希表中，最后的哈希表如下：

0	1	2	3	4	5	6	7	8	9	10
22	42	24	68	37	71			8	19	54

从上例可以发现，线性探测法容易产生堆积问题，当连续出现若干同义词时，设第一个同义词占用单元 d，这连续的若干同义词将占用哈希表的 d、$d+1$、$d+2$（假设这些地址是开放的）等单元，则随后任何哈希地址为 d、$d+1$、$d+2$ 等单元的记录都会由于前面同义词的堆积而产生冲突，尽管随后的这些关键字并不是同义词；但这种方法思路清晰，算法简单。

（2）平方探测法。

在平方探测法中，增量序列 $d_i=1^2,-1^2,2^2,-2^2,3^2,\cdots,\pm n^2$（$n\leqslant m/2$），即当冲突发生时，在发生冲突的地址左右进行跳跃式探测，比较灵活。平方探测法在发生冲突时将同义词来回散列在第一个地址的两边，减小了出现堆积的可能性，但它不容易探测到整个哈希表空间，只有在哈希表表长 m 为形如 $4j+3$（j 为整数）的素数时才有可能（至少能探测到一半单元）。

例如，对于上例，如果采用平方探测法处理冲突，则构造哈希表的过程如下。

初始时，哈希表仍然为空：

0	1	2	3	4	5	6	7	8	9	10

通过计算得到 $H(24)=24$ MOD $11=2$，$H(8)=8$ MOD $11=8$，$H(37)=37$ MOD $11=4$，这些地址都是开放地址，直接把记录存入：

0	1	2	3	4	5	6	7	8	9	10
		24		37				8		

接着，计算得到 $H(19)=19$ MOD $11=8$，冲突，计算下一个地址，$H_1=(H(19)+d_1)$ MOD $11=(8+1)$MOD $11=9$，这是一个开放地址，把 19 存入该地址：

0	1	2	3	4	5	6	7	8	9	10
		24		37				8	19	

随后，计算得到 $H(54)=54$ MOD $11=10$，这是一个开放地址，把 54 存入该地址：

0	1	2	3	4	5	6	7	8	9	10
		24		37				8	19	54

此时，计算 $H(68)=68$ MOD $11=2$，冲突，计算下一个地址，$H_1=(H(68)+d_1)$ MOD

11=(2+1)MOD 11=3，这是一个开放地址，把 68 存入该地址：

0	1	2	3	4	5	6	7	8	9	10
		24	68	37				8	19	54

然后，计算 $H(22)=22$ MOD $11=0$，这是一个开放地址，把 22 存入该地址；$H(42)=42$ MOD $11=9$，冲突；计算下一个地址，$H_1=(H(42)+d_1)$ MOD $11=(9+1)$MOD $11=10$，仍冲突；继续计算下一个地址，$H_2=(H(42)+d_2)$ MOD $11=(9-1)$ MOD $11=8$，仍冲突；继续计算下一个地址，$H_3=(H(42)+d_3)$ MOD $11=(9+4)$ MOD $11=2$，仍冲突；继续计算下一个地址，$H_4=(H(42)+d_4)$ MOD $11=(9-4)$ MOD $11=5$，这是一个开放地址，把 42 存入该地址。

最后计算 $H(71)=71$ MOD $11=5$，冲突；计算下一个地址，$H_1=(H(71)+d_1)$ MOD $11=(5+1)$ MOD $11=6$，这是一个开放地址，把 71 存入该地址。至此，所有记录均已被存入哈希表中，最后的哈希表如下：

0	1	2	3	4	5	6	7	8	9	10
22		24	68	37	42	71		8	19	54

（3）伪随机探测法。

增量序列 $d_i=$ 伪随机数序列。所谓伪随机数序列，就是指 $d_1 \sim d_{m-1}$ 是 $1,2,\cdots,m-1$ 这样的随机排列。在实际程序中，应预先用伪随机数发生器产生一个伪随机数序列，然后将此序列作为依次探测的步长，这样就能使不同的关键字具有不同的探测次序，从而可以避免或减少堆积。

2．拉链法

拉链法是将所有关键字为同义词的记录链接在同一个单链表中的冲突处理方法。在这种方法中，哈希表的每个单元不是存储相应的记录，而是存储相应单链表的表头指针。若哈希函数的地址在区间$[0,m-1]$上，则可将哈希表定义为一个由 m 个头指针组成的指针数组 $HT[m]$，凡是哈希地址为 i 的结点，均插入以 $HT[i]$ 为头指针的单链表中。插入位置可以是单链表中的任何位置，但插入表头最方便。

例如，关键字集合为$\{24,8,37,19,54,68,22,42,71\}$，表长 $m=7$，哈希函数为 $H(k)=k$ MOD 7，若使用拉链法处理冲突，则构造的哈希表如图 7-7 所示。

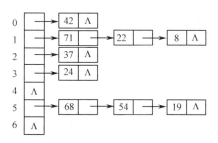

图 7-7　用拉链法处理冲突的哈希表

与开放定址法相比，拉链法有如下几个优点：①拉链法处理冲突简单，且无堆积现象，即非同义词不会发生冲突，因此平均查找长度较短；②拉链法中各链表上的结点空间是动态申请的，因此它更适合于在建表前无法确定表长的情况；③在用拉链法构造的哈希表中，删除记录的操作易于实现，只需简单地删除链表上相应的结点即可。而对于由开放定址法构造的哈希表，删除记录不能简单地将被删除记录的空间置为空，否则将截断在它之后插入表中的同义词记录的查找路径，这是因为在各种开放定址法中，空地址单元（开放地址）都是查找失败的条件。因此，在由开放定址法处理冲突的哈希表上执行删除操作时，只能在被删除记录上做删除标记，而不能真正删除记录。

拉链法的缺点是指针需要额外的空间，故当结点规模较小时，拉链法较浪费空间。另外，若哈希函数的均匀性较差，则会造成基本哈希表存储区中空闲单元较多（空指针较多）。

7.4.4　哈希表上的运算

1. 查找算法

哈希表上的运算主要有查找、插入和删除，其中应用较多的是查找运算，因为建立哈希表的目的主要是快速查找，且插入、删除均要用到查找操作。在哈希表中查找元素的过程和构造哈希表的过程相似。假设给定的值为 k，根据构造表时设定的哈希函数计算出哈希地址，如果哈希表中此地址为空，则查找不成功。否则，将该地址中的关键字的值与给定的 k 值进行比较，若相等，则查找成功；若不相等，则根据构造表时设定的处理冲突的方法找 "下一地址"，直至哈希表中某个位置为 "空"（查找失败）或表中所填记录的关键字的值等于给定的值（查找成功）。

下面以除留余数法构造哈希函数，以开放定址法中的线性探测法处理冲突为例给出哈希表的查找算法的描述：

```
#define m                              /*哈希表的长度*/
typedef int KeyType;
typedef struct
{
  KeyType   key;
…
}RecordType
typedef   RecordType   HTable[m];
int   HSearch(HTable ht,KeyType key)
{ h0=key % m;                          /*求哈希地址*/
    if(ht[h0].key==NULLKEY)
       return (−1) ;                   /* NULLKEY 为空值，查找失败*/
    else
      if (ht[h0].key==key)
         return (h0);                  /*查找成功*/
      else                            /*用线性探测法处理冲突*/
   {     for(i=1;i<=m−1;i++)
       {    hi=(h0+i) % m;
            if(ht[hi].key==NULLKEY)
               return (−1);            /*查找失败*/
            else
```

```
          if(ht[hi].key==key)   return(hi);          /*查找成功*/
        }/*for*/
        return (-1);
      }/*else*/
    } /*HSearch*/
```

例如，设哈希函数为 $H(k)=k$ MOD 6，哈希表地址空间为[0,1,…,6]，对关键字序列 {38,25,74, 63,52,48}分别用线性探测法和拉链法处理冲突，构造哈希表，并计算查找成功时的平均查找长度。

首先计算出各关键字的初始哈希地址：

$H(38)=2$，$H(25)=1$，$H(74)=2$，$H(63)=3$，$H(52)=4$，$H(48)=0$

采用线性探测法处理冲突时的哈希表及各关键字的比较次数如表 7-3 所示。

表 7-3　采用线性探测法处理冲突时的哈希表及各关键字的比较次数

地址	0	1	2	3	4	5
关键字	48	25	38	74	63	52
比较次数	1	1	1	2	2	2

因此，可得 $ASL=\dfrac{1}{6}\times(1\times3+2\times3)=\dfrac{9}{6}=1.5$。

采用拉链法处理冲突时的哈希表及各关键字的比较次数如图 7-8 所示。

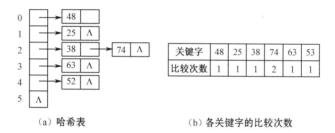

（a）哈希表　　　　　　　　　（b）各关键字的比较次数

图 7-8　采用拉链法处理冲突时的哈希表及各关键字的比较次数

因此，可得 $ASL=\dfrac{1}{6}\times(1\times5+2)=\dfrac{7}{6}=1.17$。

2．查找算法分析

在哈希查找中，理想的情况是不需要进行关键字的比较就可以找到所查的记录。但实际上，不可能完全避免冲突，哈希查找仍需要进行关键字的比较，因此，仍需要用平均查找长度来评价哈希查找的查找性能。在查找过程中，关键字的比较次数取决于产生冲突的多少，产生的冲突少，查找的效率就高；反之就低。影响产生冲突多少的因素有 3 个，即哈希函数是否均匀、处理冲突的方法和哈希表的装填因子。所谓装填因子 α，就是指哈希表中已装入的记录数 n 和表的长度 m 之比，即 $\alpha=n/m$。α 代表了哈希表的装满程度。直观地看，α 越小，发生冲突的可能性就越小；α 越大，即表中记录已很多，发生冲突的可能性就越大。

假定哈希函数是均匀的，则影响查找效率的因素就剩下两个，即处理冲突的方法和哈希表的装填因子。实际上，哈希表的平均查找长度是装填因子 α 的函数，只是不同的处理冲突方法的函数不同。表 7-4 列出了几种不同处理冲突方法的平均查找长度。

表 7-4　几种不同处理冲突方法的平均查找长度

解决冲突的方法	平均查找长度	
	成功时	失败时
线性探测法	$\frac{1}{2} \times (1 + \frac{1}{1-\alpha})$	$\frac{1}{2} \times (1 + \frac{1}{(1-\alpha)^2})$
平方探测法	$-\frac{1}{\alpha} \ln(1-\alpha)$	$\frac{1}{1-\alpha}$
伪随机探测法	$-\frac{1}{\alpha} \ln(1-\alpha)$	$\frac{1}{1-\alpha}$
拉链法	$1 + \frac{\alpha}{2}$	$\alpha + e^{-\alpha}$

对于一个具体的哈希表，通常采用直接计算的方法求其平均查找长度。

哈希查找的重要特性就是平均查找长度不是哈希表中记录个数 n 的函数，而是 α 的函数。因此，不管表长多大，总可以选择一个合适的装填因子 α，以便将平均查找长度限定在一个范围内，这是它和顺序查找、折半查找等方法不同的地方。正是由于这个特性，使哈希查找成为一种很受欢迎的组织表的方法。

哈希查找的存取速度快，也较节省空间，对于静态查找、动态查找均适用，但由于存取是随机的，所以不便于进行顺序查找。

7.5　典型例题

【例 7-1】设有序顺序表中的元素依次为 17,74,54,70,75,03,09,12,53,61,77,65,89,90。试画出对其进行折半查找时的判定树，并计算查找成功的平均查找长度和查找不成功的平均查找长度。

【分析与解答】

折半查找的判定树的形态只与元素的个数有关而与元素的具体值无关。题目中给定 14 个元素，其判定树如图 7-9 所示。

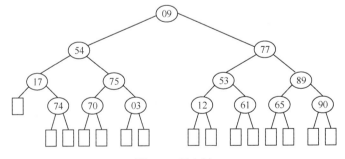

图 7-9　判定树

查找成功的平均查找长度为

$$\text{ASL}_{\text{succ}} = \frac{1}{14} \sum_{i=1}^{14} c_i = \frac{1}{14}(1+2\times2+3\times4+4\times7) = \frac{45}{14}$$

查找不成功的平均查找长度为

$$\text{ASL}_{\text{unsucc}} = \frac{1}{15} \sum_{i=1}^{15} c_l = \frac{1}{15}(3\times1+4\times14) = \frac{59}{15}$$

【例 7-2】假设二叉排序树中的关键字互不相同，则其中最小元必无左孩子，最大元必无右孩子。此命题是否正确？最小元和最大元一定是叶子结点吗？一个新结点总是插在二叉排序树的某叶子结点上吗？

【分析与解答】

最小元必定无左孩子，否则，其左孩子比它小，它就不是最小元了。同理，最大元必定无右孩子。因此，若二叉排序树中的关键字互不相同，则其中最小元必无左孩子，最大元必无右孩子，即此命题正确。最小元和最大元都不一定是叶子结点，可以用如图 7-10（a）所示的二叉排序树为例来说明。

一个新结点总会以叶子结点的形式插入二叉排序树中，但不一定总是插到二叉排序树的某叶子结点上。例如，在如图 7-10（a）所示的二叉排序树中插入关键字 8，即插在非叶子结点（10）上，如图 7-10（b）所示。

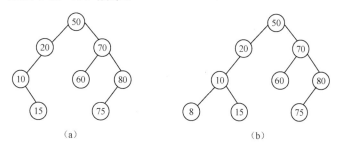

图 7-10　二叉排序树

【例 7-3】已知一组关键字 {19,14,23,01,68,20,84,27,55,11,10,79}，采用的哈希函数为 $H(k) = k \text{ MOD } 13$，处理冲突的方法为线性探测法和拉链法，哈希表的表长为 16，构造其哈希表。

【分析与解答】

采用线性探测法处理冲突时得到的哈希表如图 7-11 所示。

地址	0	1	2	3	4	5	6	7	8	9	10	11	12	13	14	15
关键字		14	01	68	27	55	19	20	84	79	23	11	10			

图 7-11　采用线性探测法处理冲突时得到的哈希表

采用拉链法处理冲突时得到的哈希表如图 7-12 所示。

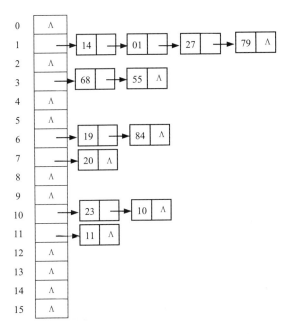

图7-12 采用拉链法处理冲突时得到的哈希表

【例 7-4】已知一个含有 100 个记录的表，关键字是我国人名的拼音。请给出此表的一个哈希表设计方案，要求在等概率情况下查找成功的平均查找长度不超过 3。

【分析与解答】

（1）根据平均查找长度不超过 3，使用线性探测再散列解决冲突，确定装填因子 α。

$$ASL_{succ} \approx \frac{1}{2} \times (1 + \frac{1}{1-\alpha})$$

因为 $ASL_{succ} \leqslant 3$，所以 α 至多为 0.8，取 $\alpha=0.8$。

（2）根据 α 确定表长。

由于 α=表中添入的记录数/哈希表的长度，由于 $100/\alpha=125$，所以哈希表的长度至少为 125，这里取表长为 150。

（3）选取哈希函数。

选取的哈希函数为 $H(key)=key\ MOD\ 149$。

说明：这里设计哈希函数对 149 求余，因为 149 是不超过 150 的最大质数。

（4）key 的选取方法。

设大写字母在表中用 1,2,…,26 表示，小写字母用 27,28,…,52 表示。每个人的姓名取 4 个字母（两字姓名取各字拼音的首尾两个字母；三字姓名取首尾两字拼音的第一个字母，以及中间字首尾两个拼音字母），将前两个拼音字母的序号并起来，后两个也并起来，然后相加形成关键字。要求姓名的第一个拼音字母为大写，如姓名王丽明的拼音为 Wang liming，取出四个拼音字母 W、l、i、m，字母序号依次为 23,38,35,39，组成关键字 2338+3539=5877，该姓名的哈希地址为 5877 MOD 149=66。

（5）用线性探测再散列处理冲突。

【注意】上述结果是在哈希函数是均匀的假设下得到的，但当我们取定一个具体的哈希函数时，一般不会很均匀，因此，实际构造的哈希表的查找性能会稍微差一些。

【例 7-5】直接在二叉排序树中查找关键字 k 与在中序遍历输出的有序序列中查找关键字 k 的效率是否相同？输入关键字有序序列来构造一棵二叉排序树，然后对此树进行查找，其效率如何？为什么？

【分析与解答】

在二叉排序树上查找关键字 k 走了一条从根结点至多到叶子结点的路径，时间复杂度是 $O(\log_2 n)$，而在中序遍历输出的序列中查找关键字 k 的时间复杂度是 $O(n)$。按序输入建立的二叉排序树蜕变为单枝树，其平均查找长度是 $(n+1)/2$，时间复杂度也是 $O(n)$。

7.6　实训例题

7.6.1　实训例题 1：构造二叉排序树

【问题描述】

以输入的一组整数作为关键字的值来构造二叉排序树，并对给定的值在该二叉排序树上进行查找。

【基本要求】

- 功能：以输入的一组整数作为关键字的值来构造二叉排序树，并对给定关键字进行查找，输出查找结果。
- 输入：一组关键字（整数）及要查找的值。
- 输出：排好序的关键字及查找结果。

【测试数据】

输入数据：60,35,69,84,96,13,66,34,21,−1。

预期输出：13,21,34,35,60,66,69,84,96。

输入查找数据：40。

预期输出：40 is not found。

【算法思想】

二叉排序树的建立可从空的二叉树开始，每输入一个结点数据，就建立一个新结点插入当前已生成的二叉排序树中，因此它的主要操作是二叉排序树的插入运算。要在二叉排序树中插入新结点，只要保证插入后仍符合二叉排序树的定义即可。

【数据结构】

```
typedef   int   KeyType;
typedef   struct   BSTNode
{   KeyType   key;
    struct   BSTNode   * lchild,*rchild;
}BSTNode,*BSTree;
```

【模块划分】

本算法共 5 个模块。

（1）BSTInOrder 函数：中序遍历二叉排序树。

（2）BSTInsert 函数：在二叉排序树中插入一个结点。

（3）CreateBST 函数：生成二叉排序树。

（4）BSTSearch 函数：在二叉排序树上查找，若找到，则返回指向该结点的指针；否则返回空指针。

（5）主函数 main：调用各函数实现题目功能。

【源程序】

```
#include <stdio.h>
#include <malloc.h>
typedef   int   KeyType;
typedef   struct   BSTNode
{   KeyType   key;
     struct   BSTNode   *lchild,*rchild;
 }BSTNode,*BSTree;
BSTNode   *f;                          /*全局变量 f，指向所查结点的双亲*/

void   BSTInOrder(BSTree   t)          /*中序遍历根结点为 t 的二叉排序树*/;
{   if (t!=NULL)
         {   BSTInOrder (t->lchild);
             printf("%4d",t->key);
             BSTInOrder (t->rchild);
         }
}/*BSTInOrder*/


BSTree   BSTSearch(BSTree   t,KeyType   k)
{ /*在根结点为 t 的二叉排序树中查找关键字的值等于 k 的结点*/
BSTree p;
p=t; f=NULL;
while (p!=NULL)
{    if (k==p->key)   return(p);        /*查找成功*/
     else   if (k<p->key) {f=p;p=p->lchild;}
             /*在左子树中继续查找*/
             else{ f=p;p=p->rchild;}     /*在右子树中继续查找*/
} /*while*/
return (NULL);                          /*查找失败*/
}/*BSTSearch*/


BSTree   CreateBST ( )                  /*构造二叉排序树*/
{   BSTree t;
    KeyType key;
    BSTree BSTInsert(BSTree   t,KeyType   k);
    t=NULL;                             /*设二叉排序树的初始状态为空*/
    printf("Please input data:\n");
```

```
        scanf("%d",&key);                      /*读入一个结点的关键字*/
        while (key!= −1)                              /*输入不是结束标志，循环*/
        {  t=BSTInsert(t,key);                     /*将新结点插入二叉排序树中*/
            printf("Please input data:\n")
            scanf("%d",&key);
         }/*while*/
        return (t);
}/* CreateBST */


BSTree   BSTInsert(BSTree   t,KeyType   k)
{        /*在根结点为 t 的二叉排序树中查找关键字的值等于 k 的结点，当查找失败时，将该结点
插入二叉排序树中。全局变量 f 指向待插入结点的双亲*/
BSTree s,p;
p=BSTSearch(t,k);
if(p==NULL)
 /*二叉排序树中无关键字的值为 k 的结点，把该结点插入二叉排序树中*/
{  s=(BSTNode *)malloc(sizeof(BSTNode));      /*生成新结点*/
    s->key=k;
    s->lchild=NULL;   s->rchild=NULL;
    if (t==NULL)   t=s;                         /*二叉排序树为空，新结点就是根结点*/
    else   if(k<f->key)   f->lchild=s;          /*把新结点插入二叉排序树中*/
                else f->rchild=s;
 }/*if*/
return (t);
}/*BSTInsert*/


main()
{   BSTree   root,p;
    KeyType key;
    root=CreateBST ();
    printf("The ordered list is:\n");
    BSTInOrder(root);
    printf("\n Input the key to be searched: ");
    scanf("%d",&key);
    p=BSTSearch(root,key);
    if(p!=NULL)
        printf("%d is found.\n",key);
    else
        printf("%d is not found.\n",key);
    printf("\n");
}/*main*/
```

【测试情况】

Please input data:

60

Please input data:

35

Please input data:

69

Please input data:

84

Please input data:

96

Please input data:

13

Please input data:

66

Please input data:

34

Please input data:

21

Please input data:

−1

The ordered list is:

13 21 34 35 60 66 69 84 96

Input the key to be searched:40

40 is not found.

【心得】

根据实训过程，写出自己的体会，如自己的收获、遇到的问题、解决问题的思考过程、对程序调试过程的分析、对"数据结构"课程的思考及在实训过程中对"数据结构"课程的认识等。

7.6.2 实训例题 2：哈希表的操作

【问题描述】

对给定的一组关键字集合，选取哈希函数 $H(k)=k$ MOD 11，用线性探测法处理冲突，编写算法实现哈希表的显示、查找、插入和删除操作。

【基本要求】

- 功能：按要求构造哈希表并在哈希表上查找，求出在等概率下查找成功的平均查找长度。
- 输入：一组关键字。
- 输出：哈希表的显示、查找、插入、删除操作的结果。

【测试数据】

输入数据：输入关键字 22,41,53,46,30,13,1,67，建立哈希表。

预期输出：选择不同的操作，给出不同的输出结果。

【算法思想】

构造哈希表是根据哈希函数和处理冲突的方法将不同关键字的记录存储到不同的哈希

地址中的过程，因此，主要的操作是运用哈希函数求出哈希地址。如果有冲突，则解决冲突，确保不同关键字的记录存储到不同的哈希地址中。哈希函数为 $H(k)=k \bmod 11$；用线性探测法处理冲突。

【数据结构】

```
enum BOOL{False,True};
enum HAVEORNOT{NULLKEY,HAVEKEY,DELKEY};
/*哈希表元素的3种状态：没有记录、有记录、有过记录但已被删除*/
typedef struct                  /*定义哈希表的结构*/
{ int elem[MAXSIZE];            /*元素*/
  enum HAVEORNOT elemflag[MAXSIZE];
/*元素状态标志，没有记录、有记录、有过记录但已被删除*/
  int count;                    /*哈希表中当前元素的个数 */
}HashTable;
typedef struct
{ int keynum;                   /*记录的数据域，只有关键字一项*/
}Record;
```

【模块划分】

整个算法共划分为 7 个模块。

（1）哈希表的初始化函数 InitialHash。

（2）求哈希地址函数 Hash。

（3）插入函数 InsertHash。

（4）查找函数 SearchHash。

（5）删除函数 DeleteHash。

（6）显示函数 PrintHash。

（7）主函数 main。

【源程序】

```
#include <stdio.h>
#include <stdlib.h>
#define MAXSIZE 12              /*哈希表的最大容量（与所采用的哈希函数有关）*/
enum BOOL{False,True};
enum HAVEORNOT{NULLKEY,HAVEKEY,DELKEY};
/*哈希表元素的3种状态：没有记录、有记录、有过记录但已被删除*/
typedef struct                  /*定义哈希表的结构*/
{ int elem[MAXSIZE]; /*元素*/
  enum HAVEORNOT elemflag[MAXSIZE];
                                /*元素状态标志，没有记录、有记录、有过记录但已被删除*/
  int count;                    /*哈希表中当前元素的个数*/
}HashTable;
typedef struct
{ int keynum;                   /*记录的数据域，只有关键字一项*/
}Record;
void InitialHash(HashTable *);  /*初始化哈希表*/
```

```
void PrintHash(HashTable);                    /*显示哈希表中的所有元素*/
enum BOOL SearchHash(HashTable,int,int*);              /*在哈希表中查找元素*/
enum BOOL InsertHash(HashTable *,Record);              /*在哈希表中插入元素*/
enum BOOL DeleteHash(HashTable *H,Record);             /*在哈希表中删除元素*/
int Hash(int);                                /*哈希函数*/
void main()
{HashTable H;                                 /*声明哈希表 H*/
 char ch,j='y';
 int position;
 Record R;
 enum BOOL temp;
InitialHash(&H);
while(j!='n')
{ printf("1.display\n");
  printf("2.search\n");
  printf("3.insert\n");
  printf("4.delete\n");
  printf("5.exit\n");
  printf("please input your choice:");
  scanf(" %c",&ch);                           /*输入操作选项*/
  switch(ch)
  {case '1':if(H.count)
                PrintHash(H);                 /*哈希表不空*/
           else
                printf("The HashTable has no elem!\n");
           break;
   case '2':if(!H.count)
                printf("The HashTable has no elem!\n");  /*哈希表空*/
           else
             { printf("Please input the keynum(int) of the elem to search:");
               scanf("%d",&R.keynum);         /*输入待查找记录的关键字*/
               temp=SearchHash(H,R.keynum,&position);
                   /*temp=True 表示记录查找成功；temp=False 表示没有找到待查找记录*/
               if(temp)
                   printf("The position of the elem is %d\n",position);
               else
                   printf("The elem isn't exist!\n");
             }
           break;
   case '3':if(H.count==MAXSIZE)               /*哈希表已满*/
             {  printf("The HashTable is full!\n");
                break;
             }
           printf("Please input the elem(int) to insert:");
```

```
            scanf("%d",&R.keynum);                    /*输入要插入的记录*/
            temp=InsertHash(&H,R);
                /*temp=True 表示记录插入成功；temp=False 表示已存在与关键字相同的记录*/
            if(temp)
                printf("Sucess to insert the elem!\n");
            else
                printf("Fail to insert the elem.The same elem has been exist!\n");
            break;
        case '4':printf("Please input the keynum of the elem(int) to delet:");
            scanf("%d",&R.keynum);                    /*输入要删除记录的关键字*/
            temp=DeleteHash(&H,R);
                      /*temp=True 表示记录删除成功；temp=False 表示待删除记录不存在*/
            if(temp)
                printf("Sucess to delete the elem!\n");
            else
                printf("The elem isn't exist in the HashTable!\n");
            break;
        default: j='n';
    }/*switch*/
  }/*while*/
printf("The program is over!\nPress any key to shut off the window!\n");
}/*main*/
void InitialHash(HashTable *H)
{/*哈希表初始化*/
    int i;
    H->count=0;
    for(i=0;i<MAXSIZE;i++) H->elemflag[i]=NULLKEY;
}/* InitialHash*/
void PrintHash(HashTable H)
{/*显示哈希表所有元素及其所在的位置*/
    int i;
    for(i=0;i<MAXSIZE;i++)                /*显示哈希表中记录所在位置*/
    if(H.elemflag[i]==HAVEKEY)            /*只显示标志为 HAVEKEY（存放有记录）的元素*/
    printf("%-4d",i);
    printf("\n");
    for(i=0;i<MAXSIZE;i++)                /*显示哈希表中记录的值*/
      if(H.elemflag[i]==HAVEKEY)
        printf("%-4d",H.elem[i]);
    printf("\ncount:%d\n",H.count);       /*显示哈希表当前记录数*/
}/* PrintHash*/
enum BOOL SearchHash(HashTable H,int k,int *p)
{/*在开放定址哈希表 H 中查找关键字为 k 的元素，若查找成功，则以 p 指示待查找元素在表
中的位置，并返回 True；否则，以 p 指示插入位置，并返回 False */
int p1;
```

```
    p1=*p=Hash(k); /*求得哈希地址*/
    while(H.elemflag[*p]==HAVEKEY&&k!=H.elem[*p])
                                                        /*该位置中填有记录且关键字不相等*/
    { (*p)++;                                           /*冲突处理方法：线性探测再散列*/
       if(*p>=MAXSIZE) *p=*p%MAXSIZE;                   /*循环搜索*/
       if(*p==p1) return False;                         /*整个表已搜索完，没有找到待查找元素*/
    }
    if(k==H.elem[*p]&&H.elemflag[*p]==HAVEKEY)          /*查找成功，p 指示待查找元素的位置*/
        return True;
    else
        return False;                                   /*查找不成功*/
}/* SearchHash*/


enum BOOL InsertHash(HashTable *H,Record e)
{/*查找不成功时插入元素 e 到开放定址哈希表 H 中，并返回 True；否则返回 False*/
  int p;
  if(SearchHash(*H,e.keynum,&p))                        /*表中已有与 e 有相同关键字的元素*/
      return False;
  else
    {H->elemflag[p]=HAVEKEY;                            /*设置标志为 HAVEKEY，表示该位置已有记录*/
     H->elem[p]=e.keynum; /*插入记录*/
     H->count++; /*哈希表当前长度加 1 */
     return True;
    }
}/* InsertHash*/


enum BOOL DeleteHash(HashTable *H,Record e)
{/*查找成功时删除待删除元素 e，并返回 True；否则返回 False*/
  int p;
  if(!SearchHash(*H,e.keynum,&p))                       /*表中不存在待删除元素*/
      return False;
   else
     {H->elemflag[p]=DELKEY;                            /*设置标志为 DELKEY，表明该元素已被删除*/
      H->count--;                                       /*哈希表当前长度减 1 */
      return True;
      }
  }/* DeleteHash*/
  int Hash(int kn)
  {/*哈希函数：H(key)=key MOD 11*/
    return (kn%11);
  }/* Hash*/
```

【测试情况】
    1.display
    2.search

```
    3.insert
    4.delete
    5.exit
    please input your choice:3
    Please input the elem(int) to insert:22
    Success to insert to elem!
    ...
```

选择不同的菜单项执行不同的操作。

【心得】

根据实训过程，写出自己的体会，如自己的收获、遇到的问题、解决问题的思考过程、对程序调试过程的分析、对"数据结构"课程的思考及在实训过程中对"数据结构"课程的认识等。

7.7　总结与提高

7.7.1　主要知识点

查找是数据处理中常用的技术，在实际开发中有相当重要的应用。本章主要介绍了一些查找的基本知识和常用的查找算法。

1．基本概念

查找，即根据给定的关键字的值，在查找表中确定一个其关键字的值与给定的关键字的值相同的元素，并返回该元素在列表中的位置。若找到相应的元素，则称查找是成功的；否则称查找是失败的，此时应返回空地址及失败信息，并可根据要求插入这个不存在的元素。

对于表的查找，一般有两种情况：一种是静态查找，指在查找过程中只对元素进行查找；另一种是动态查找，指在实施查找的同时，插入没找到的元素，或者从查找表中删除已查到的某个元素，即允许表中元素变化。平均查找长度是查找中一个很重要的概念，用来衡量查找算法的性能。

2．线性表的查找

基于线性表的查找算法有顺序查找、折半查找、分块查找，存储结构通常为顺序结构，也可为链式结构。顺序查找对表结构没有特殊要求，平均查找长度较大，特别是当表长 n 较大时，查找效率较低，不宜采用。折半查找算法的时间复杂度为 $O(\log_2 n)$，其效率比顺序查找的效率高得多，但折半查找只适用于采用顺序存储结构的有序表。分块查找的时间性能高于顺序查找的时间性能而低于折半查找的时间性能，不要求整个表有序，但要分块有序。这 3 种查找方法适合进行静态查找。

3．二叉排序树的查找

二叉排序树是一种动态的查找表，是在查找过程中动态建立起来的，每当查找失败时，就把要查找的结点按二叉排序树的定义插入合适的位置上。含有 n 个结点的二叉排序树的形态不唯一，其构造与数列的输入顺序有关。

二叉排序树的特性：中序遍历一个二叉排序树时可以得到一个递增有序序列。二叉排序树的平均查找长度是 $O(\log_2 n)$。在二叉排序树上插入和删除结点十分方便，无须移动大量结点。因此，对于需要经常做插入、删除运算的表，宜采用二叉排序树结构。

4．哈希查找

哈希查找又称散列查找、杂凑法及关键字地址计算法等，相应的表称为哈希表、散列表、杂凑表等。这种方法的基本思想是通过计算得到元素的存储位置，哈希表的查找过程与哈希表的创建过程对应一致（使用相同的哈希函数计算存储地址）。

哈希查找主要包括以下两方面的内容：如何构造哈希函数和如何处理冲突。构造哈希函数最常用的方法是除留余数法。处理冲突常用的方法有开放定址法（线性探测法、平方探测法）、拉链法。在哈希查找中，影响关键字比较次数的因素有 3 个：哈希函数、处理冲突的方法及哈希表的装填因子。设哈希函数是均匀的，按处理冲突的方法分别考虑，影响平均查找长度的因素只剩下装填因子 α。哈希表的平均查找长度是装填因子 α 的函数，而与待散列元素的数目 n 无关，无论 n 有多大，都能通过调整 α，使哈希表的平均查找长度较小。

7.7.2　提高例题

【例 7-6】设二叉排序树的根指针为 root，试构造算法以输出二叉排序树中最大的键值。

【分析与解答】

按照二叉排序树的定义，对每棵子树来说，左子树中任一结点的值都小于根结点的值，右子树中任一结点的值都大于根结点的值。根据这一定义，可得以下结论。

若右子树不空，则最大的值一定在右子树中，因此，下面可在该右子树中进行类似的查找；若右子树为空，则最大值在根结点中，因此，可从根结点开始，顺着右子树方向往下搜索，直到遇到没有右子树的结点，该结点就是所要找的结点。

二叉排序树的存储结构如下：

```
typedef  struct  BSTNode
{  KeyType   key;
    struct  BSTNode  * lchild,*rchild;
}BSTNode,*BSTree;
```

算法描述如下：

```
KeyType   MaxData(BSTree t )
{  BSTNode*p;
  if (root= = NULL)
    error ("No data") ;
  else
    {
      p = root;
      while (p->rchild!=NULL)    p=p->rchild;
      return   p->key;
    }
```

}/*MaxData*/

【例 7-7】若线性表中各结点的查找概率不等，则可用如下策略提高顺序查找的效率：若找到指定的结点，则将该结点和其前驱（若存在）结点交换，使得经常被查找的结点尽量位于表的前端。试对线性表的顺序存储结构和链式存储结构写出实现上述策略的顺序查找算法（注意：查找时必须从表头开始向后扫描）。

【分析与解答】

```
int SqSearch1 (RecordType r,keyType x)                /*数组有 n 个元素*/
{   i=1; r[n+1].key=x;                                /*设置哨兵*/
    While   (r[i].key!=x)   i++;
    if ( (i!=1)&&(i<n+1))
    {    r[i].key ⟷ r[i-1].key;                       /*结点 i-1 和 i 交换*/
         i--;
    }
    return (i% (n+1));          /*返回 0 表示没找到指定结点，否则找到指定结点并实现交换*/
}/* SqSearch1*/

LinkList    LkSearch2 (LinkList head,keyType x)
{   p=head->next;
    q=head;
    r=NULL;                                           /*r 是 q 的前趋，q 是 p 的前趋*/
    while ((p!=NULLl)&&(p->key!=x))
      {r=q;   q=p;   p=p->next;}                       /*搜索结点 x*/
    if ((p!=head->next)&&(p!=NULL))
      {q->next=p->next;p->next=q;r->next=p;}           /*交换 q 和 p 的顺序*/
    return (p);
}/* LkSearch2*/
```

习题

1．填空题

（1）衡量查找算法效率的主要标准是_____。

（2）在各种查找方法中，平均查找长度与结点个数 n 无关的查找方法是_____。

（3）当以折半查找方法查找一个线性表时，此线性表必须是_____存储的_____表。

（4）在哈希查找中，装填因子的值越大，存取元素时发生冲突的可能性就_____。

（5）当采用顺序查找的方法查找长度为 n 的线性表时，其平均比较次数为_____。

（6）在哈希查找中，处理冲突的方法有_____和_____。

（7）已知一个有序表为{12,14,16,23,45,67,78,90,100}，当用折半查找的方法查找值为 67 的元素时，比较次数为_____。

（8）已知一组关键字{10,21,45,22,18,52}，哈希函数为 $H(k) =k$ MOD 7，则元素 10 的同义词有_____个。

（9）在二叉排序树上进行_____遍历，可以得到一个关键字的递增有序序列。

（10）在哈希表上进行查找的过程与_____的过程基本一致。

2．判断题

（1）二叉排序树的查找和折半查找的时间性能相同。

（2）哈希表的结点中只包含元素本身的信息，不包含任何指针。

（3）哈希表的查找效率主要取决于构造表时选取的哈希函数和处理冲突的方法。

（4）在进行折半查找时，要求查找表必须以顺序方式存储。

（5）对于两棵具有相同关键字集合的形状不同的二叉排序树，按中序遍历它们得到的序列的顺序是一样的。

（6）采用线性探测法处理冲突，当从哈希表中删除一个记录时，不应该将该记录所在的位置置空，因为这会影响以后的查找。

（7）当所有记录的关键字的值都相等时，用这些关键字的值构成的二叉排序树的特点是只有右子树。

（8）两个关键字对同一哈希地址产生争夺的现象称为冲突。

（9）在哈希表中，当表的容量大于表中填入的数据个数时，就不会发生冲突。

（10）删除一棵二叉排序树的一个结点，再将其重新插入树中，一定能得到原来的二叉排序树。

3．简答题

（1）对大小均为 n 的有序表和无序表分别进行查找，试就下列 3 种情况分别讨论两者在等概率情况下的平均查找长度是否相同。

① 查找成功。

② 查找失败。

③ 查找成功，表中有多个关键字等于给定值的记录，要求一次查找找出所有的记录。

（2）已知一组元素为{44,26,80,68,13,38,77,30}，画出按该顺序输入生成的二叉排序树。

（3）把序列{13,15,22,8,34,19,21,29}插入一个初始为空、表长为 9 的哈希表中，哈希函数采用 $H(k)=(k \bmod 7)+1$，分别用下列方法处理冲突。

① 线性探测法。

② 平方探测法。

③ 拉链法。

4．算法设计题

（1）试写一个顺序查找算法，要求将监视哨设在高下标端。

（2）设计算法，求出给定二叉排序树中值最大的结点。

（3）试编写算法，求出指定结点在给定的二叉排序树中所在的层次。

（4）对于给定的二叉树，假设其中各结点的值均不相同，设计算法，判断该二叉树是否是二叉排序树。

（5）设计算法，删除二叉排序树中所有关键字不小于 x 的结点，并释放结点空间。

实训习题

（1）设计一个算法，利用折半查找算法在一个有序表中插入一个值为 x 的元素，并保持表的有序性。

（2）哈希表设计。为班级中 40 个人的姓名设计一个哈希表，假设姓名用汉语拼音表示；要求用除留余数法构造哈希函数，用线性探测法处理冲突，平均查找长度的上限为 2。

（3）设计简单的员工管理系统。每位员工的信息包括编号、姓名、性别、出生年月、学历、职务、电话和住址等。系统的功能如下。

① 查询：按特定条件查找员工。

② 修改：按编号对某位员工的某项信息进行修改。

③ 插入：加入新员工的信息。

④ 删除：按编号删除已离职员工的信息。

第 8 章

排　序

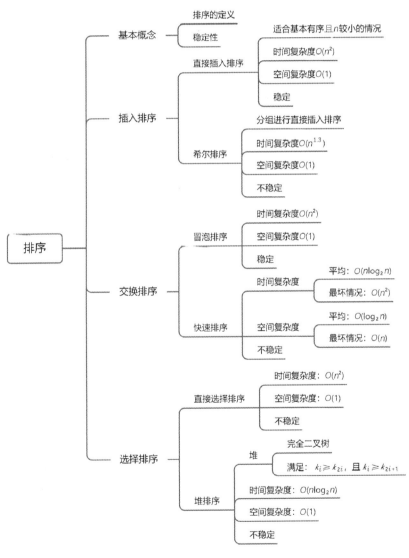

本章思维导图

排序是数据处理过程中经常使用的一种重要运算，它将一组无序的元素按其关键字的某种次序排列成有规律的序列。本章主要介绍排序的基本概念和几种常用的排序算法，并对这些算法进行简单的分析、比较。

8.1 排序的基本概念

假定被排序的数据是由一组元素（记录）组成的，并且每个记录含若干数据项，用一个数据项来标识每个记录，该数据项称为关键字。

排序就是通过某种方法整理这些记录，使之按关键字递增或递减的次序排列起来，其定义如下：假定由 n 个记录组成的序列为 $\{R_1,R_2,\cdots,R_n\}$，其相应的关键字序列是 $\{k_1,k_2,\cdots,k_n\}$，排序就是确定一个排列 $\{p_1,p_2,\cdots,p_n\}$，使得 $k_{p1}{\leqslant}k_{p2}{\leqslant}\cdots{\leqslant}k_{pn}$（或 $k_{p1}{\geqslant}k_{p2}{\geqslant}\cdots{\geqslant}k_{pn}$），从而得到一个按关键字排序的序列 $\{R_{p1},R_{p2},\cdots,R_{pn}\}$。

从上面的排序定义可以看出，当待排序序列中每个记录的关键字均不相同时，排序结果是唯一的；反之，排序结果就不唯一。假设待排序序列中有两个或两个以上的记录具有相同的关键字，在用某种方法排序后，若这些具有相同关键字的记录的相对位置保持不变，即在原序列中 R_i 排在 R_j 前面，排序后 R_i 仍然排在 R_j 前面，则称这种排序为稳定排序；反之，若排序后 R_j 排在 R_i 之前，即这些具有相同关键字的记录的相对位置发生改变，则称这种排序是不稳定排序。

由于待排序序列记录的数量不同，所以按排序过程中涉及存储器的不同，可将排序分为两大类：内部排序和外部排序。对于内部排序来说，待排序序列的记录数量不是很大，在排序过程中，所有数据都是放在计算机内存中处理的，不涉及数据的内/外存交换；而在外部排序中，待排序序列的记录数量很大，不能同时全部放入内存中，排序时涉及内/外存数据的交换。

评价一个排序算法好坏的标准有两个：① 对 n 个记录排序执行时间的长短；② 排序时所需辅助存储空间的大小。

本章主要讨论内部排序算法，且约定按关键字由小到大排序。排序算法中用到的数据类型描述如下：

```
#define MaxSize    100              /*待排序序列可能达到的最大长度*/
typedef   struct                    /*记录类型*/
{    KeyType    key;                 /*关键字项*/
     InfoType   OtherData;           /*其他数据项，InfoType 根据实际情况定义*/
}RecordType;
typedef   RecordType   RecData[MaxSize];  /*RecData 为顺序表类型*/
```

8.2 插入排序

插入排序的基本思想是将一个待排序序列中的记录逐个按其关键字的大小插入一个已排好序的子序列中，直到全部记录插入完成，在整个插入过程中，记录的有序性保持不变。插入排序有直接插入排序和希尔排序两种方法。

8.2.1 直接插入排序

1．直接插入排序概述

直接插入排序的思想是假设记录 R[1,2,···,i] 是已排序的记录序列（有序区），R[i+1,i+2,···,n] 是未排序的记录序列（无序区），将 R[i+1,i+2,···,n] 中的每个记录依次插入已排序的序列 R[1,2,···,i] 中的适当位置，得到一个已排序的记录序列 R[1,2,···,n]。初始时，把记录 R[1] 视为有序区，把 R[2,3,···,n] 视为无序区，将 R[2] 插入 R[1] 的适当位置，得到由两个记录组成的有序区，然后将 R[3] 与有序区里的记录进行比较，找到适当的位置，插入有序区，得到包含 3 个记录的有序区。依此方法，将剩余的记录全部插入有序区，最终得到一个有序序列。每完成一个记录的插入称为一趟排序，在该排序算法中要解决的主要问题是怎样插入记录，同时要保证插入后序列仍然有序。最简单的方法是首先在当前有序区 R[1,2,···,i] 中找到记录 R[i+1] 的正确位置 k（1≤k≤i）；然后将 R[k,k+1,···,i] 中的记录全部后移一位，空出第 k 个位置；最后把 R[i+1] 插入该位置。例如，已知一组待排序的记录，初始排列为 (31,23,89,10,47,68,08)（只列出其关键字域值，假设关键字域的类型为 *int* 类型，以下类同），其直接插入排序过程如图 8-1 所示。

图 8-1　直接插入排序过程

算法描述如下：

```
void InsertSort (RecData   r, int n)
/*对记录数组 r[1,2,···,n]做直接插入排序*/
{   int   i, j;
    for (i=2; i<=n; i++)
    {   r[0]=r[i];   /*r[i]中存入监视哨 r[0]*/
        j=i-1;
        while (r[0].key<r[j].key)
        {   r[j+1]=r[j];   /*将关键字大于 r[i].key 的记录后移*/
            j--;
        }
        r[j+1]=r[0];   /*将 r[i]插入正确的位置*/
    }
}   /* InsertSort*/
```

直接插入排序算法简单，容易操作。在本算法中，为了提高效率，设置了一个监视哨 R[0]，使 R[0]始终存放待插入的记录。如果从时间效率上衡量，则该排序算法的主要时间耗费在关键字的比较和移动记录上，对 n 个记录序列进行排序，如果待排序序列已按关键字正序排列，则每趟排序过程仅进行一次关键字的比较，移动次数为 2 次（仅有的 2 次移动是将待插入的记录移至监视哨，再从监视哨移出），因此，总的比较次数是 $n-1$ 次，移动次数是 $2(n-1)$次；如果待排序序列是逆序的，则将r[i]插入合适位置，要进行 $i-1$ 次关键字的比较，记录移动次数为$i-1+2$，此时算法的比较次数和移动次数达到最大值，分别为

$$C_{max} = \sum_{i=2}^{n} i = \frac{(n+2)(n-1)}{2} = O(n^2)$$

$$M_{max} = \sum_{i=2}^{n} (i-1+2) = \frac{(n-1)(n+4)}{2} = O(n^2)$$

因此，直接插入排序的时间复杂度为 $O(n^2)$。另外，该算法只使用了存放监视哨的 1 个附加存储空间，它的空间复杂度为 $O(1)$，直接插入排序是一种稳定的排序方法。

2．折半插入排序概述

在上述直接插入排序算法中，在有序序列 R[1,2,…,i]中寻找 R[i+1]的正确位置时，可使用前面讲过的折半查找算法，相应的排序算法称为折半插入排序，算法描述如下：

```
void BinSort(RecData r, int n)
/*对记录数组 r[1,2,…,n]进行折半插入排序*/
{    int   i,j,low,high,mid;
     for (i=2; i<=n; i++)
     {    r[0]=r[i]; low=1; high=i-1;
          while (low<=high)                  /*确定插入位置*/
          {    mid=(low+high)/2;
               if (r[0].key<r[mid].key)
                 high=mid-1;
               else
                 low=mid+1;
          }
          for (j=i-1; j>=low;—j)             /*记录依次向后移动*/
            r[j+1]=r[j];
          r[low]=r[0];                       /*将待排记录插入已排序序列*/
     }
}/ *BinSort*/
```

采用折半插入排序可以减少关键字的比较次数，关键字的比较次数至多为$[\log_2(n+1)]$次，移动记录的次数和直接插入排序移动记录的次数相同，故时间复杂度仍为 $O(n^2)$，所需的附加存储空间仍为 1 个记录空间，即空间复杂度为 $O(1)$。折半插入排序是一种稳定的排序方法。

8.2.2 希尔排序

希尔排序 希尔排序算法描述

希尔排序实际上也是一种插入排序，其基本思想是设待排序序列有 n 个记录，先取一

个小于 n 的正整数 d_1 作为第 1 个增量，把待排序记录分成 d_1 个组，将所有位置相差为 d_1 的倍数的记录放在同一组中，在每组内进行直接插入排序，完成第 1 趟排序；然后取第 2 个增量 d_2（$d_2 < d_1$）重复上述过程，直到所取增量 $d_t=1$（$d_t < d_{t-1} < d_{t-2} < \cdots < d_2 < d_1$），此时所有记录只有一个组，再进行直接插入排序，就可得到一个有序序列。

例如，设待排序序列有 10 个记录，其关键字分别是(31,29,97,38,13,07,19,59,100,45)，其希尔排序过程如图 8-2 所示。第 1 趟排序时，先设 $d_1=10/2=5$，将序列分成 5 组，即$(R_1,R_6),(R_2,R_7),\cdots,(R_5,R_{10})$，对每组分别进行直接插入排序，使各组成为有序序列；以后每次让 d 缩小一半；第 2 趟排序时，设 $d_2=3$，将序列分成 3 组，即(R_1,R_4,R_7,R_{10})，(R_2,R_5,R_8)，(R_3,R_6,R_9)，对每组进行直接插入排序；第 3 趟排序时，取 $d_3=1$，对整个序列进行直接插入排序，最后得到有序序列。

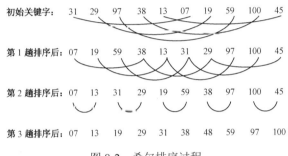

图 8-2　希尔排序过程

一趟希尔排序算法描述如下：

```
void ShellInst (RecData r, int d, int n)
/*对数据记录 r[1,2,…,n]进行一趟希尔排序，d 为增量*/
{    int i,j;
     for (i=d+1; i<=n; i++)
             /*d+1 是第 ·个子序列的第 2 个记录的下标*/
                if (r[i].key<r[i−d].key)
       { r[0]=r[i];   /*r[0]不是监视哨，仅作为备份 r[i]*/
         j=i−d;
         while ( j>0 && r[0].key<r[j].key)
            {   r[j+d]=r[j];
                j=j−d;
            }
         r[j+d]=r[0];
       }
}/* ShellInst*/
```

希尔排序算法描述如下：

```
void ShellSort (RecData r, int d[ ], int k, int n)
/*对记录 r[1,2,…,n]进行希尔排序，d 为增量数组，k 为增量数组的大小*/
{    int i;
     for (i=1; i<=k; ++i)
        ShellInst (r, d[i], n);   /*以 d[i]为增量*/
}/* ShellSort*/
```

希尔排序的执行时间依赖于所取增量序列。如何选择该序列才能使比较和移动的次数最少呢？增量序列有各种取法，有取奇数的，也有取质数的，但需要注意的是，应尽量避免增量序列中的值互为倍数，最后一个增量必须是 1。

希尔排序中关键字的比较次数与记录移动次数也依赖于增量序列的选取，大量实践证明，直接插入排序在序列初态基本有序或序列中记录个数比较少时，所需比较和移动的次数较少，而希尔排序正是利用了这一点，根据不同增量序列，多次分组，各个组内记录要么比较少，要么基本有序，一趟排序过程较快。因此，希尔排序在时间性能上优于直接插入排序，其时间复杂度为 $O(n^{1.3})$。希尔排序也只用了 1 个记录的辅助存储空间，故空间复杂度为 $O(1)$，但希尔排序是不稳定的排序方法。

8.3 交换排序

交换排序是一类通过交换逆序元素进行排序的方法，其基本思想是对待排序序列中的记录两两比较其关键字，当发现两个记录呈现逆序时，就交换两记录的位置，直到没有逆序的记录。交换排序有两种：冒泡排序和快速排序。

8.3.1 冒泡排序

冒泡排序是一种简单的交换排序方法，其基本思想是对待排序序列的相邻记录的关键字进行比较，使关键字较小的记录往前移，而关键字较大的记录往后移。设待排序序列为 $(R_1, R_2, \cdots, R_n)$，其对应的关键字是 $(k_1, k_2, \cdots, k_n)$，从第 1 个记录开始对相邻记录的关键字 k_i 和 k_{i+1} 进行比较（$1 \leqslant i \leqslant n-1$），若 $k_i > k_{i+1}$，则 R_i 和 R_{i+1} 交换位置；否则不交换。最后将待排序序列中关键字最大的记录移到第 n 个记录的位置上，完成第 1 趟排序。进行第 2 趟排序时，只对前 $n-1$ 个记录进行同样的操作，将前 $n-1$ 个记录中关键字最大的记录移到第 $n-1$ 个记录的位置上，重复上述过程（共进行 $n-1$ 趟），直到全部记录排好序。

在排序过程中可能会出现这种情况：没有经过 $n-1$ 趟排序，已无记录交换发生，记录已排好序，此时排序过程就可以结束了。因此，在算法描述中引入一个标志变量 swap，记录在每趟排序时是否有交换发生。在每趟排序开始时，将 swap 设置为 0（假值），若排序过程中发生记录交换，则将 swap 置为 1（真值）；每趟排序结束时判断 swap 的值，若 swap=0，则表示该趟排序中无记录交换位置，所有记录已排好序，提前终止，不再进行下一趟排序。例如，待排记录关键字为(78,31,13,29,89,07)，其冒泡排序的过程如图 8-3 所示。

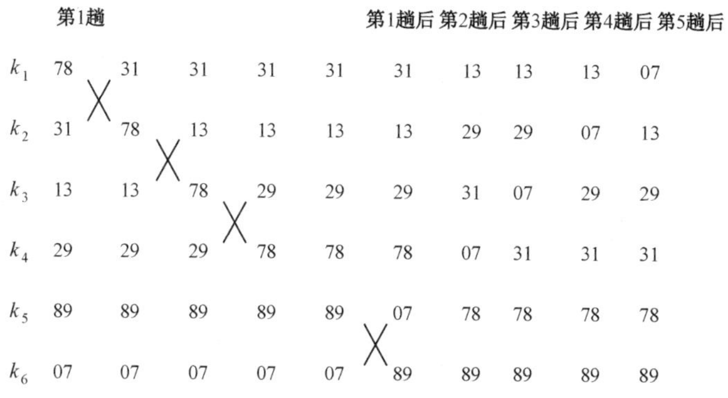

图 8-3　冒泡排序过程

冒泡排序算法描述如下：

```
void BubbleSort (RecData r，int n)
/*对记录 r[1,2,…,n]进行冒泡排序*/
{    int i, j, swap;                    /*swap 为交换标志*/
     for (i=1;i<n; i++)
     {   swap=0;                        /*每趟排序开始前，swap=0*/
         for (j=1; j<=n–i; j++)
            if (r[j+1].key<r[j].key)
            {   r[j+1] ⟷ r[j];          /*交换记录*/
                swap=1;                 /*发生过记录交换*/
            }
         if (!swap)                     /*本趟没有发生记录交换，提前终止*/
            return;
     }
}/* BubbleSort*/
```

在对 n 个记录排序时，如果待排序的初始记录已按关键字的递增次序排列，则经过 1 趟排序即可完成，关键字的比较次数为 $n-1$，相邻记录没有发生交换操作，移动次数为 0；如果待排序的初始序列是逆序的，则对 n 个记录的序列要进行 $n-1$ 趟排序，每趟要进行 $n-1$（$1 \le i \le n-1$）次关键字的比较，且每次比较后记录均要进行 3 次移动，此时算法的比较次数和移动次数达到最大值：

$$C_{\max} = \sum_{i=1}^{n-1}(n-i) = \frac{n(n-1)}{2}$$

$$M_{\max} = \sum_{i=1}^{n-1}3(n-i) = \frac{3n(n-1)}{2}$$

因此，算法的时间复杂度为 $O(n^2)$。虽然对 n 个记录的序列，有时不必经过 $n-1$ 趟排序，但是冒泡排序中记录的移动次数较多，因此排序速度慢。冒泡排序只需 1 个中间变量作为辅助空间，所以它的空间复杂度为 $O(1)$。冒泡排序是稳定的排序算法。

8.3.2 快速排序

快速排序是对冒泡排序的一种改进，其基本思想是从待排序序列的 n 个记录中任取一个记录 R_i 作为基准记录，其关键字为 k_i。经过一趟排序，以基准记录为界限，将待排序序列划分成两个子序列，将所有关键字小于 k_i 的记录移到 R_i 的前面，将所有关键字大于 k_i 的记录移到 R_i 的后面，记录 R_i 位于两子序列中间，该基准记录不再参加以后的排序，这个过程称为一趟快速排序；然后用同样的方法对两个子序列排序，得到 4 个子序列；依次类推，直到每个子序列只有一个记录，此时就得到 n 个记录的有序序列。

快速排序中划分子序列的方法通常取待排序序列的第 1 个记录 R[1]为基准记录，在进行划分时，设两个指针 i 和 j 分别指向序列的第 1 个和最后 1 个记录，先将指针 i 指向的记录存放到变量 R[0]中，将指针 j 从右向左开始扫描，直到遇到 R[j].key<R[0].key，将 R[j]移到 i 所指的位置，此时指针 i 从 $i+1$ 的位置由左向右扫描，直到 R[i].key>R[0].key，将 R[i]移到 j 所指的位置。然后，令 j 从 $j-1$ 的位置由右向左扫描，如此交替进行，让 i 和 j 从两端向中间靠拢，直到 $i=j$。此时 R[i]左边的所有记录的关键字均小于 R[0].key，R[i]右边的所有记录的关键字均大于 R[0].key。将 R[0].key 放入 i 和 j 同时指向的位置，这样一趟排序结束，待排序序列被划分成两个子序列，即 R[1,2,···,i−1]和 R[i+1,i+2,···,n]。对这两个子序列继续进行这种划分，直到所有划分的子序列中只剩 1 个记录。

例如，待排序序列为(29,07,47,53,21,36,98,16)，对其进行快速排序的过程如图 8-4 所示。

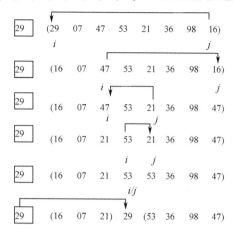

第1趟排序过程

(07) 16 （21） 29 （47 36）53 98

07 16 21 29 36 47 53 98

其余各趟排序过程

图 8-4 快速排序过程

一趟快速排序算法描述如下：

```
int QuickPass (RecData r, int i, int j)
/*对序列 r[i,2,···,j]进行一趟快速排序*/
{   r[0]=r[i];              /*选择第 i 个记录作为基准记录*/
    while (i<j)
    {   while (i<j && r[j].key>=r[0].key)
            j--;            /*j 从右向左查找小于 r[0].key 的记录*/
        if (i<j)
        {   r[i]=r[j];      /*找到小于 r[0].key 的记录，交换*/
            i++;
        }
        while (i<j && r[i].key<r[0].key)
            i++;            /*i 从左向右查找大于 r[0].key 的记录*/
        if (i<j)
        {   r[j]=r[i];      /*找到大于 r[0].key 的记录，交换*/
            j--;
        }
        r[i]=r[0];
        return i;
    }
}/* QuickPass*/
```

一趟快速排序算法描述

快速排序的递归算法描述如下：

```
void QuickSort (RecData r, int l, int h)
{    int k;
     if (l<h)
     {    k=QuickPass (r, l, h);        /*对 r[l,2,…,h]进行划分*/
          QuickSort (r, l, k−1);        /*对左区间递归排序*/
          QuickSort (r, k+1, h);        /*对右区间递归排序*/
     }
}/* QuickSort*/
```

快速排序算法的时间效率取决于划分子序列的次数，对于有 n 个记录的序列进行划分，共需要 $n-1$ 次关键字的比较。在最好的情况下，假设每次划分得到两个大致等长记录的子序列，则时间复杂度为 $O(n\log_2 n)$。在最坏的情况下，若每次划分的基准记录是当前序列中的最大值或最小值，则经过依次划分仅得到一个左子序列或一个右子序列，子序列的长度比原来序列的长度小 1。因此，快速排序必须进行 $n-1$ 趟，第 i 趟需要进行 $n-i$ 次比较，总的比较次数达到最大值：

$$C_{\max}=\sum_{i=1}^{n-1}(n-i)=\frac{n(n-1)}{2}=O(n^2)$$

因此，快速排序在最坏情况下的时间复杂度为 $O(n^2)$。可以证明，其平均时间复杂度为 $O(n\log_2 n)$。目前，快速排序被认为是所有同数量级的排序中平均性能最好的一种排序方法，但是它在最坏情况下的时间复杂度仍为 $O(n^2)$。快速排序算法是递归算法，每层递归调用时的指针和参数均要用栈来存放，递归调用层数与栈的深度一致，若每次划分较为均匀，则其空间复杂度为 $O(\log_2 n)$。最坏情况下的空间复杂度为 $O(n)$。快速排序是不稳定的排序方法。

8.4 选择排序

选择排序的基本思想是每趟从待排序记录中选出关键字最小的记录，按顺序放到已排好序的子序列中，直到全部记录排序完毕。选择排序有两种：直接选择排序和堆排序。

8.4.1 直接选择排序

微课视频

直接选择排序的基本思想是假设待排序序列有 n 个记录$(R_1,R_2,…,R_n)$，先从 n 个记录中选出关键字最小的记录 R_k，将该记录与第 1 个记录交换位置，完成第 1 趟排序；然后从剩下的 $n-1$ 个记录中再找出一个关键字最小的记录与第 2 个记录交换位置。依次类推，第 i 趟排序从剩余的 $n-i+1$ 个记录中找出一个关键字最小的记录和第 i 个记录交换，对 n 个记录经过 $n-1$ 趟排序即可得到有序序列。例如，对初始关键字(47,29,89,03,11,76,45)进行直接选择排序，其排序过程如图 8-5 所示。

直接选择排序算法描述如下。

```
viod SelectSort (RecData r, int n)
{    int i, j, k;
```

```
        for (i=1; i<=n-1; ++i)
        {   k=i;
            for (j=i+1; j<=n; ++j)
                if (r[j].key<r[k].key)      /*选出关键字最小的记录*/
                    k=j;                    /*k 保存当前找到的最小关键字的记录位置*/
            if (k!=i)
                {   r[i] ⟷ r[k];            /*交换 r[i]和 r[k]*/
                }
        }
    }/* SelectSort*/
```

	k_0	k_1	k_2	k_3	k_4	k_5	k_6	
第1趟($i=1$):	47	29	89	03	11	76	45	（03和47交换位置）
第2趟($i=2$):	(03)	29	89	47	11	76	45	（11和29交换位置）
第3趟($i=3$):	(03)	11	89	47	29	76	45	（29和89交换位置）
第4趟($i=4$):	(03)	11	29)	47	89	76	45	（45和47交换位置）
第5趟($i=5$):	(03)	11	29	45)	89	76	47	（47和89交换位置）
第6趟($i=6$):	(03)	11	29	45	47)	76	89	（不交换位置）
结果:	03	11	29	45	47	76	89	

图 8-5　直接选择排序过程

在直接选择排序过程中，所需移动记录的次数比较少。在最好的情况下，即待排序序列为正序时，该算法记录移动次数为 0；反之，当待排序序列为逆序时，该算法记录移动次数为 3(n-1)。在直接选择排序过程中，需要的关键字的比较次数与序列原始顺序无关，当 i=1 时（外循环执行第一次），内循环比较 n-1 次；当 i=2 时，内循环比较 n-2 次。依次类推，算法的总比较次数为(1+2+3+⋯+n-1)=n(n-1)/2。因此，直接选择排序的时间复杂度为 $O(n^2)$；由于只用 1 个变量作为辅助空间，故空间复杂度为 $O(1)$。直接选择排序是不稳定的排序方法。

8.4.2　堆排序

堆排序在直接选择排序的基础上进行了一些改进。对于直接选择排序，为了在 R[1,2,⋯,n]中选出关键字最小的记录，必须进行 n-1 次比较，然后在 R[2,3,⋯,n]中再做 n-2 次比较选出关键字最小的记录。事实上，在后面的比较中，有许多比较可能在前面的 n-1 次比较中已经做过了，但是由于前一趟排序时未保留这些比较结果，所以在另一趟排序时，又重复做了这些比较操作，而堆排序可以克服这一缺点。在堆排序中，将待排序的数据记录 R[1,2,⋯,n]看成一棵完全二叉树的顺序存储结构，利用完全二叉树中双亲结点和孩子结点的内在关系选择关键字最小（最大）的记录。

当 n 个元素的序列$\{k_1,k_2,⋯,k_n\}$满足以下性质时称为堆：

$$k_i \geqslant k_{2i} \quad 且 \quad k_i \geqslant k_{2i+1}$$

或

$$k_i \leqslant k_{2i} \quad 且 \quad k_i \leqslant k_{2i+1}（1 \leqslant i \leqslant n/2）$$

堆排序定义

堆实质上就是具有如下性质的完全二叉树。

（1）根结点（堆顶记录）的关键字的值是所有结点关键字中最大（或最小）的。

（2）每个非叶子结点（记录）的关键字大于或等于（或小于或等于）它的孩子结点（如果左、右孩子存在）的关键字。

这种堆分别称为大顶堆或小顶堆，如图 8-6 所示。

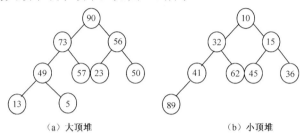

（a）大顶堆　　　　　　　　　　　（b）小顶堆

图 8-6　堆

从图 8-6 中可以看出，在一个堆中，根结点具有最大值或最小值，而且堆中任何一个非叶子结点的左子树和右子树也是一个堆，根结点到任何一个叶子结点的每条路径上的结点的关键字的值都是递减或递增的。下面以大顶堆为例来讨论堆排序过程，小顶堆排序与此类似，但排序结果是递减有序的。

实现堆排序需要解决以下两个问题。

（1）怎样将待排序序列记录构成一个初始堆。

（2）输出堆顶元素后，怎样调整剩余的 $n-1$ 个元素，使其按关键字重新整理成一个新堆。

由于解决这两个问题都要调用筛选算法，所以先讨论筛选算法。

筛选就是将以结点 i 为根结点的子树调整为一个堆，此时结点 i 的左、右子树必须是堆。筛选算法的基本思想是将结点 i 与其左、右孩子结点进行比较，若结点 i 的关键字小于其中任意一个孩子结点的关键字，就将结点 i 与左、右孩子结点中关键字较大的结点交换。若与左孩子交换，则左子树的堆被破坏，且仅左子树的根结点不满足堆的性质；若与右孩子交换，则右子树的堆被破坏，且仅右子树的根结点不满足堆的性质。继续对不满足堆性质的子树进行上述交换操作，直到该结点为叶子结点或它的关键字大于其孩子结点的关键字。这个自根结点到叶子结点的调整过程称为筛选。

筛选过程如图 8-7 所示。在图 8-7（a）中，根结点 15 的左、右子树分别是堆，由于 15 小于 89、67，又由于 89>67，所以 89 与 15 交换位置，这时新根结点的右子树没变，仍是一个堆，但是 15 下沉一层后，使得新根结点的左子树不再是堆。继续调整，15 小于它的新的左、右孩子结点的关键字，同时 46>32，于是 15 与 46 交换，由于 46 的新左子树仍是堆，新右子树只有一个结点，故调整完成，得到如图 8-7（b）所示的新堆。

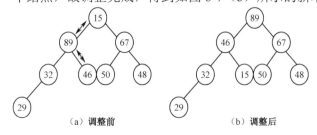

（a）调整前　　　　　　　　　　　（b）调整后

图 8-7　筛选过程

筛选算法描述如下：

```
void    Sift(RecData r, int low, int high)
/*设 r[low..high]是以 r[low]为根结点的完全二叉树，调整 r[low]，使二叉树成为新
堆*/
{    int i, j;
     r[0]=r[low];                  /*暂存堆顶记录*/
     i=low;
     j=2*i;                        /*r[i]的左孩子结点的位置*/
     while (j<=high)
        {    if (j<high && r[j].key<r[j+1].key )
             j++;                  /*选择左、右孩子结点中的较大者*/
             if (r[0].key<r[j].key) /*当前结点小于左、右孩子的较大者*/
             {    r[i]=r[j]; i=j; j=2*i;
             }
           else                   /*当前结点不小于左、右孩子结点*/
                j=high+1;
        }
     r[i]=r[0];                    /*将堆顶记录填入适当位置*/
}/* Sift*/
```

利用筛选算法可以将 *n* 个记录的序列建成一个初始堆。对初始序列建堆的过程就是一个反复进行筛选的过程。对于有 *n* 个结点的完全二叉树，第 *n*/2 个结点之后的结点均是叶子结点，因此，只要从第 *n*/2 个结点开始，逐层向上对以各结点为根的子树进行筛选，使之成为堆，直至根结点。

例如，图 8-8 为对初始序列(23,30,10,35,50,59,45,78)创建初始堆的过程。

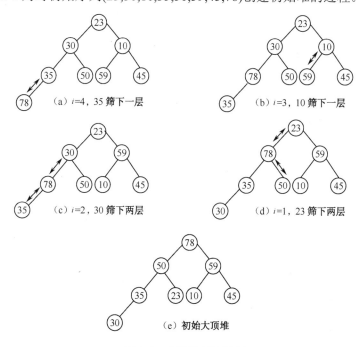

图 8-8　大顶堆创建过程

创建大顶堆的算法描述如下：

创建大顶堆算法

```
void BuildHeap(RecData r, int n)
{    int i;
     for (i=n/2; i>0; i--)        /*建立初始堆*/
          Sift ( r, i, n);
}/* BuildHeap*/
```

初始堆建成后，就可以进行堆排序了。堆排序的思想是对待排序记录 R[1,2,…,n]构造一个初始堆，将关键字最大的第 1 个记录 R[1]（堆顶记录）与初始堆的最后 1 个记录 R[n]交换位置，得到无序区 R[1,2,…,n-1]和有序区 R[n]，此时满足前 n-1 个记录 R[1,2,…,n-1]的关键字均小于或等于 R[n]的关键字。交换后，序列 R[1,2,…,n-1]不符合堆的定义，将无序区 R[1,2,…,n-1]调整为堆；将 R[1,2,…,n-1]中关键字最大的第 1 个记录 R[1]与该区间最后 1 个记录 R[n-1]交换，又得到一个新的无序区 R[1,2,…,n-2]和有序区 R[n-1,n]；同样，将 R[1,2,…,n-2]（如果不符合堆的定义）调整成新堆，依次类推，直到新产生的堆只剩下一个记录，此时所有记录已排好序。

堆排序算法描述如下：

堆排序算法

```
void HeapSort (RecData r, int n)
{    int i;
     BuildHeap(r, n);
     for (i=n; i>1; i--)
     {    r[0 ] ⟷ r[i]; /*将堆顶记录与最后一个记录交换*/
          sift(r, 1, i-1); /*调整堆*/
     }
}/* HeapSort*/
```

下面给出一个堆排序的实例。设待排序序列为(17,20,10,60,48,59,27,31)，将它构造成一棵完全二叉树，如图 8-9（a）所示。将以结点 60、10、20、17 为根结点的子树分别调整成堆，即 20 与 60 交换，20 与 31 交换，10 与 59 交换，得到图 8-9（b），此时左、右子树为堆；再将 17 与 60 交换，17 与 48 交换，得到如图 8-9（c）所示的初始堆；将根结点 60 和最后的结点 20 交换，如图 8-9（d）所示；除 60 外，剩余结点的完全二叉树不符合堆定义，将它调整成一个堆，如图 8-9（e）所示；用新调整的堆的根结点 59 和 20 交换，得到图 8-9（f）；除 60 和 59 外，将剩余结点的完全二叉树再调整为一个堆，如图 8-9（g）所示。重复上述过程［见图 8-9（h）～（o）］，直到最后得到有序递增序列(10,17,20,27,31,48,59,60)，如图 8-9（p）所示。

堆排序的时间主要花费在建立初始堆和反复调整堆的工作上。对深度为 k 的堆，从根到叶的筛选，关键字的比较次数至多为 $2(k-1)$ 次，n 个结点的完全二叉树的深度为 $k=[\log_2 n]+1$，堆排序算法 HeapSort 调整建新堆时调用 sift 算法共 $n-1$ 次，因此，总的比较次数满足：

$$2([\log_2(n-1)]+[\log_2(n-2)]+\cdots+[\log_2 2]) < 2n[\log_2 n]$$

因此，堆排序的时间复杂度为 $O(n\log_2 n)$。由于堆排序在建立初始堆和调整新堆时反复进行筛选，故它不适合记录较少的序列排序。堆排序占用的辅助空间为 1 个记录大小，空间复杂度为 $O(1)$，它是一种不稳定的排序方法。

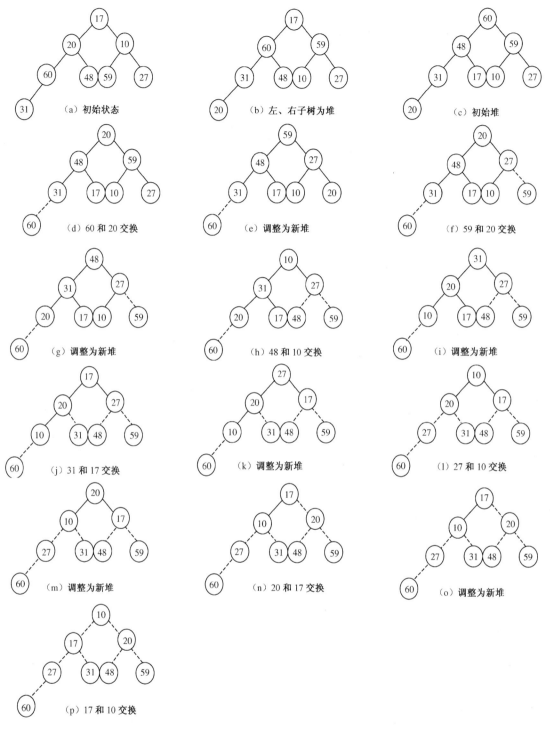

图 8-9 堆排序过程

8.5 各种内部排序方法的比较

本节从算法的平均时间复杂度、最坏情况下的时间复杂度、所需辅助空间和稳定性 4 方面对前面讨论的几种内部排序方法的性能进行比较，结果如表 8-1 所示。

表 8-1   各种排序方法性能的比较

排 序 方 法	平均时间复杂度	最坏时间复杂度	空间复杂度	稳 定 性
直接插入排序	$O(n^2)$	$O(n^2)$	$O(1)$	稳定
希尔排序	$O(n^{1.3})$	$O(n^{1.4})$	$O(1)$	不稳定
冒泡排序	$O(n^2)$	$O(n^2)$	$O(1)$	稳定
快速排序	$O(n\log_2 n)$	$O(n^2)$	$O(\log_2 n)$	不稳定
直接选择排序	$O(n^2)$	$O(n^2)$	$O(1)$	不稳定
堆排序	$O(n\log_2 n)$	$O(n\log_2 n)$	$O(1)$	不稳定

从表 8-1 中可以得到如下结论。

（1）如果待排序序列的初始状态基本有序，则选择直接插入排序和冒泡排序。

（2）如果待排序记录的个数较少，则选择直接插入排序。

（3）对于记录个数较多的序列，当不要求稳定性，同时内存容量不宽裕时，可以选择快速排序和堆排序。

（4）从方法的稳定性来看，直接插入排序、冒泡排序是稳定的，希尔排序、快速排序、直接选择排序、堆排序是不稳定的。

（5）从平均时间上来讲，快速排序是所有排序方法中最好的，但快速排序在最坏情况下的时间复杂度比堆排序的时间复杂度大。

8.6 典型例题

【例 8-1】设有 1000 个元素的任意序列，希望用最快的速度挑出其中前 10 个（仅挑前 10 个）最大元素，以下几种排序方法哪一种最合适？为什么？

（1）直接选择排序。

（2）冒泡排序。

（3）堆排序。

【分析与解答】

堆排序比较合适。因为对于直接选择排序、冒泡排序和堆排序，都只需要前 10 趟排序就可以选出前 10 个最大元素。但在直接选择排序、冒泡排序的前 10 趟排序中，需要的比较次数为 999+998+…+990=9945 次。对于堆排序而言，建立初始堆所需的比较次数最多为 4×1000 次，每次调整堆最多需要 2log₂1000=18 次比较，因此，用堆排序挑选出前 10 个最大元素的比较次数至多为 4000+18×9=4162 次，即速度最快。

【注意】在本例中，要求只选出前 10 个最大元素，因此堆排序才显得最快；否则堆排序不一定最快。例如，选出前两个最大元素，直接选择排序和冒泡排序都比堆排序快。

【例 8-2】假设有 1000 个关键字为整数（小于 10000）的记录序列，请设计一种排序方法，要求以尽可能少的比较次数和移动次数实现排序，并按设计编写算法。

【分析与解答】

设关键字小于 10000 的整数的记录序列存于数组中，再设容量为 10000 的临时整数数组，按整数的大小直接放入下标为该整数的数组单元中，然后对该数组进行整理，存回原容量为 1000 的数组中。

算法描述如下：

```
void IntSort(int R[],int n)
{       /*关键字小于 10000 的 1000 个整数存于数组 R 中，本算法对整数进行排序*/
    int R1[10000]={0};     /*初始化为 0*/
    for (i=0;i<1000;i++)
        R1[R[i]]=R[i];
    for (i=0,k=0;i<10000;i++)
        if (R1[i]!=0)
            R[k++]=R1[i];
}/* IntSort*/
```

【例 8-3】设计一算法，使得在尽可能短的时间内重排数组，把数组 a 中大于或等于 x 的元素置于数组 a 的右端，而把小于 x 的元素置于数组 a 的左端。请分析算法的时间复杂度。

【分析与解答】

该算法思想类似于一趟快速排序。只不过这里的基准记录是给定的 x。

算法描述如下：

```
void Rearrange(int a[],int n,int x)
{
    int i,j,t;
    i=0;
    j=n-1;
    while(i<j)
    {
        while(i<j && a[j]>=x)
            j--;
        while(i<j && a[i]<x)
            i++;
        if(i<j)
        {
            a[i] ⟷ a[j];
            i++;
            j--;
        }
    }
}/* IntSort*/
```

该算法的时间复杂度为 $O(n)$。

【例 8-4】已知记录序列 a[1,2,…,n]中的关键字各不相同，编写算法以实现计数排序。

【分析与解答】

计数排序的思想：另设数组 c[1,2,…,n]，对每个记录 a[i]，统计序列中关键字比它小的记录的个数并存于 c[i] 中，c[i]=0 的记录必为关键字最小的记录，然后依 c[i] 值的大小对 a 中的记录进行重新排列。

算法描述如下：

```
void Count_Sort(int a[ ],int n)          /*计数排序算法*/
{
    int c[MAXSIZE];
    for(i=0;i<n;i++)                     /*对每个元素进行统计*/
    {
        for(j=0,count=0;j<n;j++)         /*统计关键字比它小的记录的个数*/
            if(a[j]<a[i]) count++;
        c[i]=count;
    }
    for(i=0;i<n;i++)                     /*依次求出关键字最小、第二小至最大的记录*/
    {
        min=0;
        for(j=0;j<n;j++)
            if(c[j]<c[min]) min=j;       /*求出最小记录的下标 min*/
        a[i] ⟷ a[min];                   /*与第 i 个记录交换*/
        c[min]=INFINITY;                 /*修改该记录的 c 值为无穷大以便进行下一次选取*/
    }
}/*CountSort */
```

8.7 实训例题

8.7.1 实训例题 1：不同排序算法的比较

【问题描述】

编写一个综合程序，调用不同的排序算法，对关键字的比较次数和移动次数进行对比，并计算出各种排序算法的执行时间。

【基本要求】

- 功能：用不同的排序算法完成对 k 个随机生成的记录（关键字）的排序。
- 输入：随机产生 5000 个记录（关键字）。
- 输出：应用不同的排序算法将 k 个记录排序（升序）的结果，每种排序算法的关键字的比较次数和移动次数，算法执行的时间（单位为 s）。

【测试数据】

输入：随机产生 5000 个记录。

预期的输出结果：由于输入的记录是随机产生的，所以预期的输出结果请参见程序后的运行结果。

【数据结构】

待排序记录采用顺序存储结构，数组元素最大容量为 5001（记录从 R[1]开始存放），每个记录只包含一个关键字段，且类型为整型，其类型描述如下：

```
#define MAXSIZE    5001
typedef    struct
{    int key;
}RecType;
RecType a[MAXSIZE];
```

【算法思想】

为了对不同算法进行比较，在每个算法中，设置两个变量 bj 和 yd，分别用来统计关键字的比较次数和移动次数。关键字每比较一次为 1 次比较，此时 bj 加 1。关键字向其他变量赋值一次为 1 次移动，此时 yd 加 1；交换两个数据为 3 次移动，此时 yd 加 3。在调用每种排序算法前，用 t1=time(NULL)求出系统当前时间；调用结束时，再用 t2=time(NULL)求出结束时间，然后用 difftime(t2,t1)函数求出两时间之差。

【模块划分】

整个算法分为 12 个模块。

（1）main：主函数。

（2）int creatlist(RecType r[ ])：随机产生 5000 个待排序记录。

（3）frontdisplist (RecType r[ ],int n)：输出未排序的记录。

（4）rearddisplist (RecType r[ ],int n)：输出排好序的记录。

（5）insertsort(RecType r[ ],int n)：直接插入排序算法。

（6）bublesort(RecType r[ ],int n)：冒泡排序算法。

（7）selesort(RecType r[ ],int n)：直接选择排序算法。

（8）sift(RecType r[ ],int   i,int   m)：筛选算法。

（9）heapsort(RecType r[ ],int   n)：堆排序算法。

（10）merge(RecType r[ ],int low,int m,int high)：二路归并算法。

（11）merge_One(RecType r[ ],int   lenth,int   n)：二路归并中的"一趟归并"算法。

（12）mergesort(RecType r[ ],int   n)：二路归并排序算法。

【源程序】

```
#define MAXSIZE    5001
#include <stdio.h>
#include <stdlib.h>
#include <time.h>
int bj=0,yd=0;          /*hj 和 yd 分别用来统计关键字的比较次数和移动次数*/
typedef    struct
{    int key;
}RecType;
int creatlist(RecType r[ ])
{    /*随机产生 5000 个待排序记录*/
   int i,k;
   printf("input number of data (k)");
   scanf("%d",&k);
   for (i=1;i<=k;i++)
      r[i].key=rand();
```

```
        return (k);
    }/* creatlist */


void frontdisplist (RecType r[ ],int n)
{    /*输出未排序的记录*/
    int i;
    printf("\n   output   original   data \n");
    for (i=1; i<=n; i++)
        { printf("%7d",r[i].key);
        if (i%10==0) printf("\n");
        }
        printf("\n\n");
    }/* frontdisplist */


void reardisplist (RecType r[ ],int n)
{    /*输出排好序的记录*/
    int i;
    printf("\n   output   ordered   data \n");
    for (i=1; i<=n; i++)
        {   printf("%7d",r[i].key);
            if (i%10==0) printf("\n");
        }
    printf("\n\n ");
}/* reardisplist */


void insertsort(RecType rd[ ],int n)
{    /*直接插入排序算法*/
    int i,j;
    RecType r[MAXSIZE];
    bj=0,yd=0;
    for(i=1;i<=n;i++)
        r[i]=rd[i];
    for (i=2;i<=n;i++)
    { r[0]=r[i];   yd=yd+1; j=i-1;
                            /*r[0]是监视哨，j 是当前已排好序的记录的长度*/
        while(r[0].key<r[j].key)   /*确定插入位置*/
        {   bj=bj+1;
            r[j+1]=r[j];
            yd=yd+1;
            j--;
        }
    r[j+1]=r[0];   yd=yd+1;
    }
    printf("bj=%d,yd=%d \n",bj,yd);
```

```
        reardisplist(r,n);
}/* insertsort */


        void bublesort(RecType rd[ ],int n)
        {      /*冒泡排序算法*/
            int i,j;
            RecType r[MAXSIZE];
            RecType temp;
            bj=0,yd=0;
            for(i=1;i<=n;i++)
            r[i]=rd[i];
            for(i=1;i<n;i++)
              for(j=n-1;j>=i;j--)
                {      bj=bj+1;
                    if (r[j+1].key<r[j].key)
                    {      temp=r[j+1]; r[j+1]=r[j];
                        r[j]=temp; yd=yd+3;}
                    }
            printf("bj=%d,yd=%d \n",bj,yd);
            reardisplist(r,n);
}/* bublesort */


selesort(RecType rd[ ],int n)
{      /*直接选择排序算法*/
    int i,j,k;
    RecType temp;
    RecType r[MAXSIZE];
    bj=0,yd=0;
    for(i=1;i<=n;i++)
        r[i]=rd[i];
    for (i=1;i<n;i++)
    {    k=i;
        for(j=i+1;j<=n;j++)
            {      bj=bj+1;
                if(r[j].kcy<r[k].kcy) k=j;
            }
        if (k!=i)
            {      temp=r[i];r[i]=r[k];
                r[k]=temp; yd=yd+3;}
            }
        printf("bj=%d,yd=%d \n",bj,yd);
        reardisplist(r,n);
    }/* selesort */
```

```
sift(RecType r[ ],int i,int m)
{   /*筛选算法，i 是根结点编号，m 是以 i 结点为根结点的子树中最后一个结点的编号*/
    int j;
    RecType temp;
    temp=r[i];
    yd=yd+1;
    j=2*i;                /*j 是 i 结点的左孩子*/
  while(j<=m)
    {   if(j<m &&(r[j].key<r[j+1].key))
        j++;              /*当 i 结点有左、右孩子结点时，j 取关键字大的孩子结点编号*/
        if(temp.key<r[j].key)
        {   bj=bj+1;
            r[i]=r[j];
            yd=yd+1;
            i=j; j=2*i;
        }                 /*按堆的性质调整*/
        else break;
    }
    r[i]=temp;
    yd=yd+1;
}/* sift */


heapsort(RecType rd[ ],int n)
{                         /*堆排序算法*/
  int i;
  RecType tcmp;
  RecType r[MAXSIZE];
  bj=0;yd=0;
  for(i=1;i<=n;i++)
    r[i]=rd[i];
  for(i=n/2; i>=1; i--)
    sift(r,i,n);          /*将待排序序列建成大顶堆*/
  for(i=n; i>=2; i--)
{   temp=r[1];            /*堆顶和堆尾元素交换*/
    r[1]=r[i];
    r[i]=temp;
    yd=yd+3;
    sift(r,1,i-1);        /*交换后，重新调整成新堆*/
  }
  printf("bj=%d,yd=%d \n",bj,yd);
  reardisplist(r,n);
}/* heapsort */


merge(RecType r[ ],int low,int m,int high)
```

```
{    /*二路归并算法：将两相邻的有续表合并为一个有序表*/
 RecType r1[MAXSIZE];    /*合并时用的临时数组*/
 int i,j,k;
 i=low;
 j=m+1;
 k=0;
 while(i<=m && j<=high)    /*两相邻的有序序列合并*/
 if(r[i].key<=r[j].key)
 {    r1[k]=r[i]; bj=bj+1;yd=yd+1;i++; k++;}
 else
 { r1[k]=r[j]; bj=bj+1;yd=yd+1;j++; k++;}
 while(i<=m)
   {    r1[k]=r[i]; yd=yd+1;i++; k++;}
 while(j<=high)
   {    r1[k]=r[j]; yd=yd+1;j++; k++;}
k=0;
for(i=low;i<=high;i++,k++)  /*将临时数组 r1 复制到原来的 r 中*/
   r[i]=r1[k];
}/* merge */


merge_one(RecType r[ ],int lenth,int n)
{    /*二路归并中的"一趟归并"算法*/
 int i=0;
 while(i+2 * lenth-1<n)
 {    merge(r,i,i+lenth-1,i+2 * lenth-1);
                         /*在两子序列长度相等的情况下调用 merge*/
      i=i+2*lenth;
 }
if(i+lenth-1<n-1)
   merge(r,i,i+lenth-1,n-1);  /*序列中的剩余部分的处理*/
}/* merge_one */


mergesort(RecType rd[ ],int n)
{    /*二路归并排序算法*/
 int   i,lenth=1;              /*有序子序列长度的初始值为 1*/
 RecType r[MAXSIZE];
 bj=0;yd=0;
 for(i=1;i<=n;i++)
   r[i]=rd[i];
 while(lenth<n)
{    merge_one(r,lenth,n);
     lenth=2 * lenth;        /*修改子序列的长度*/
}
printf("bj=%d,yd=%d \n",bj,yd);
```

```
        reardisplist(r,n);
    }/* mergesort */
    void main()
    {    RecType list[MAXSIZE];
         int len,s;
         int leap=1;
         time_t t1,t2;
         double tt1,tt2,tt3,tt4,tt5;
         len=creatlist(list);
    while(leap)
    {    /*leap 为真值时调用该程序，为假值时结束*/
         printf("\n\n Main menu \n\n");
         printf(" 0—quit\n");
         printf(" 1—insertsort \n");
         printf(" 2—bublesort \n");
         printf(" 3—selesort \n");
         printf(" 4—heapsort \n");
         printf(" 5—mergesort \n");
         printf("\n\n Please  select  the  number(0/1/2/3/4/5):");
         scanf("%d",&s);
         printf("\n");
         if(s>=0 && s<=5)
         switch(s)
         {    case 0: leap=0; break;
              case 1:    frontdisplist(list,len);
                         t1=time(NULL);
                         insertsort(list,len);
                         t2=time(NULL);
                         tt1=difftime(t2,t1);
                         printf("直接插入排序的时间为: %ds\n",tt1);
                         break;
              case 2:    frontdisplist(list,len);
                         t1=time(NULL);
                         bublesort(list,len);
                         t2=time(NULL);
                         tt2=difftime(t2,t1);
                         printf("冒泡排序的时间为: %ds\n",tt2);
                         break;
              case 3:    frontdisplist(list,len);
                         t1=time(NULL);
                         selesort(list,len);
                         t2=time(NULL);
                         tt3=difftime(t2,t1);
                         printf("直接选择排序的时间为: %ds\n",tt3);
```

```
                break;
        case 4:  frontdisplist(list,len);
                t1=time(NULL);
                heapsort(list,len);
                t2=time(NULL);
                tt4=difftime(t2,t1);
                printf("堆排序的时间为: %ds\n",tt4);
                break;
        case 5:  frontdisplist(list,len);
                t1=time(NULL);
                mergesort(list,len);
                t2=time(NULL);
                tt5=difftime(t2,t1);
                printf("二路归并排序的时间为: %ds\n",tt5);
        }
    printf("\n");
    }
}/* main */
```

【测试情况】

```
    input number of data (k)5000
    Main menu
    0—quit
    1—insertsort
    2—bublesort
    3—selesort
    4—heapsort
    5—mergesort

    Please  selcet  the  number(0/1/2/3/4/5):2
    output  original  data
    排序前的数据
    比较移动次数
    output  ordered  data
    排序后的数据
    冒泡排序的时间为:执行时间
```

其他排序算法的运行结果与以上形式相似。

【注意】要计算排序时间，排序的数据个数必须很多，不然时间太短，显示时间为 0（单位是 s）。可以这样解决：在主函数中，用一个循环让每个排序函数执行多次，就能算出时间了；也可以用 clock 函数，排序开始前调用 clock 函数求得当前时间，即 start=clock()，排序结束时再次调用 clock 函数求得结束时的时间，即 end=clock()，然后两者相减，即 end-start 就是排序时间。其中，start 和 end 的类型为 clock_t。

【心得】

根据实训过程，写出自己的体会，如自己的收获、遇到的问题、解决问题的思考过程、对程序调试过程的分析、对"数据结构"课程的思考及在实训过程中对"数据结构"课程的认识等。

8.7.2　实训例题2：学生成绩名次表

【问题描述】

假设一个年级（m 个班）的学生参加某门课程的考试，每个班最多有 n 名学生，请输出各班的成绩名次表（m 个）、以班级为单位的成绩名次表（1 个），以及以年级为单位的成绩名次表（1 个）。

【基本要求】

- 功能：每个班级的学生记录按学号顺序排列，每名学生记录至少包含排列名次、学号、成绩 3 个字段。
- 输入：随机产生 $m×n$ 个成绩。
- 输出：①输出每个班级的成绩名次表，具有相同成绩的名次相同；②输出以班级为单位成绩名次表；③输出以年级为单位的成绩名次表，具有相同成绩的名次相同。

【测试数据】

输入：设有 5 个班级，每班有 10 名学生，学号是有序整型，成绩是随机产生的实数。

预期的输出结果：由于输入的成绩是随机产生的，所以预期的输出结果请参见程序后的运行结果。

【数据结构】

排序记录的元素表采用二维数组存储结构，每个元素包含 3 个关键字段，其类型描述如下：

```
#define   m   5          /*5 个班级*/
#define   n   10         /*每班有 10 名学生*/
typedef struct
{    int order;          /*排列名次*/
     int no;             /*学号*/
     float score;        /*成绩*/
}RecType;
RecType students[m][n+1];
```

【算法思想】

利用二维结构体数组存放所有学生的信息，学生成绩由程序随机产生，同时生成学生的学号。1 班学号为 101～110，2 班学号为 201～210，依次类推，5 班学号为 501～510。用不同排序算法排序完成该实训例题的要求。

【模块划分】

整个算法分 9 个模块。

（1）main：主函数。

（2）gen_recs：随机产生学生成绩，同时生成学生的学号。

（3）sort_one_class(RecType r[],int s)：用直接插入排序算法给出班级成绩名次（升序）

表（只对学生记录的学号、成绩排序）。

（4）Merge(RecType sr[],RecType dr[],int low,int g,int h)：二路归并。

（5）MergeOnePass(RecType sr[],RecType dr[],int l,int d)：二路归并中的一趟归并算法。

（6）sort_allclass(RecType sr[],RecType dr[],int l)：用归并排序对每个班级合并成以班级为单位的年级成绩名次表（对学生记录的名次、学号、成绩排序）。

（7）Order_no(RecType r[],int l)：根据每名学生的成绩给出相应的名次号（对学生记录的名次、学号、成绩排序）。

（8）print_list(RecType r[],int l)：输出排好序的名次表。

（9）sort_allgrade(RecType r[ ],int s)：用直接插入排序算法，以成绩为关键字对全年级学生记录进行排序（只对学生记录的学号、成绩排序）。

【源程序】

```
#include   <stdio.h>
#include   <stdlib.h>
#define    m   5
#define    n   10
typedef struct
{
int order;
int no;
float score;
}RecType;
RecType students[m][n+1];

void gen_recs()
{   /*随机产生学生成绩，同时生成学生的学号*/
    int i,j;
    for (i=0;i<m;i++)
    for (j=1;j<=n;j++)
    {   students[i][j].no=(i+1)*100+j;          /*生成学生学号*/
        students[i][j].score=random(50)+50;     /*生成学生成绩*/
    }
}/* gen_recs */

void sort_one_class(RecType r[ ],int s)
{   /*用直接插入排序算法给出班级成绩名次（升序）表*/
    int i,j;
    for (i=2;i<=s;i++)
    {   r[0]=r[i];                              /*r[i]放入监视哨*/
        j=i-1;
        while (r[0].score>r[j].score)           /*将关键字小于 r[i]的记录后移*/
        {   r[j+1]=r[j];
            j--;
        }
```

```
              r[j+1]=r[0];                          /*插入正确位置*/
          }
      }/* sort_one_class */

      void Merge (RecType sr[ ],RecType dr[ ],int low,int g,int h)
      {    /*二路归并算法*/
          int i,j,k;
          i=low;
          j=g+1;
          k=low;
          while ((i<=m) && (j<=h))                   /*比较两个子序列中的当前记录*/
          {    if(sr[i].score>sr[j].score)
                  dr[k++]=sr[i++];
              else
                  dr[k++]=sr[j++];
          }
    while (i<=m)
        dr[k++]=sr[i++];                             /*复制 sr[i]中的剩余记录*/
    while (j<=h)
        dr[k++]=sr[j++];
    }/* Merge */

      void MergeOnePass(RecType sr [ ],RecType dr[ ],int l,int d)
      {    /*二路归并中的一趟归并算法*/
          int i;
          i−1;
          while (l−i+1>=2*d)
          {   Merge(sr,dr,i,i+d−1,i+2*d−1);
              i=i+2*d;
          }
       if (l−i+1>d)
           Merge(sr,dr,i,i+d−1,l);
       else
          Merge(sr,dr,i,l,l);
      }/* MergeOnePass */

      void sort_allclass(RecType sr[ ],RecType dr[ ],int l)
      {    /*用归并排序对每个班级合并成以班级为单位的年级成绩名次表*/
          int d;
          d=1;                                        /*d 为子序列的长度*/
          while (d<l)
          {   MergeOnePass(sr,dr,d,l);
              MergeOnePass(dr,sr,2*d,l);
              d=4*d;
```

```
    }
  }/* sort_allclass */

void Order_no(RecType r[ ],int l)
{    /*根据每名学生的成绩给出相应的名次*/
    int i;
    r[1].order=1;
    for (i=2;i<=l;i++)
        if (r[i-1].score==r[i].score)
            r[i].order=r[i-1].order;
    else
        r[i].order=i;
}/* Order_no */


void print_list(RecType r[ ],int l)
{    /*输出排好序的名次表*/
    int i,k;
    printf("| order number score|");
    printf("| order number score|");
    printf("| order number score|\n");
    k=(l+2)/3;
    for (i=1;i<=k;i++)
    {    printf( "|%4d    %4d     %4d |",r[i].order,r[i].no,r[i].score);
        printf( "|%4d    %4d     %4d |",r[i+k].order,r[i+k].no,r[i+k].score);
        if (i+2*k<=l)
            printf("|%4d  %4d     %4d |",r[i+2*k].order,r[i+2*k].no,r[i+2*k].score);
        printf("\n");
        getch();
    }
}/* print_list */
void sort_allgrade(RecType r[ ],int s)
{    /*用直接插入排序算法，以成绩为关键字对全年级学生记录进行排序*/
    int i,j;
    for (i=2;i<=s;i++)
    {    r[0]=r[i];
        j=i-1;
        while (r[0].score>r[j].score)
        {    r[j+1]=r[j];
            j--;
        }
        r[j+1]=r[0];
    }
}/* sort_allgrade */
```

```
void main()
{    /*主函数*/
   RecType r1[n*m+1],r2[n*m+1];
   int i,j,k;
     gen_recs();
     for (i=0;i<5;i++)
   {    sort_one_class(students[i],n);
         Order_no(students[i],n);
         printf("\n    %d    The  class  order  in  score   \n",i+1);
         print_list(students[i],n); /*输出排好序的每个（5个）班级的成绩名次表*/
     }
   k=1;
   for (i=0;i<5;i++)
       for (j=1;j<=n;j++)
         r1[k++]=students[i][j];
   sort_allclass(r1,r2,m*n);
   printf("\n    The grade order in score organized in class    \n");
   print_list(r1,m*n);        /*输出按班级排列的年级总名次表（1个）*/
   printf("\n\n");
   sort_allgrade(r1,m*n);
   Order_no(r1,m*n);
   printf("\n    The grade order in score organized in person    \n");
   print_list(r1,m*n);        /*输出排好序的年级成绩名次表（1个）*/
}/* main*/
```

【测试情况】

1   The   class   order   in   score

order	number	score		order	number	score		order	number	score
1	109	98		5	103	82		9	108	65
2	101	96		6	102	80		10	105	56
3	107	95		7	110	76			
4	104	90		8	106	67			

2   The   class   order   in   score

order	number	score		order	number	score		order	number	score
1	210	97		4	208	71		9	202	58
2	205	92		6	209	63		10	201	54
3	204	79		7	207	62			
4	203	71		8	206	60			

3   The   class   order   in   score

order	number	score		order	number	score		order	number	score
1	302	91		5	308	71		9	306	59
2	303	90		6	301	69		10	307	52
3	304	85		7	310	66			

| 4 | 309 | 79 || 8 | 305 | 64 |

4　The　class　order　in　score

order	number	score		order	number	score		order	number	score
1	403	95		5	405	84		9	406	60
1	408	95		6	401	81		10	402	51
3	404	93		7	407	79				
4	410	92		8	409	61				

5　The　class　order　in　score

order	number	score		order	number	score		order	number	score
1	505	92		5	503	66		9	506	63
2	501	89		5	507	66		10	510	51
2	509	89		7	504	64				
4	502	88		7	508	64				

The grade order in score organized in class

order	number	score		order	number	score		order	number	score
1	109	98		8	206	60		5	405	84
2	101	96		9	202	58		6	401	81
3	107	95		10	201	54		7	407	79
4	104	90		1	302	91		8	409	61
5	103	82		2	303	90		9	406	60
6	102	80		3	304	85		10	402	51
7	110	76		4	309	79		1	505	92
8	106	67		5	308	71		2	501	89
9	108	65		6	301	69		2	509	89
10	105	56		7	310	66		4	502	88
1	210	97		8	305	64		5	503	66
2	205	92		9	306	59		5	507	66
3	204	79		10	307	52		7	504	64
4	203	71		1	403	95		7	508	64
4	208	71		1	408	95		9	506	63
6	209	63		3	404	93		10	510	51
7	207	62		4	410	92				

The grade order in score organized in person

order	number	score		order	number	score		order	number	score
1	109	98		18	405	84		35	305	64
2	201	97		19	103	82		35	504	64
3	101	96		20	401	81		35	508	64
4	107	95		21	102	80		38	209	63
4	403	95		22	204	79		38	506	63
4	408	95		22	309	79		40	207	62

7	404	93	22	407	79	41	409	61
8	205	92	25	110	76	42	206	60
8	410	92	26	203	71	42	406	60
8	505	92	26	208	71	44	306	59
11	302	91	26	308	71	45	202	58
12	104	90	29	301	69	46	105	56
12	303	90	30	106	67	47	201	54
14	501	89	31	310	66	48	307	52
14	509	89	31	503	66	49	402	51
16	502	88	31	507	66	49	510	51
17	304	85	34	108	65			

【心得】

根据实训过程，写出自己的体会，如自己的收获、遇到的问题、解决问题的思考过程、对程序调试过程的分析、对"数据结构"课程的思考及在实训过程中对"数据结构"课程的认识等。

8.8 总结与提高

8.8.1 主要知识点

1．基本概念

排序是很常用的一种技术，研究和掌握各种排序方法非常重要。排序就是将一组无序的元素按其关键字的某种次序排列成有规律的序列。根据排序时数据所占用存储器的不同，可将排序分为两类：内部排序和外部排序。排序方法的稳定性也是选择排序方法时应该考虑的一个因素。证明一种排序方法是稳定的，要从算法本身的步骤中加以证明；证明排序方法是不稳定的，只需给出一个反例说明。

2．常用排序算法

本章主要介绍了3类常用的排序算法。

（1）插入类排序算法：直接插入排序、折半插入排序、希尔排序。

（2）交换类排序算法：冒泡排序、快速排序。

（3）选择类排序算法：直接选择排序、堆排序。

在排序过程中，一般进行两种基本操作：比较和移动。

每种排序算法都涉及以下几方面：算法思想、算法描述，以及算法的时间复杂度、空间复杂度、稳定性。每种排序算法都有其特点及适用场合，熟悉每种排序算法的思想、特点，是理解与掌握算法的关键。

8.8.2 提高例题

【例 8-5】 假设排序的数据用单链表作为存储结构，头指针为 head，试写出选择排序算法。

【分析与解答】

在该算法中，设置指针 p 用来指向未排序部分的第一个结点；设置指针 s 用来指向该趟中最小关键字的结点。s 首先指向 p 所指结点，即假定 p 所指结点是这一趟中关键字最小的结点；以后用指针 q 从 p 的直接后继结点开始扫描，直到表尾，若 q 结点的关键字比 s 结点的关键字小，则让 s 指向 q。当 q 为空时，即搜索到了表尾结点之后，s 所指结点就是该趟中最小关键字的结点。若 s 不等于 p，则交换两结点的数据信息。依次类推，直到未排序部分只剩一个结点。

根据上述思路，具体算法描述如下：

```
struct  link
{   int   data;
    link  *next;
};
void SeleSort(link  *head)
{   link  *s,*p,*q;
    p=head;
    while  (p!=NULL)
    { s=p;                /*s 首先指向 p 所指结点*/
        q=p->next;         /*q 从 p 的直接后继结点开始扫描，直到表尾*/
        while (q)
        {  if (q->data < s->data)
           s=q;            /*s 指向每趟排序中关键字最小的结点*/
           q=q->next;
        }
        if  (s!=p)
        {   p->data ←→ s->data ;}/*交换 s 指向结点和 p 指向结点的数据*/
            p=p->next;
    }
}/* SeleSort*/
```

【例 8-6】已知$(k_1,k_2,\cdots,k_p)$是堆，试编写算法，将$(k_1,k_2,\cdots,k_p,k_{p+1})$调整为堆。并在此基础上编写算法以从第一个元素开始，通过逐个插入元素的方式建堆。

【分析与解答】

因为$(k_1,k_2,\cdots,k_p)$是堆，加入 k_{p+1} 相当于在其中加入第 $p+1$ 个元素，只有 k_{p+1} 与其双亲结点之间可能不满足堆的定义，因此，只要沿其双亲方向调整，将它与其双亲结点进行比较即可，如果不满足堆的定义，则与双亲结点交换位置；然后将该结点与新的双亲结点进行比较，直到满足堆的定义。

数据结构类型描述如下：

```
#define MaxSize   100              /*待排序记录可能达到的最大长度*/
typedef   struct                   /*记录类型*/
{   KeyType   key;                 /*关键字项*/
    InfoType   OtherData;          /*其他数据项，InfoType 根据实际情况定义*/
}RecordType;
typedef   RecordType   RecData[MaxSize];   /*RecData 为顺序表类型*/
```

算法描述如下：

```
void Ajustheap(RecData r,int p)
{
    /*已知(k₁,k₂,…,kₚ)是堆，加入 kₚ₊₁，本算法将(k₁,k₂,…,kₚ,kₚ₊₁)调整为堆*/
    c=p+1;
    f=c/2; /*f 是 c 的双亲*/
    x=r[c].key;
    rp=r[p+1];
    finished=false;
    while ((f>0)&&!finished))
    {
        if(x>r[f].kcy)
            { r[c]=r[f];c=f; f=c/2;}
        else
            finished=true;
    }
    r[c]=rp;
}/* Ajustheap*/
```

利用这个算法，从 i=1 开始，直到 i=n，依次将 r[1,2,…,i]调整为堆。算法描述如下：

```
void BuildHeap(RecData r,int n)
{ int i;
    for (i=1;i<=n;i++)
        Ajustheap(r,i);
}/* BuildHeap*/
```

习题

1．填空题

（1）若对 n 个元素进行直接插入排序，则在进行第 i 趟（$1 \leqslant i \leqslant n-1$）排序时，为寻找插入位置最多需要进行_____次元素的比较。

（2）在对 n 个元素进行直接选择排序的过程中，需要进行_____趟选择和交换。

（3）若对 n 个元素进行堆排序，则在构成初始堆的过程中需要进行_____次筛选运算。

（4）直接选择排序的平均时间复杂度为_____。

（5）若对 n 个元素进行堆排序，则每次进行筛选运算的时间复杂度为_____。

（6）若一个元素序列基本有序，则选用_____方法较快。

（7）对序列 {15,09,07,08,20,−01,04}进行排序，若进行一趟排序后数据的排列变为{04,09,−01,08,20,07,15}，则采用的是_____排序。

（8）若第（7）题的数据经一趟排序后的排列为{09,15,07,08,20,−01,04}，则采用的是_____排序。

（9）每次从无序表中取一个元素，把它插入有序表中的适当位置，此种排序方法称为_____排序；每次从无序表中挑选一个最大或最小元素，把它交换到有序表的一端，此种排序方法称为_____排序。

（10）假定一组记录的关键字为(46,79,56,35,41,25,71)，则利用堆排序方法建立的初始堆为_____。

（11）假定一组记录的关键字为(46,79,56,35,41,25,71)，对其进行快速排序的一次划分的结果为_____。

（12）在堆排序的过程中，对 n 个记录建立初始堆需要进行_____次筛选运算，由初始堆到堆排序结束，需要对树的根结点进行_____次筛选运算，堆排序算法的时间复杂度为_____。

（13）直接插入排序的最好情况是初始序列为_____序，希尔排序的最坏情况是初始序列为_____序，冒泡排序的最坏情况是初始序列为_____序。

（14）在内部排序中，不稳定的排序方法有_____、_____、_____和_____。

（15）在堆排序、快速排序和归并排序中，若从节省内存空间考虑，则应首选_____方法，其次选_____方法，最后选_____方法；若只从排序结果的稳定性考虑，则应选择_____方法；若从平均情况下排序的速度考虑，则应选择_____方法；若只从最坏情况下排序最快且要节省内存方面考虑，则应选择_____方法。

2．判断题

（1）即使排序算法是不稳定的，但该算法仍有实际应用价值。

（2）如果把一个大顶堆看成一棵二叉树，根元素层次为 1，则层次越大的元素值越小。

（3）如果某排序算法是稳定的，那么该算法一定具有实际应用价值。

（4）快速排序在最好情况下的时间复杂度是 $O(n)$。

（5）在进行直接插入排序时，关键字的比较次数与记录的初始排列无关。

（6）对一无序序列而言，用堆排序比用直接插入排序花费的时间多。

（7）在待排序数据基本有序的情况下，快速排序效果最好。

（8）排序算法的稳定性是指排序算法中的比较次数保持不变，且算法能够终止。

（9）排序要求数据一定要以顺序方式存储。

3．简答题

（1）设待排序序列的关键字为(89,98,10,23,05,17,69,45,28,19)，分别按下面的要求写出排序过程，对于前 5 种排序方法，写出每趟排序记录关键字比较的次数。

① 直接插入排序。

② 希尔排序（增量分别为 5、3、1）。

③ 冒泡排序。

④ 快速排序。

⑤ 选择排序。

⑥ 堆排序。

（2）在第（1）题的排序算法中，哪些易于在链表（包括单链表、双向链表和循环链表）上实现？

（3）若文件初始状态为逆序，则直接插入排序、直接选择排序和冒泡排序哪一个更好？

（4）若文件初始状态为逆序，同时要求排序稳定，则在直接插入排序、直接选择排序、冒泡排序和快速排序中应选哪一个更适宜？

（5）在高度为 h 的堆中，最多有多少个元素？最少有多少个元素？在大顶堆中，关键字最小的元素可能存放在堆的哪些地方？

（6）设有 1000 个无序的记录，希望用最快的速度挑选出其中前 10 个最大的记录，最好用哪种排序方法？

（7）判断下列序列是否是堆（大顶堆或小顶堆），若不是堆，就把它们调整为堆。

① (100,85,98,77,80,60,82,40,20,10,60)。

② (12,70,33,65,24,56,48,98,86,33)。

③ (103,97,56,38,66,23,42,12,30,52,06,20)。

④ (05,56,20,23,40,38,29,61,35,76,28,100)。

4．算法设计题

（1）以带头结点的单链表为存储结构，写出一个直接插入排序算法。

（2）设计一种算法，重新排列一组整数的位置，使所有负值的整数位于正值的整数之前（不要对这一组整数进行排序，要求尽量减少算法中的交换次数）。

（3）下面是一个自上而下的冒泡排序算法，它采用 last 来记忆每趟扫描中进行交换的最后一个记录的位置，并以它作为下一趟排序循环终止的控制值。请写出一个自下而上的冒泡排序算法。

```
void BubbleSort (RecData r, int n)
{   int last, i, j;
    i=n;
    while (i>1)
        {   last=0;
        for (j=1; j<i; j++)
        if (r[j+1].key<r[j].key)
        {   r[0]=r[j+1];
            r[j+1]=r[j];
            r[j]=r[0];
        last=j;
        }
        i=last;
    }
}/* BubbleSort */
```

（4）已知奇偶转换排序如下：第一趟对所有的奇数 i，将 r[i]和 r[i+1]进行比较；第二趟对所有的偶数 i，将 r[i]和 r[i+1]进行比较。每次在比较时，若 r[i] > r[i+1]，则将二者交换，以后重复上述过程，直到整个数组有序。试问排序结束的条件是什么？写出实现上述排序过程的算法。

（5）假设某大学计算机系的每个年级有 5 个班，每个班有 45 名学生。考试后在各班及全年级按成绩高低排序，每门课程的成绩实行百分制，设每个记录包含学号和成绩两项，其中，学号由 10 个字符组成，并且每人唯一；5 个班的成绩分别放在 5 个数组中，请完成以下任务。

① 用直接插入排序法对 5 个班级的成绩进行班级内排序。

② 用冒泡排序法对 5 个班级的成绩进行班级内排序。

③ 用快速排序法对 5 个班级的成绩进行班级内排序。

④ 假设用单链表作为存储结构，重新完成①、②两项任务。

（6）设向量 $c[0,1,\cdots,n-1]$ 中有 n 个互不相同的整数，并且每个元素的值均在 $0\sim(n-1)$ 内。编写一个时间复杂度为 $O(n)$ 的排序算法，将向量 $c[0,1,\cdots,n-1]$ 排序。

（7）写出一个堆删除的算法，将 $R[i]$ 从堆 R 中删除，使其仍为堆（先将 $R[i]$ 和堆中最后一个数据交换，并将堆长度减 1；然后从位置 i 开始向下调整，使其满足堆性质）。

实训习题

（1）改写直接插入排序算法（要求：改写成将监视哨设在最高位的形式）。

（2）建立一个有 20 个数的表，用希尔排序算法进行排序，输出排序前后的结果。

（3）某大学大一、大二、大三 3 个年级的学生报名参加一知识竞赛，报名信息包括年级和姓名，已知这 3 个年级都有学生报名，报名信息中的年级用 1、2、3 表示，设计一个算法，对所有报名参赛学生按年级排序，要求排序算法的时间复杂度是线性的。

附录 A
数据结构实训指南

A.1　综述

　　"数据结构"是一门实践性很强的软件基础课程，对学生编程能力的培养至关重要，在计算机专业学生的学习过程中占有非常重要的地位。但是，由于该课程内容丰富、技术性与实践性强、学习量大，学生学习起来有一定的困难。因此，学生必须在掌握理论知识的同时加强实训。实训是软件设计的综合训练，包括需求分析、总体结构设计、详细设计等基本技能和技巧；实训中的习题比平时的习题要复杂一些，也更接近实际；实训着眼于理论与应用的结合点，使学生学会如何把在书上学到的知识用于解决实际问题，培养学生的动手能力。通过实训，可以检验学生所学知识和能力，发现学习中存在的问题，使学生对整个课程的知识体系有较深入的理解，提高综合运用课程知识的能力；通过实训，可以使学生在运用本课程知识解决实际问题方面得到锻炼，做到理论与实际应用相结合，对锻炼学生的实践能力，以及运用本课程的知识、方法解决更为复杂的实际问题有较好的启发和指导作用；通过实训，可以培养学生自学参考书籍，查阅手册、图表和文献资料的能力；通过实训，可以使学生初步掌握简单软件的分析方法和设计方法；通过实训，可以使学生了解与课程有关的软件工程的技术规范，能正确解释和分析实验结果；通过实训，可以培养学生基本的、良好的程序设计技能，使学生在程序设计方法，以及上机操作等基本技能和科学作风方面受到比较系统和严格地训练，从而为后续课程的学习、毕业设计，以及将来的实际工作打好坚实的基础。

　　为了达到上述目的，本书第 2~8 章都安排了难度不等的多个实训习题，学生可根据老师的要求或自己的实际情况选做其中的题目。每名学生对所做的每个实训习题，必须给出实训报告。

　　为了给学生一些帮助，在第 2~8 章中，都用专门的一节给出两个完整的实训例题供学生参考。

A.2　实训步骤

　　随着计算机性能的提高，软件开发者面临的软件开发的复杂度也日趋增加，因此，软件开发需要系统的方法。一种常用的软件开发方法是将软件开发过程分为分析、设计、实现和维护 4 个阶段。虽然"数据结构"课程中的实训习题的复杂度远不如一个"真正的"软件（从实际问题中提出来的）的复杂度，但为了培养一个软件工作者应具备的科学工作的方法和作风，在进行实训时，要求按软件工程的方法去做，具体步骤如下。

1．问题分析

通常，实训题目的陈述比较简洁，或者说有模棱两可的含义。因此，在进行设计之前，首先应该充分地分析和理解问题，明确问题要求做什么，限制条件是什么。需要注意的是，本步强调的是做什么，而不是怎么做。对问题的描述应避开算法涉及的数据结构，而是对所需完成的任务做出明确的回答。例如，输入数据的类型、值的范围，以及输入的形式；输出数据的类型、值的范围，以及输出的形式；若是会话式的输入，则结束标志是什么，是否接受非法输入，对非法输入的回答方式是什么等。另外，这一步还应该为调试程序准备好测试数据，包括合法的输入数据和非法的输入数据，以及预期的输出结果。

2．设计算法

在对问题进行透彻分析之后，就可以为解决该问题设计算法了。算法设计分为概要设计和详细设计。其中，概要设计着重解决问题的模型及程序的模块设计问题，是设计的核心部分，考虑如何把被开发的问题自顶向下分解成若干模块，并决定模块间的接口，即模块之间的相互关系及模块之间的信息交换问题。某些问题可以转换为一些经典问题或基于某些经典问题的综合或变异的形式求解。例如，如果转换出的模型为图，则可能借助图的深度优先搜索遍历、广度优先搜索遍历、求最小生成树、求最短路径、拓扑排序、关键路径等问题的求解算法来实现。在问题的求解没有可借助的方法时，需要自己构思求解方法。而详细设计则要决定每个模块内部的具体算法，包括输入、处理和输出，可用伪码描述，在此过程中，要综合考虑系统功能，使得系统结构清晰、合理、简单和易于调试，不必过早陷入语言细节。

在设计算法时，需要注意对时间、空间、程序实现，以及其他有关性能的要求。

3．选择数据结构

在确定了求解算法后，就可以开始编程方面的构思了。从算法到程序还是有一定的距离的，为此，需要做两方面的工作：一是选择合适的数据结构以存储涉及的数据；二是用指定的计算机语言描述算法。下面先讨论第一个方面，即选择数据结构。

在选择数据结构时，除要能将所需的数据存储起来外，还需要考虑所选择的结构是否便于问题的求解，时间/空间复杂度是否符合要求。在前面的章节中已经对此做了许多讨论，在此不再赘述。在实际应用中，需要根据问题的要求进行合理的选择。

在选择数据结构的同时，还需要做的一项工作是为所选择的数据结构提供必要的基本运算，即提供可供应用程序调用的基本运算。程序中的其他运算可通过调用这些基本运算来实现对该结构的操作，这样既便于独立地调试程序，又可避免在程序中对该结构直接进行操作，从而可提高程序的可维护性。

4．编码实现和静态检查

编码是把详细设计的结果进一步求精为程序设计语言程序，用指定的程序设计语言描述算法和数据结构，并将其转换为完整的上机程序，这包括提供必要的辅助程序段，如建立和输入一个结构、显示结构、跟踪程序的运行等。如何编写程序才能较快地完成调试是需要特别注意的问题。对编程很熟练的读者，如果基于详细设计的伪码算法，就能直接在键盘上输入程序，不必用笔在纸上写出编码，而将这一步的工作放在上机准备之后进行，即在上机调试之前直接用键盘输入。

然而，不管是否写出编码的程序，在上机之前，静态检查是必不可少的。多数初学者在编好程序后处于以下两种状态之一：一种是对自己的"精心作品"的正确性确信不疑；另一种是认为上机前的任务已经完成，纠查错误是上机的工作，这两种态度都是极为有害的。事实上，当非训练有素的程序设计者编写的程序长度超过 50 行时，极少不含有除语法错误外的错误。上机动态调试绝不能代替静态检查，否则调试效率将是极低的。静态检查主要有两种方法：一是用一组测试数据手工执行程序（通常应先分模块检查）；二是通过阅读或给别人讲解自己的程序而深入、全面地理解程序逻辑，在这个过程中再加入一些注解。如果程序中逻辑概念清楚，则后者将比前者有效。

5．上机前的准备工作和上机调试

上机前的准备工作包括以下几方面。

（1）如果用 C 语言，则要特别注意数据结构中惯用的类 C 语言与标准 C 语言之间的细微差别。

（2）熟悉机器的操作系统和语言集成环境，特别是最常用的命令操作，以便顺利地上机。

（3）掌握调试工具，计算机各专业的学生应该能够熟练运用高级语言的程序调试器 Debug 调试程序。

在上机调试程序时，最好带一本 C 语言教材或手册。

在上机前，要设计调试方案和准备典型测试数据。调试方案包括模块测试和模块集成测试。调试分模块进行，自底而上，即先调试低层过程或函数，必要时，可以另写一个调用驱动程序。这种表面上麻烦的工作实际上可以大大降低调试面临的复杂性，提高调试工作的效率。要精心设计测试数据，测试数据要有代表性、敏感性。这里特别强调测试数据不仅要包括输入数据，还要包括预期输出结果，以便和程序执行的结果进行比较。

在调试过程中，可以不断借助 Debug 的各种功能，提高调试效率。调试中遇到的各种异常现象往往是预料不到的，此时不应"苦思冥想"，而应动手确定疑点，通过修改程序来证实它或绕过它。调试正确后，认真整理源程序及其注释，写出带有完整注释且格式良好的源程序清单和结果。

6．进行总结，整理提交实训报告

对设计进行总结和讨论，包括本设计的优点、缺点、时间性能、空间性能，以及与其他可能存在的求解方法之间的比较等。通过总结，可以对问题求解有更全面、深入的认识，从而达到由典型到全面、由具体到一般的飞跃，实现设计的目标。因此，总结是设计不可缺少的重要内容，应作为实训报告中的一个组成部分。最后整理提交实训报告。

A.3　实训报告规范

实训报告的开头应给出题目、班级、姓名、学号和完成日期，并包括以下内容。

1．问题描述

问题描述是指描述要求编程解决的问题。

2．基本要求

基本要求是指给出程序要达到的具体的要求。

（1）输入的形式和输入值的范围。

（2）输出的形式。

（3）程序能实现的功能。

3．测试数据

测试数据包括正确的输入及其输出结果，以及含有错误的输入及其输出结果。测试数据要能全面地测试所设计程序的功能。

4．算法思想

算法思想是指描述解决相应问题的算法的设计思想。

5．模块划分

模块划分是指描述所设计程序的各个模块（函数）功能，并画出各模块之间的调用关系图。

6．数据结构

数据结构给出所定义的具体问题的数据类型。

7．源程序

给出所有源程序清单，要求程序有充分的注释语句，至少要注释每个函数参数的含义和函数返回值的含义。

8．测试情况

给出程序的测试情况，并进行分析；给出测试过程中遇到的主要问题及所采用的解决措施。

9．心得

心得包括对设计与实现的回顾、讨论和分析；程序的改进设想、经验和体会。具体可以包括通过实训获得的经验和体会、遇到的问题、解决问题的思考、对程序调试过程的分析、对"数据结构"课程的思考及在实训过程中对"数据结构"课程的认识等内容。

【注意】实训报告的各种文档资料要在程序开发的过程中逐渐充实形成，而不是最后补写（当然，也可以最后用实验报告纸打印出来）。

A.4　数据结构实训的上机环境

数据结构实训的上机环境为 Visual C++ 6.0。因此，要求学生熟悉 Visual C++ 6.0 的上机环境，掌握 C 语言程序的书写格式和 C 语言程序的结构，特别要注意 C 语言中参数传递的规律，熟悉指针变量作为函数参数的用法，以及如何把一个数据结构的算法转变成 C 语言的源程序，并在机器上调试、运行。

C 语言的源程序可以在 Visual C++集成环境中进行编译、连接和运行。Visual C++是 Microsoft 公司推出的 C++编译器，是一个集文本编辑、编译、连接、调试、运行和可视化界面设计等为一体的软件开发的集成环境，使用十分方便。下面以 Visual C++ 6.0 英文版为背景来介绍在 Visual C++环境下如何运行 C 语言的源程序。

1．安装 Turbo C 系统

用户在使用 Visual C++ 6.0 之前，必须将 Visual C++ 6.0 系统按照要求安装在磁盘上。Visual C++是 Visual Studio 的一部分，因此需要一张 Visual Studio 的光盘，用来执行其中的 setup.exe 文件，并按屏幕上的提示进行安装。

安装结束后，在 Windows 操作系统的"开始"菜单的"程序"子菜单中会出现"Microsoft Visual Studio"子菜单。

2．进入 Visual C++ 6.0

如果用户计算机系统已经安装了 Visual C++ 6.0 编译系统，则在需要使用 Visual C++ 时，只需从桌面上选择"开始"→"程序"→"Microsoft Visual Studio"→"Visual C++ 6.0"选项即可。此时，屏幕上在短暂显示 Visual C++ 6.0 的版权页后，出现 Visual C++ 6.0 主窗口，如图 A-1 所示。

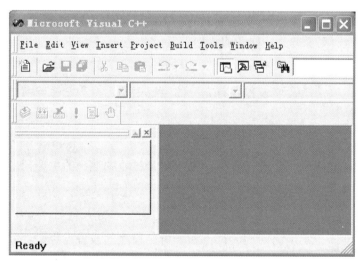

图 A-1　Visual C++ 6.0 主窗口

也可以先在桌面上建立 Visual C++ 6.0 的快捷方式图标，这样在需要使用 Visual C++ 时，只需双击桌面上的图标即可。

3．Visual C++ 6.0 主窗口简介

在 Visual C++ 6.0 主窗口的顶部是 Visual C++的主菜单栏，其中包含 9 个菜单项："File"（文件）、"Edit"（编辑）、"View"（查看）、"Insert"（插入）、"Project"（工程）、"Build"（编译）、"Tools"（工具）、"Window"（窗口）和"Help"（帮助）。

主窗口的左侧是项目工作区窗口，右侧是程序编辑窗口。其中，项目工作区窗口用来显示所设定的工作区的信息，如类、项目文件、资源等；程序编辑窗口用来输入和编辑源程序。

4．在 Visual C++ 6.0 环境中运行 C 语言源程序的步骤

1）编辑源程序文件

如果要新建一个 C 语言源程序，则可按以下步骤操作。

在 Visual C++ 6.0 主窗口的主菜单栏中选择"File"（文件）菜单，然后在其下拉菜单中选择"New"（新建）选项，屏幕上出现一个"New"（新建）对话框，如图 A-2 所示。

选择该对话框上方的"Files"（文件）选项卡，在其左侧的列表框中有"C++ Source File"选项，功能是建立新的 C++源程序文件。Visual C++ 6.0 既可以用于处理 C++源程序，又可以用于处理 C 源程序。然后，在右侧的"Location"（目录）文本框中输入准备编辑的源程序文件的存储路径（如 e:\cprogram），在其上方的"File"（文件）文本框中输入准备编辑的源程序文件的名字（如 example.c）。

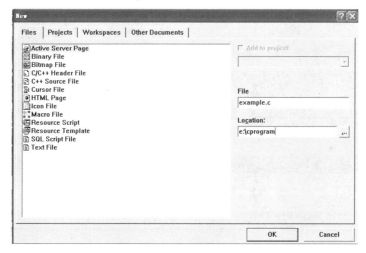

图 A-2　"New"对话框

【注意】要指定文件名的后缀为.c，如果后缀为.cpp，则表示要建立的是 C++源程序。如果不写后缀，系统会默认指定为 C++源程序文件，自动加上后缀.cpp。

在单击"OK"按钮后，回到 Visual C++ 6.0 主窗口，可以看到光标在程序编辑窗口中闪烁，表示程序编辑窗口已激活，可以输入和编辑源程序了。在输入过程中，如果用户发现错误，则可以利用全屏幕编辑方法立即进行修改。输入完成并检查无误后，就可以保存源程序了，方法是在主菜单栏中选择"File"（文件）菜单，并在其下拉菜单中选择"Save"（保存）选项；也可以按 Ctrl+S 组合键来保存文件。

如果不想把源程序存放到原先指定的文件中，则可以不选择"Save"选项，而选择

"Save As"（另存为）选项，并在弹出的"Save As"（另存为）对话框中指定文件路径和文件名。

如果已经编辑并保存过 C 语言源程序，而希望打开所需的源程序文件，对它进行修改，则可以通过下列操作实现。

- 在"资源管理器"或"此电脑"中按路径找到已有的 C 语言程序名。
- 双击此文件名，就会自动进入 Visual C++集成环境并打开该文件，程序显示在程序编辑窗口中；也可以选择"File"→"Open"选项或按 Ctrl+O 组合键，或者单击工具栏中的"Open"图标来打开"Open"对话框，从中选择所需的文件。
- 如果在修改后仍保存在原来的文件中，则可以选择"File"（文件）→"Save"（保存）选项，或者按 Ctrl+S 组合键或单击工具栏中的小图标。

2）源程序的编译

在编辑和保存了源文件以后，就可以对该源文件进行编译了，选择主菜单栏中的"Build"（编译）菜单，在其下拉菜单中选择"Compile example.c"（example.c 为在前面操作中已建立的源文件的名字）选项。在执行编译命令后，屏幕上出现一个提示对话框，内容是"This build command requires an active project workspace.Would you like to create a default project workspace?"（此编译命令要求一个有效的项目工作区，你是否同意建立一个默认的项目工作区），如图 A-3 所示。单击"是"按钮，表示同意由系统建立默认的项目工作区，然后开始编译。

也可以不采用选择菜单的方法，而按 Ctrl+F7 组合键来完成编译。

在进行编译时，编译系统检查源程序中有无语法错误，然后在主窗口下部的调试信息窗口输出编译的信息，如果有错，就会指出错误的位置和性质，如图 A-4 所示。

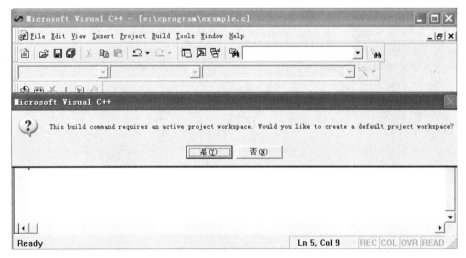

图 A-3　提示对话框

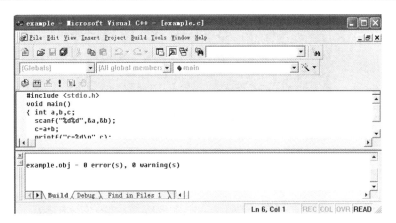

图 A-4 调试信息窗口

3）源程序的连接

在得到目标程序后，就可以对程序进行连接了。由于经过编译已生成了目标程序 example.obj，所以编译系统会据此确定在连接后应生成一个名为 example.exe 的可执行文件，在菜单中显示此文件名。此时，应选择"Build"→"Build example.exe"选项。完成连接后，在调试信息窗口中显示连接时的信息，说明没有发现错误，生成一个可执行文件 example.exe，如图 A-5 所示。

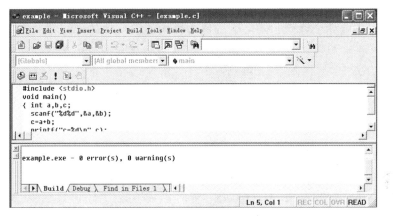

图 A-5 生成可执行文件

以上介绍的是分别进行程序的编译与连接，也可以选择"Build"菜单中的"Build"选项（或按 F7 键）一次完成编译与连接。对于初学者来说，还是提倡分步进行程序的编译与连接，因为程序出错的机会较多，所以最好等到上一步完全正确后进行下一步；对于有经验的程序员来说，在对程序比较有把握时，可以一步完成编译与连接。

4）源程序的运行

在得到可执行文件 example.exe 后，就可以直接执行此文件了。选择"Build"→"Execute example.exe"（执行 example.exe）选项后，即开始执行 example.exe；也可以不通过菜单，而按 Ctrl+F5 组合键来实现程序的执行。程序执行后，屏幕切换到输出结果窗口，显示出运行结果，并提示用户"Press any key to continue"（按任意键继续），如图 A-6 所示。当按下任意键后，输出结果窗口消失，回到 Visual C++ 6.0 主窗口，这时可以继续对源程序进行修改补充或进行其他的工作。

图 A-6 输出结果窗口

如果已完成对一个程序的操作，不再对它进行其他的处理，则应当选择"File"（文件）→"Close Workspace"（关闭工作区）选项，以结束对该程序的操作。

在上面的介绍中，为了尽量简化操作，没有建立工作区，也没有建立项目文件，而直接建立了源文件。实际上，在编译每个程序时，都需要一个工作区，如果用户未指定，那么系统会自动建立工作区，并赋予它一个默认名（以文件名作为工作区名）。

A.5 编译、连接时的错误和警告信息

编译程序和连接程序查出的源程序错误主要分为两类：一般错误和警告。其中，一般错误指程序、磁盘的语法错误或内存存取错误等，编译程序将完成现阶段的编译，然后停止；警告并不阻止编译进行，它指出一些值得怀疑的情况，而这些情况本身未必一定是错误的。不管是错误还是警告，编译程序首先输出错误或警告信息，然后输出源文件和发现出错或警告的行号，最后输出信息的内容。

【注意】真正产生错误的行可能在编译指出的前后一行或几行。

为节省篇幅，这里仅给出常见的错误和警告信息。

1. 常见错误

（1）operator not followed macro argument name：运算符后没跟上宏参数。

（2）'XXXX'not an argument："XXXX"不是函数参数。

（3）Argument # missing name：#参数名丢失。

（4）Argument list syntax error：参数表出现语法错误。

（5）Array bound missing]：数组界限符"]"丢失。

（6）Bad file name format in include directive：包含指令中文件名格式不正确。

（7）Call of non_function：调用未定义函数。

（8）Case outside of switch：Case 出现在 switch 的外面。

（9）Case statement missing：漏 case 语句。

（10）Compound statement missing }：复合语句漏掉"}"，当编译程序扫描源文件时，未发现结束大括号，通常是由于大括号不匹配造成的。

（11）Could not find file 'XXX'：编译程序找不到"XXX"文件。

（12）Declaration missing;：说明漏掉分号。

（13）Declaration syntax error：说明出现语法错误。在源文件中，某个说明丢失了某些

符号或有多余的符号。

（14）Default out of switch：Default 在 switch 之外出现。

（15）Do statement must have while：Do 语句必须有 while。

（16）Do_while statement missing (：Do_while 语句中漏掉了"("。

（17）Do_while statement missing)：Do_while 语句中漏掉了")"。

（18）Do_while statement missing;：Do_while 语句中漏掉了分号。

（19）Error writing output file：写输出文件出现错误。通常是由于磁盘空间造成的，尽量删掉一些不必要的文件。

（20）Expression syntax error：表达式语法错误。当编译程序分析一表达式并发现一些严重错误时，会出现本错误信息，这通常是由于两个连续操作符括号不匹配或缺少括号，或者前一语句漏掉分号等引起的。

（21）Extra parameter in call：调用时出现多余的参数。

（22）Extra parameter in call to XXX：调用 XXX 函数时出现了多余的参数。

（23）For statement missing (：For 语句漏掉"("。

（24）For statement missing)：For 语句漏掉")"。

（25）For statement missing;：For 语句缺少";"。

（26）Function call missing)：函数调用缺少")"。

（27）If statement missing (：If 语句缺少"("。

（28）If statement missing)：If 语句缺少")"。

（29）Illegal character'\'(0xXX)：非法的字符"\"(0xXX)，编译时程序发现输入文件中有一些非法字符，以十六进制方式打印该字符，这很可能是由于在全角方式下输入英文造成的。

（30）Illegal struct operation：非法结构操作。

（31）Incompatible type conversion：不相容的类型转换。

（32）Incorrect use of default：default 使用不正确。

（33）Initialize syntax error：初始化语法错误。

（34）Invalid indirection：无效的间接运算，间接运算（*）要求非空指针作为操作分量。

（35）Invalid macro argument separator：无效的宏参数分隔符。

（36）Invalid use of arrow：箭头（指向运算符）使用错误。

（37）Invalid use of dot：点（成员运算符）使用错误。

（38）Lvalue required：赋值请求。赋值操作符左边必须是数值变量、结构引用域、间接指针和数组分量中的一个。

（39）Macro argument syntax error：宏参数语法错误。

（40）Mismatch number of parameters in definition：定义中的参数和函数原型中提供的信息不匹配。

（41）Misplace break：break 位置错误。

（42）Misplace continue：continue 位置错误。

（43）Misplaced else：else 位置错误。

（44）Misplace else directive：else 命令位置错误。

（45）Must be addressable：必须是可编址的，取地址操作符（&）作用于一个不可编址的对象，如寄存器变量。

（46）Non_portable pointer comparison：不可移植的指针比较。源程序中将一个指针和一个非指针（常量零除外）进行比较。若比较恰当，则应强行抑制该错误信息。

（47）Non_portable pointer assignment：不可移植的指针赋值。

（48）Not an allowed type：不允许的类型。

（49）Out of memory：内存不够。

（50）Pointer required on left side of operand：操作符左边是一指针。

（51）Size of structure or array not known：结构或数组长度未定义。

（52）Statement missing;：语句缺少 “;”。

（53）Structure or union syntax error：结构体或联合体语法错误。

（54）Subscripting missing]：下标缺少 “]”。

（55）Switch statement missing (：Switch 语句缺少 “(”。

（56）Switch statement missing)：Switch 语句缺少 “)”。

（57）Tool few parameter in call：调用函数时，参数太少。

（58）Too few parameter in call to 'XXX'：调用 “XXX” 函数时，参数太少。

（59）Type mismatch in parameter#：参数 “#” 类型不匹配。

（60）Type mismatch in parameter# in call to 'XXX'：调用 “XXX” 时，参数 “#” 类型不匹配。

（61）Type mismatch in parameter 'XXX'：参数 “XXX” 类型不匹配。

（62）Type mismatch in parameter 'XXX' call to 'YYY'：调用 “YYY” 时，参数 “XXX” 类型不匹配。

（63）Unable to create output file 'XXX'：不能创建输出文件 “XXX”，当工作软盘已满或有写保护时，会产生本错误。

（64）Unable to open include file 'XXX.XXX'：不能打开包含文件 “XXX.XXX”，这可能是由于 Options/Directories/Include Directories 项目没能正确设置造成的。

（65）Unable to open input file 'XXX'：不能打开输入文件 “XXX”，当编译程序找不到源文件时，出现该错误，检查文件名是否拼错或检查相应的磁盘或目录中是否有此文件。

（66）Undefined symbol 'XXX'：符号 “XXX” 未定义，这可能是由于说明或引用处有拼写错误，或者标识符说明错误而引起的。

（67）Unexpected end of file in comment stated on line #：源文件在某个注释中意外结束，通常是由于注释结束标志 “*/” 引起的。

（68）Unterminated character constant：未终结的字符常量。

（69）Unterminated string：未终结的字符串。

（70）Unterminated string or character constant：未终结的字符串或字符常量。

（71）User break：用户中断，在集成环境里进行编译或连接时，用户按了 Ctrl+Pause Break 组合键。

（72）While statement missing (：While 语句漏掉 “(”。

（73）Wrong number of argument in of 'XXX'：调用 “XXX” 时，参数个数错。

2．常见警告

（1）'XXX'declared but never used：说明了"XXX"，但未使用。

（2）'XXX'is assigned a value which is never used："XXX"被赋予一个不使用的值，此变量出现在一个赋值语句中，但直到函数结束都未使用过。

（3）Code has no effect：代码无效。当编译程序遇到一个含有无效操作符的语句时，会发出本警告。

（4）Conversion may lose significant digits：转换时可能丢失高位数字。

（5）Non_portable pointer assignment：不可移植的指针赋值。源文件中把一个指针赋给另一个非指针，或者将一个非指针赋给指针，作为特例，可把常量 0 赋给一指针。若是恰当的，则可强行抑制本警告。

（6）Non_portable pointer comparison：不可移植的指针比较。

（7）Parameter 'XXX' is never used：参数"XXXX"没有使用，这通常是由于拼写错误引起的。

（8）Possible use of 'XXX' before definition：在定义"XXX"以前可能使用。

（9）Possible incorrect assignment：赋值可能不正确。当编译程序遇到赋值操作符作为条件表达式（如 if、while 或 do_while 语句中的一部分）的主运算符时，会发生本警告，通常是由于把赋值号当成等号使用引起的。

（10）Structure passed by value：结构按值传送。通常在编译程序时，把结构作为参数传递，而又漏掉了地址操作符（&），因为结构可按值传送，所以这种遗漏是可以接受的。

（11）Superfluous & with function or array：在函数或数组中有多余的"&"号，取地址操作符（&）对一个数组或函数名是不必要的，应删掉。

（12）Suspicious pointer conversion：值得怀疑的指针转换。

华信SPOC官方公众号

欢迎广大院校师生 **免费**注册应用

www.hxspoc.cn

华信SPOC在线学习平台

专注教学

教学课件
师生实时同步

数百门精品课
数万种教学资源

多种在线工具
轻松翻转课堂

电脑端和手机端（微信）使用

测试、讨论、
投票、弹幕……
互动手段多样

一键引用，快捷开课
自主上传，个性建课

教学数据全记录
专业分析，便捷导出

登录 www.hxspoc.cn 检索 华信SPOC 使用教程 获取更多

华信SPOC宣传片

教学服务QQ群： 1042940196
教学服务电话：010-88254578/010-88254481
教学服务邮箱：hxspoc@phei.com.cn

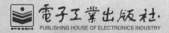

电子工业出版社
PUBLISHING HOUSE OF ELECTRONICS INDUSTRY
华信教育研究所